올리비에 고다르 지음
알렉상드르 니콜라 · 멜라니 마리 지도제작
주명철 옮김

지도로 보는 세계 역사와 지리

빅 아틀라스

Le grand atlas du monde

여문책

빅 아틀라스
지도로 보는 세계 역사와 지리

2026년 3월 3일 초판 1쇄 발행

지은이 | 올리비에 고다르(글), 알렉상드르 니콜라 · 멜라니 마리(지도제작)
옮긴이 | 주명철
펴낸곳 | 여문책
펴낸이 | 소은주
등록 | 제406-251002014000042호
주소 | (10911) 경기도 파주시 운정역길 116-3, 101동 401호
전화 | (070) 8808-0750
팩스 | (031) 946-0750
전자우편 | yeomoonchaek@gmail.com
페이스북 | www.facebook.com/yeomoonchaek

ISBN 979-11-24088-01-2 (46980)

여문책은 잘 익은 가을벼처럼 속이 알찬 책을 만듭니다.

Meridianus
Polus Antarcticus
EVRO PA
AFRI CA
Libya in terior
Germa nicum
Greenlant
Polonia
Hun garia
Grae cia
MEDITERRA NEVM
Mare maior
AFRI CANO
AFRI CA
desertum
Agades
Berdoa
Garama
Biafar
Na: bia
Darga
Abis si ni
Mare de sala
ASIA
Kithai
Moscouia
Cayro
Hierosolyma
Medina
Mecha
man
MARE RVBRVM
In doit
Golfo
Benga la
Zeilan insula
Andam ania
Mare maior
Aequinocti alis
Aequator
Vertex late.
S. Matheo
Y. de Nobon
Melinda
Zantibar
Adarne
Lorna
S. Francef.
Abcali.
Don Garcia
Poucada
Iona
MARE DI INDIA
La Ascenfion
S. Elena
C. de Arci
C. Negro
Bernaia
Benaria
ta xa Luxe
Los Romeros
Juan de Lifboa
Pomeri
Islas de Minnuaes
G. de las Bueltas
C. de las Papas
C. Bone Fpei
AETHIOPICVS OCEANVS
Triftan d'Acunna
Gonçalo Aluares
Promontorii Terræ Auftralis 450 Leucas a Capite Bonæ Spei &
600 a promontorio S. Augustini
Pfittacorum regio sic à Lusitanis appellata, ob incredibilem earum auium ibidem magnitudinem.
Inter S. Laurentij & Los Romeros infulas vehemens admodum est versus ortum & occasum fluxus & refluxus maris.
TERRA AVS TRALIS
Circulus Antarcticus
Canaria infulæ
Madera
C. de Verga
Serra Liona
C. de las palmas
S. Thome
Tombutto
Senega fl.
Gambra riu.
Verde
Guber
Gago
C. Blanco
Arguin
Hoden
Targa
Tripoli
Tunis
Tez
Bar ba
Mallorca
Sardinia
Corfica
Sicilia
Candia
Cypro
Soldania
Melli
Cochia
Mayma
Cafena
Guangara
Gana
Maima
Ambian
Gaga
Ancona
Braua
Magadaxo
Quiloa
Mozanbique
Cuama
Gugina
Zama
Beifa
Ceyla
Hanleo
Gaida
Macua
Vamba
Linao
Cafpa
Zabei
Meroe
Lacari
Zachet
Malbar
Zeila
Aya
Chaman
Elgaut
Fartache
Dofar
Goa
Delli
Cambaya
Calicut
Comari
Malabar
Cananor
Hifpania
Bilbao
Toledo
Rocheli
Venetia
Roma
Napoli
Cartago
Tunis
Cyrene
Luchu
Ammon
Sabia
Argier
Bugia
Alger

지은이 올리비에 고다르 Olivier Godard

프랑스 루아르 강변의 젠Gennes에 있는 폴 엘뤼아르Paul Éluard 중학교의 역사–지리 교사다. 그는 지도에 대한 깊은 열정을 가지고 있으며, 이를 교육의 중심에 두어 학생들이 과거와 현재의 세계를 더 잘 이해할 수 있도록 돕는다. 이러한 실천의 일환으로 그는 2010년 마리 마송Marie Masson과 함께 '콩쿠르 카르토Concours Carto'[지도경연협회]를 공동으로 설립했다. 이 협회는 초등학생, 중학생, 고등학생, 그랑제콜(종합대학 예비과정) 준비반 학생들이 참여하는 지도 제작 경연을 주최한다. 참가 학생들은 종합적인 크로키, 상상 속 크로키, 언론 기사 또는 위성 사진에서 나온 크로키를 매우 엄격히 다루면서도 세계를 설명하는 지도들을 즐겁게 그린다.

웹사이트: www.concourscarto.com

지도제작 알렉상드르 니콜라 Alexandre Nicolas

지도제작자이자 지리정보 전문가로서 오트르망Autrement 출판사와 함께 여러 권의 지도집을 제작했다. 그중에 『이스라엘의 지정학적 아틀라스*Atlas géopolitique d'Israël*』와 『사부아 아틀라스*Atlas de la Savoie*』가 있다. 그는 잡지 『라 도큐망타시옹 포토그라피크*La Documentation photographique*』와 CNRS[프랑스 국립과학연구소] 출판물의 지도 제작을 담당하고 있다. 또한 루이비통 재단, 클뤼니 박물관, 그리말디 포럼 모나코, 아랍세계연구소 등의 수많은 박물관과 단체를 위한 지도도 제작한다. 최신 저작물로는 『전쟁의 지도책, 세계의 지정학*Atlas de l'École de Guerre, géopolitique du monde*』, 『코르시카 지도책*Atlas de la Corse*』이 있다.

웹사이트: www.le-cartographe.net

지도제작 멜라니 마리Mélanie Marie

지도제작자, 지리학자이자 지리정보 전문가로서 오트르망 출판사와 함께 여러 권의 지도집을 제작했다. 그중에 『쇼아[유대인의 재앙] 아틀라스*Atlas de la Shoah*』, 『연안 아틀라스*Atlas des Littoraux*』, 『전쟁 아틀라스: 근현대*Atlas des Guerres: Époque moderne*』가 있다. 정기적으로 교사 대상 출판사, 언론 매체와 협력하면서 경제·역사·지리 등 주제별 저작물을 제작하고 있다.

웹사이트: www.2m-cartographie.com

옮긴이 주명철

한국교원대학교 역사교육과 명예교수로 한국서양사학회 회장을 지냈으며, 40여 년 가까이 프랑스 혁명과 18세기 사회를 연구해왔다.

그동안 지은 책으로는 '프랑스 혁명사 10부작' 시리즈(1, 6권 세종도서 교양부문 선정, 5, 8, 9권 우수출판콘텐츠 제작지원사업 선정)를 비롯해 『서양 금서의 문화사』, 『지옥에 간 작가들』, 『파리의 치마 밑』, 『다이아몬드 목걸이 사건과 마리 앙투아네트 신화』, 『계몽과 쾌락』, 『오늘 만나는 프랑스 혁명』 등이 있고, 『새로 쓴 프랑스 혁명사』(2024 학술원 우수학술도서 선정), 『이야기와 인포그래픽으로 보는 프랑스 혁명』(2023 세종도서 교양부문 선정), 『프랑스 혁명의 공포정』 등 앙시앵레짐과 프랑스 혁명 관련 책을 비롯해 『인포그래픽으로 보는 세계전쟁사』(2025), 『기술 봉건주의』(2025) 등의 교양서를 여러 권 우리말로 옮겼다.

머리말

그리스 신화에 따르면, 아틀라스는 인간에게 자비로운 티탄Titan[거인족]이었습니다. 그는 인간에게 땅과 하늘의 신비를 가르치는 임무를 맡았으나, 이후 올림포스의 신들과 티탄들의 대전쟁이 일어나고, 제우스는 그에게 하늘을 떠받치는 벌을 내렸습니다.

여러분이 손에 쥐고 있는 이 책은 바로 그 이름을 딴 것입니다. 이것은 하나의 아틀라스, 즉 지도집입니다. 과거 세계의 지리와 현재 세계의 역사를 보여주는 지도를 모은 책입니다. 이 책의 목적은 지도를 통해 세상을 이해할 수 있도록 하는 데 있습니다. 단순히 지도를 비교해서 보는 것뿐만 아니라 잘 정리된 범례를 통해 세상을 읽는 힘을 기르도록 하는 것입니다.

이 책에서는 세계에서 살아가기, 경제와 사회 발전, 환경과 지구적 변화, 세계화, 지정학을 비롯해 일반적인 영토의 조직 등 지리학의 주요 주제들을 모두 다루고 있습니다. 각 페이지에는 해당 주제를 보여주는 그림, 중요한 개념을 설명하며 지도의 의미를 더 잘 이해할 수 있도록 돕는 글을 함께 제시하고 있습니다.

세상이 여러분 앞에 펼쳐집니다.

즐겁게 읽으세요!

차례

지리

한 걸음 더 나아가기

| 일러두기 |

- 독자의 이해를 돕기 위해 「옮긴이의 설명」을 역사와 지리 부문 각각에 번호순으로 추가했습니다.
- 학생들의 자발적인 참여와 토론을 통해 더욱 풍성한 학습 활동이 이루어질 수 있도록 본문 맨 뒤 「옮긴이의 설명」에 [탐구 활동], [더 깊이 알아보기] 등을 제시했습니다.
- 본문 중 대괄호 안의 설명은 대부분 옮긴이가 덧붙인 것입니다.
- 특정 인물의 생몰연도는 (기원전 495-429)처럼 표기했으며, 나머지 일정 기간을 나타낼 때는 (1187~1197년) 식으로 구분했습니다.

역사

세상은 어떻게 묘사되었나?

지도는 아주 오래전부터 존재해왔다. 신석기 시대부터 흔적이 발견되며, 더 나아가 문자 발명 이후부터 존재한다. 이 지도들은 그 당시 인류가 자신의 공간에 대해 갖고 있던 지식의 상태를 보여준다. 지도는 권력자들(국가 지도자, 상인 등)의 편리한 도구였다. 그들은 지도를 가지고 자신의 지배 범위를 보여주거나 이동하는 공간을 통제했다. 최근 디지털 기술이 발전하고 하늘에 위성들이 날아다니게 된 이후 더 많은 사람이 지도를 널리 활용하게 되었다. 여기, 역사상 가장 유명한 옛날 지도 몇 가지를 소개한다.

▼ **이시도르 데 세비유[1]의 어원 지도**

중세 유럽에서는 'TO'라 부르는 지도들이 있었다. 이 이름은 '지구'를 의미하는 라틴어 'Terrarum Orbis'의 첫 글자에서 나왔다. 지도는 동쪽과 예루살렘을 향하도록 제작되었다.

▼ **프톨레마이오스[2]의 지도**

2세기에 프톨레마이오스는 위도와 경도를 바탕으로 세계 지도를 제작했다.

▼ 칸티노 지도[3], 1502년

16세기 초의 칸티노 세계 지도에서 우리는 에스파냐와 포르투갈이 아프리카,
아시아, 아메리카 대륙을 탐험하고 정복하는 과정을 볼 수 있다.

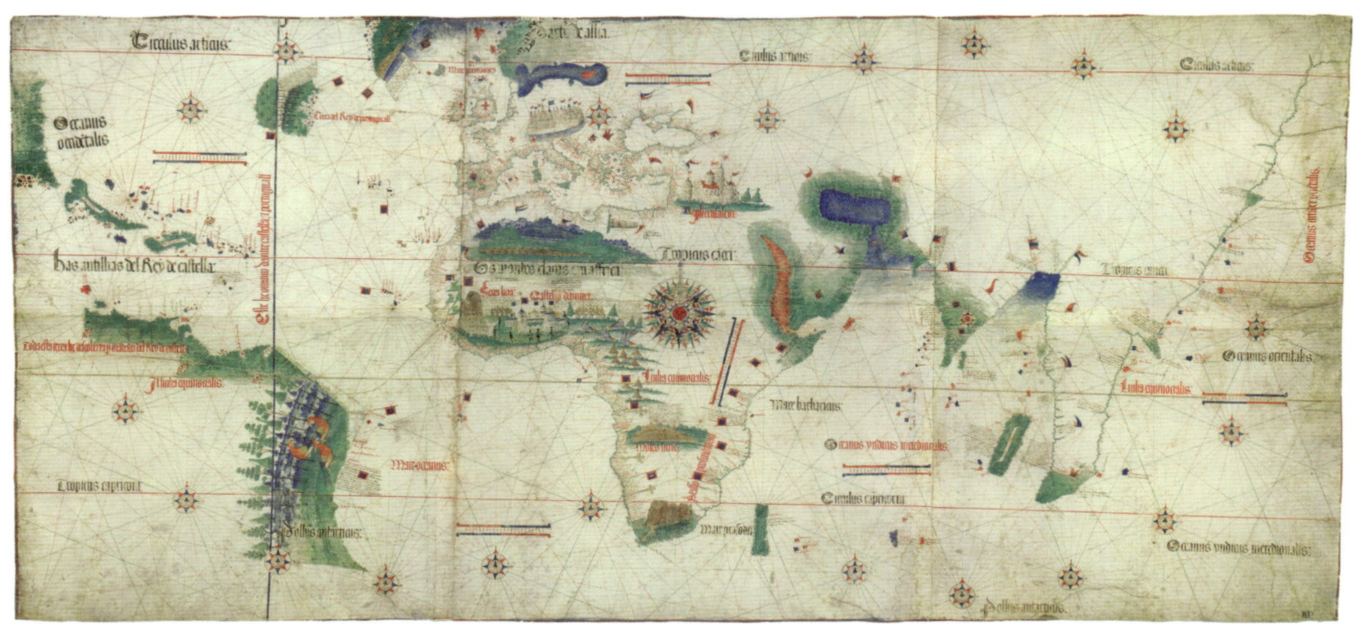

▼ 카시니 지도[4]

18세기에 카시니 가문은 프랑스 왕을 위해 일했다. 그들은 삼각측량 기법을 활용해
왕국 전체의 지도를 제작했다. 이 기법은 정밀한 측량을 가능하게 한다.

알래스카
기원전 1만 5000

베링 해협

아메리카 서부
기원전 1만 2000

캐나다 북부
기원전 4500

시베리아
기원전 2만 5000

유럽
기원전 4만

태평양

서아시아[중동]
기원전 10만

아프리카
기원전 20만

대서양

인도양

파타고니아
기원전 9000

▲ 세계를 '발견'하는 인류

인류는 아프리카에서 시작해 이후 여러 시기에 걸쳐 지구상의 육지로 이동해왔다.
이러한 이동 시기들은 고고학 연구와 함께 점점 더 구체적으로 밝혀지고 있다.

다양한 유적지에서
거의 완전한 상태의 머리뼈를
발견한 고고학자들은
인류의 오랜 역사를
재구성하려고
노력하고 있다.

사헬안트로푸스 차덴시스[5]

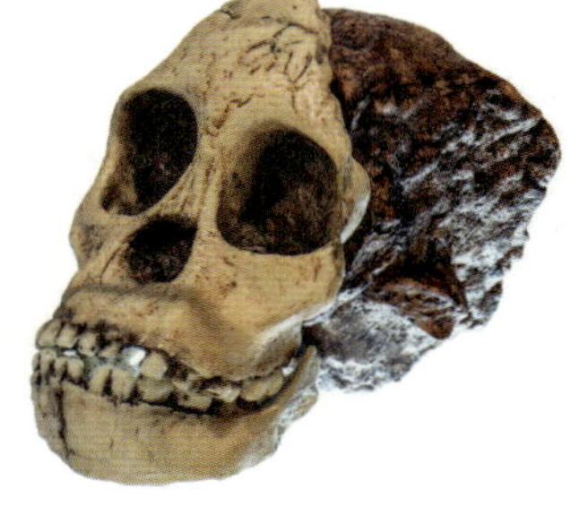

오스트랄로피테쿠스 아프리카누스[6]

호모 에렉투스[7]

호모 네안데르탈렌시스[11]

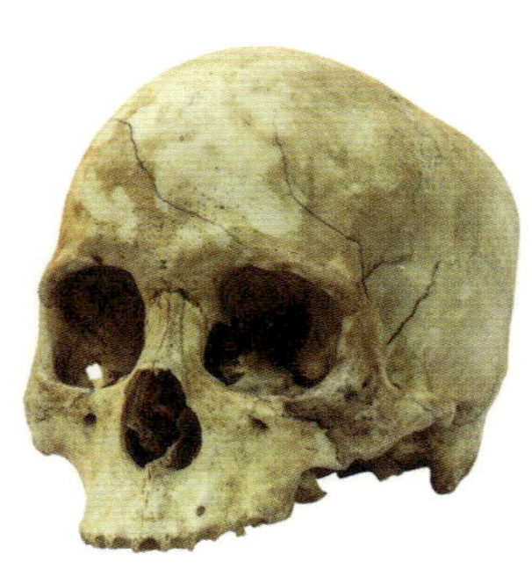

호모 사피엔스

인류의
첫 번째 이동

인류는 약 280만 년 전 아프리카에서 등장한 이후 지구의 모든 육지로 퍼져나갔다. 우리의 조상인 호모 사피엔스는 10만 년 전에 아프리카를 벗어나기 시작했다.

약 700만 년 전 아프리카에서 최초의 인류가 탄생했으며, 일부는 200만 년 전에 유럽과 아시아로 퍼지기 시작했다. 고고학자들은 많은 화석을 발굴해 인류의 이동 시기를 추정할 수 있었다.

틸라신Thylacine**의 화석**
이 동물은 오늘날 멸종했으며,
태평양의 태즈메이니아섬에
서식했다.[12]

호모 사피엔스는 약 20만 년 전 아프리카에서 등장했으며, 기원전 3만 년에서 1만 5000년 사이에 베링 해협이 열리면서 전 세계로 퍼져나갔다. 그들은 약 6만 년 전 오스트레일리아를 포함한 태평양의 섬들에 자리 잡았으며, 다른 종(네안데르탈 종을 포함)을 대체하 면서 다양한 환경에 적응했다. 또한 기원전 3만 1000년경부터 개를 충실한 동반자로 길들였다.

▼ 세계 최초의 농업과 목축의 중심지

시기의 차이는 있지만, 세계 곳곳에서 인류는 식량과 공예품을 위해 밭을 경작하고 가축을 기르기 시작했다. 이것이 바로 '신석기 혁명'이다. 사냥과 채집은 완전히 사라지지 않았지만, 정착 생활을 하게 되면서 그 비중이 줄어들었다.

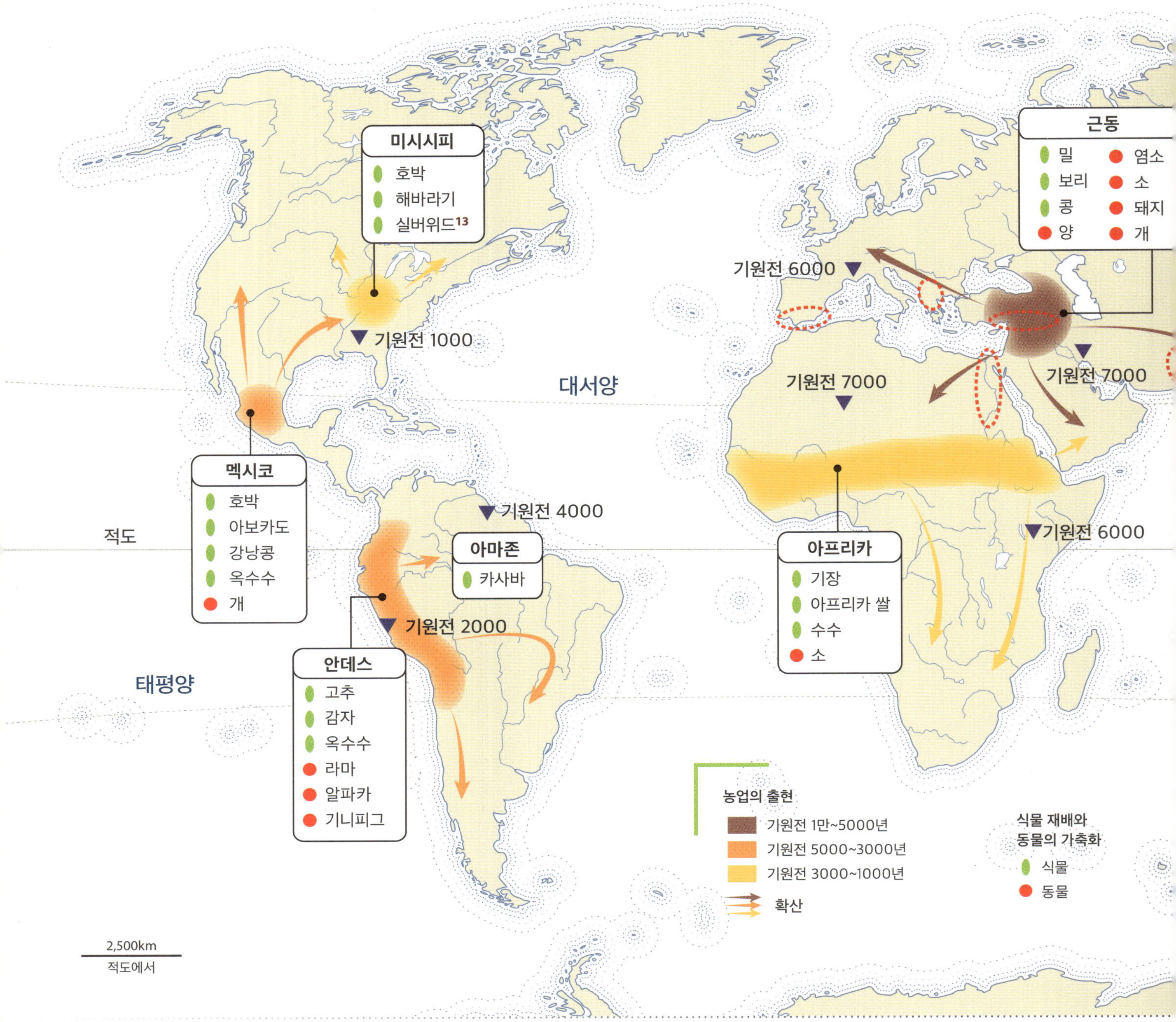

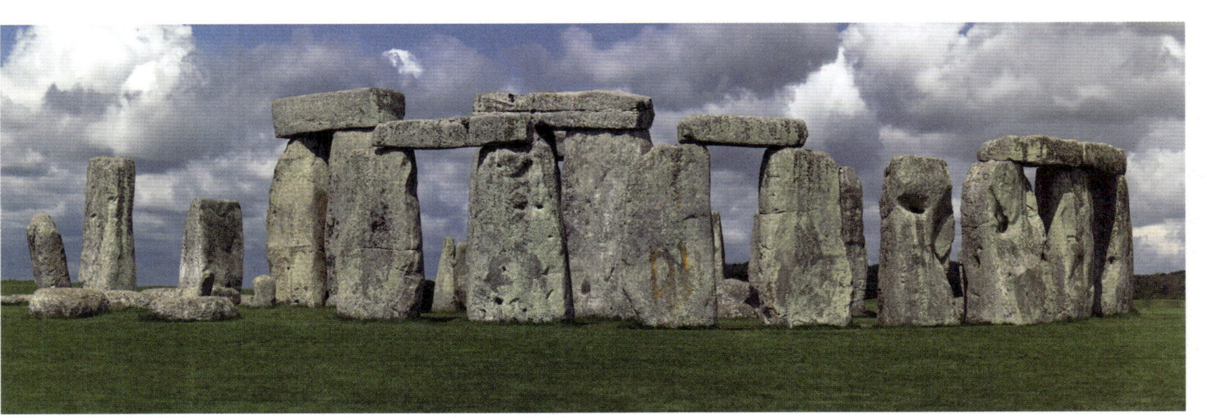

스톤헨지
영국 솔즈베리 평원에 거대한 돌을 둥글게 늘어놓은 유적으로, 신석기 시대 사람들이 숭배 의식을 거행하던 장소로 추정된다.

신석기 혁명의 중심지들

농경, 목축, 정착 생활은 기원전 9000년부터 기원전 2000년 사이에 세계 여러 지역의 중심지에서 일어난 현상이다. 이러한 '혁명' 또는 진화는 인류의 역사를 한 단계씩 도약하게 만들었다.

기원전 1만 년경, 인간 사회에 깊은 변화가 일어난다. 인간은 정착 생활을 시작하고, 인구가 급격히 늘어난다.

근동 지방, 중국, 뉴기니, 멕시코, 아마존 지역에서 독립적으로 식물 재배와 동물 사육을 시작한 중심지들이 형성되었다. 각 중심지 주변에서는 점차 교류의 흐름이 일어나기 시작했다.

이 자연의 농경화는 대개 인구의 정착 생활로 이어졌다. 신석기 시대에 들어서면서 인구가 급격히 늘어나 약 4만 년 전 60만 명에서 신석기 말에는 500만 명에 이른 것으로 추정된다.

스카라 브레이 신석기 유적지[15]

신석기 시대(기원전 3180년에서 기원전 2500년 사이에) 사람이 살던 집 8채의 유적이다. 수 세기 동안 모래 속에 묻혀 있었지만, 그 상태가 아주 잘 보존되었다.

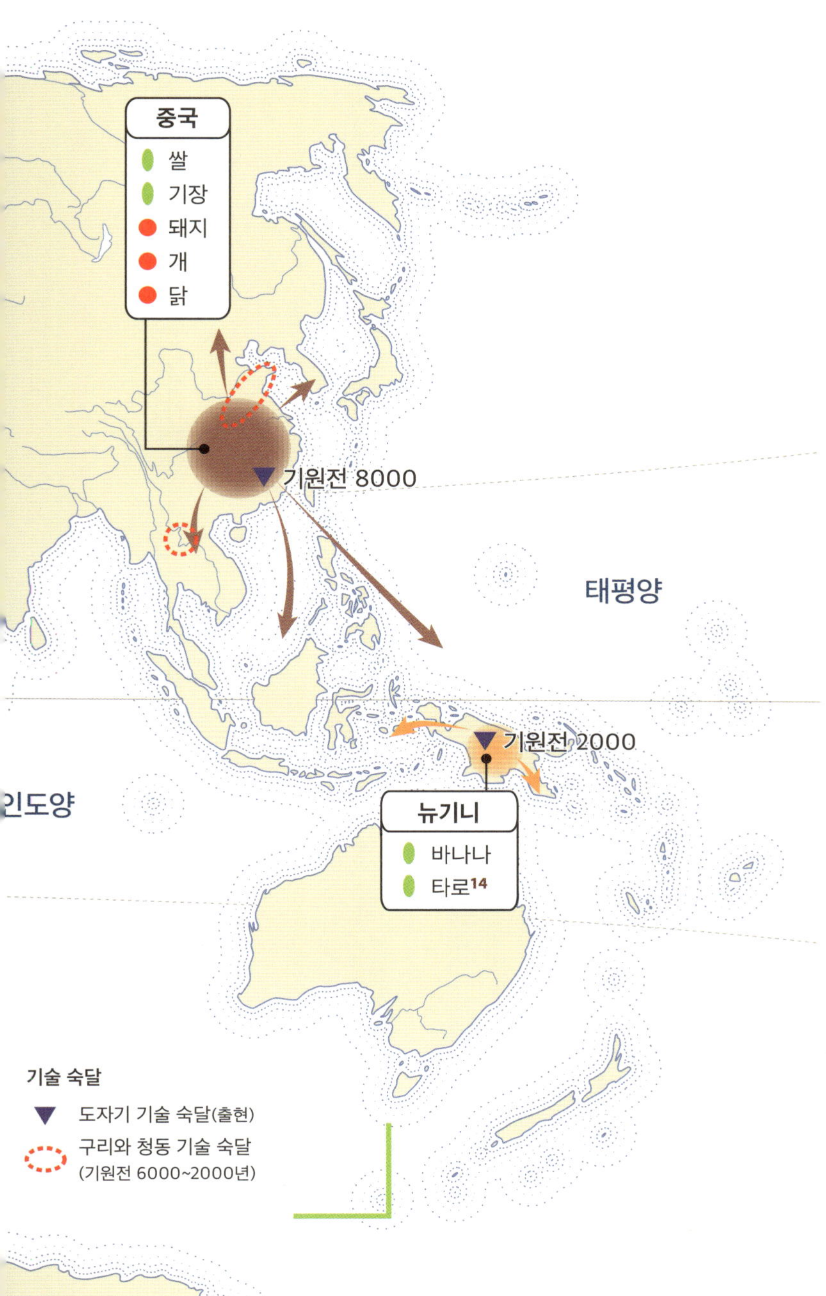

장례 의식

에스파냐 알칼라 데 에나레스에서 신석기 시대 인간 공동체의 장례 의식을 복원하다.

▼ **고대 메소포타미아**

바로 여기, 티그리스강과 유프라테스강 사이에서 도시국가들을 중심으로 최초의 문명이 발전했다.
이 도시국가들은 점점 더 강력해져 아카드나 우르 같은 제국으로 변모하게 되었다.

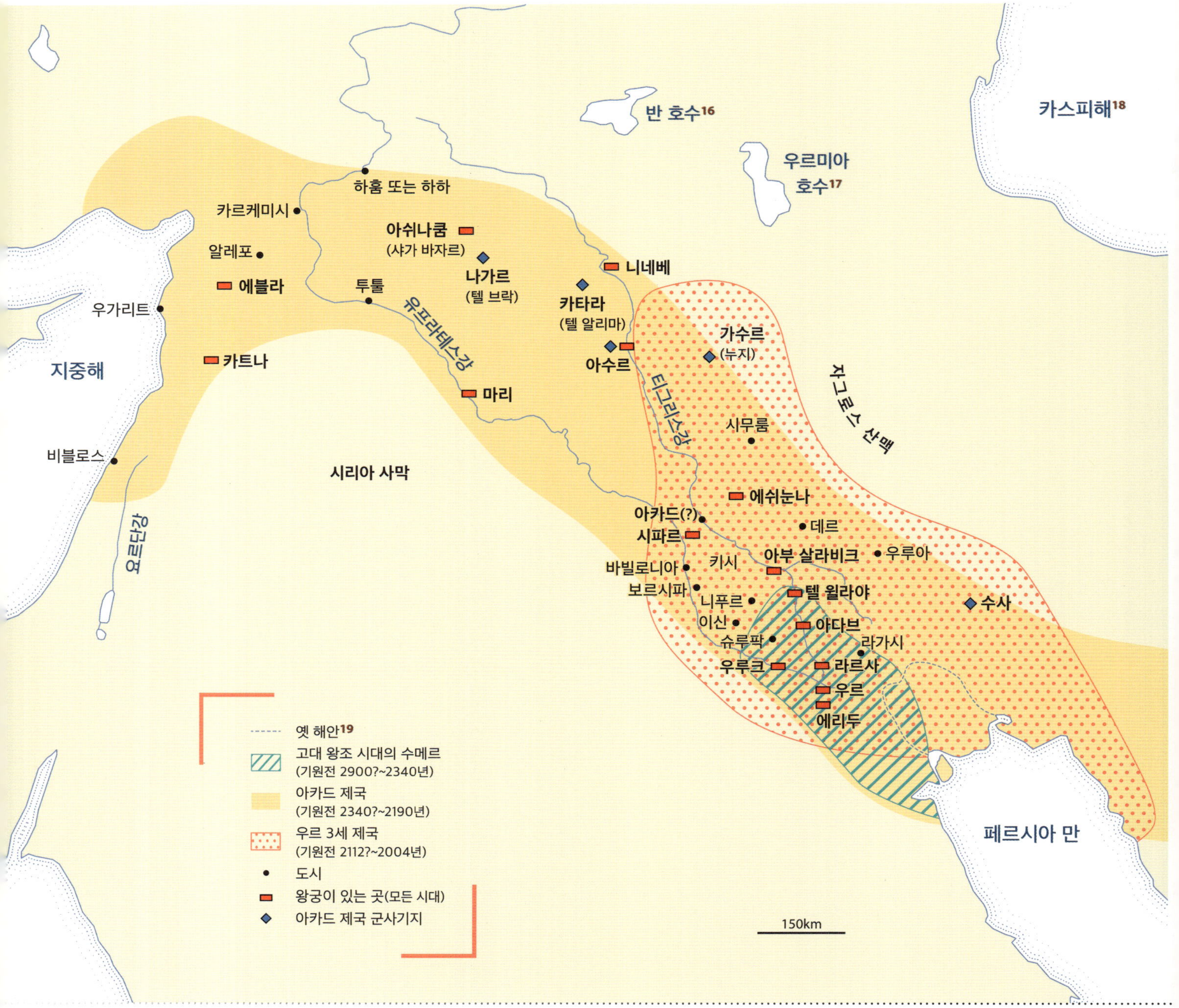

수메르 점토판

기원전 2500년경에 쐐기문자로 새긴 이 점토판은 회계 기록을 담은 문서였다.

우르 도시국가의 대大지구라트

기원전 3천년기[20]에 현재의 이라크에 건설된 이 건물은 최초의 도시들 중심에 있던 종교 사원이었다.

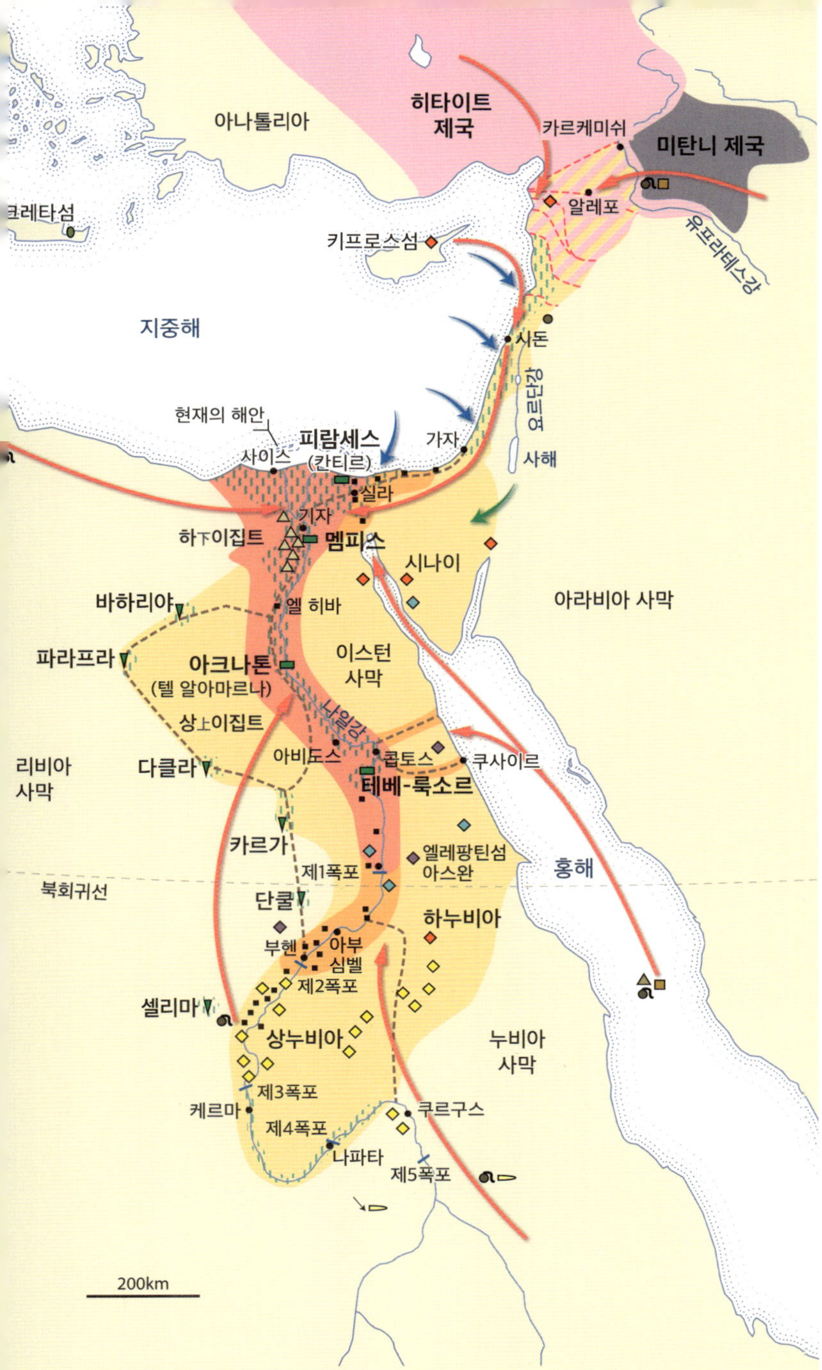

▲ 고대 이집트

이집트 문명은 젖줄인 나일강을 중심으로 여러 세기에 걸쳐 발전했다. 파라오는 자신의 권위를 바탕으로 이 광대한 제국을 통치했다.

풍요로운 영토…
- 기름진 땅
- 금광
- 동광[구리 광산]
- 채석장
- 보석
- 오아시스
- 목재
- 올리브유
- 상아
- 향료
- 몰약 [향기 나는 끈적한 향료]
- 노예

…연결된
- 수레길
- 주요 무역로

…확장 중
- 고대 제국
- 중기 제국
- 신제국
- 왕의 거처들

…그리고 분쟁
- 힉소스의 침입 (기원전 18세기)
- 히타이트 제국 (기원전 13세기)
- 히타이트와 영유권 분쟁 지역
- 미탄니 제국 (기원전 14세기)
- 바다 민족들의 침입 (기원전 12세기)
- 요새
- 북쪽으로 확장되는 국경

메소포타미아와 고대 이집트

기원전 4000년경부터 근동 지역에서 최초의 도시들, 문자, 국가가 나타났다. 국가는 메소포타미아의 도시국가부터 거대한 파라오의 제국에 이르기까지 다양하게 발전했다.

비옥한 초승달 지대와 그 외 지역에서는 인구가 증가하면서, 우루크와 라가시 같은 도시로 모이게 되었다. 두 도시는 티그리스강과 유프라테스강 사이에 있었다. 거대한 정치적 건물(궁전)과 종교 건물(사원)은 국가라는 권위를 가진 조직이 자리 잡았다는 증거가 되었다. 이집트에서는 파라오가 지배하는 국가가 확립되었다. 수많은 신전에서 기리는 다신교 종교들이 세계의 역사와 지리를 설명하는 신화들과 함께 생겨났다.

이 지역에서 문자도 탄생했으며, 정치(법으로 명령을 내리는 역할), 상업(계산하는 역할), 종교(기도하는 역할)에 필요했다. 최초의 문자는 쐐기문자와 상형문자였다.

투탕카멘의 황금가면
기원전 1327년
이 귀중한 가면은 파라오들의 권력과 부를 보여준다.

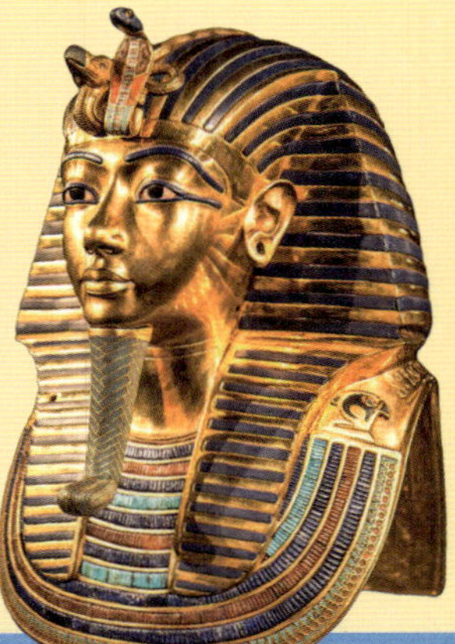

기자의 피라미드
기원전 3천년기에 건설된 쿠프, 카프레, 멘카우레의 피라미드들은 광대한 종교 단지 한가운데에 있는 왕실 무덤이었다.

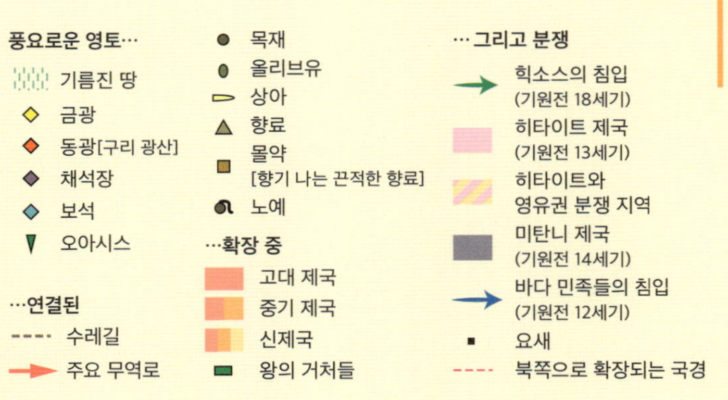

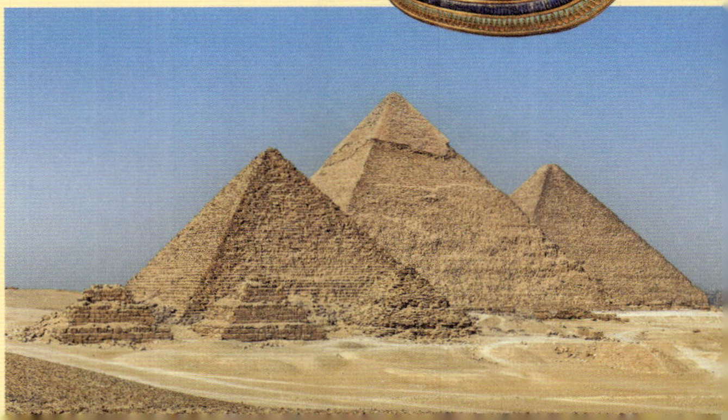

그리스 지중해

"연못가의 개구리들":
철학자 플라톤은 그리스 문화가 기원전 8세기부터 기원전 4세기까지 지중해 연안으로 퍼지면서 지배력을 강화하는 모습을 이렇게 비유했다.

기원전 8세기부터 기원전 5세기 사이에 에게해 주변에서 최초의 그리스 도시국가(폴리스)인 아테네, 스파르타, 메가라 등이 나타났으며, 다양한 정치제도(민주주의, 과두제, 군주제)가 발전했다.[21]

그리스인은 기원전 8세기부터 그리스 본토에서 출발해 지중해 전역(이탈리아 남부와 시칠리아, 갈리아 남부, 키레네, 흑해 주변)에 식민지를 건설하고 해상 무역로를 조직했다.

▼ 아테네 도시국가

기원전 5세기에 아테네는 문화적 영향력과 군사력을 바탕으로 그리스 전역을 지배했다. 당시 이 민주주의 도시국가는 페리클레스라는 걸출한 인물이 이끌었다.

페리클레스
(기원전 495-429)
도시의 절정기에 활동한 정치가이자 군사 지도자로 아테네 역사에 큰 영향을 끼쳤다. 특히 그는 아테네의 아크로폴리스에 파르테논 같은 건물을 많이 지은 것으로 유명하다.

▼ 지중해, 그리스의 바다?

그리스 문명은 식민지, 무역로, 공통의 문화를 통해 지중해 전역으로 확산했다.

그리스인들은 언어, 포도주와 밀의 문화, 종교를 통해 단합을 이루었다. 그리스 세계 곳곳의 신성한 장소에 모이는 모습을 보면 그들의 단합을 확인할 수 있다. 또한 올림피아에서는 4년마다 여러 도시의 주민들이 경쟁하는 경기가 열린다.

아테네의 아크로폴리스
도시의 종교 중심지로 많은 신전이 있었으며, 도시의 수호신인 아테나에게 바친 파르테논 신전이 가장 유명하다.

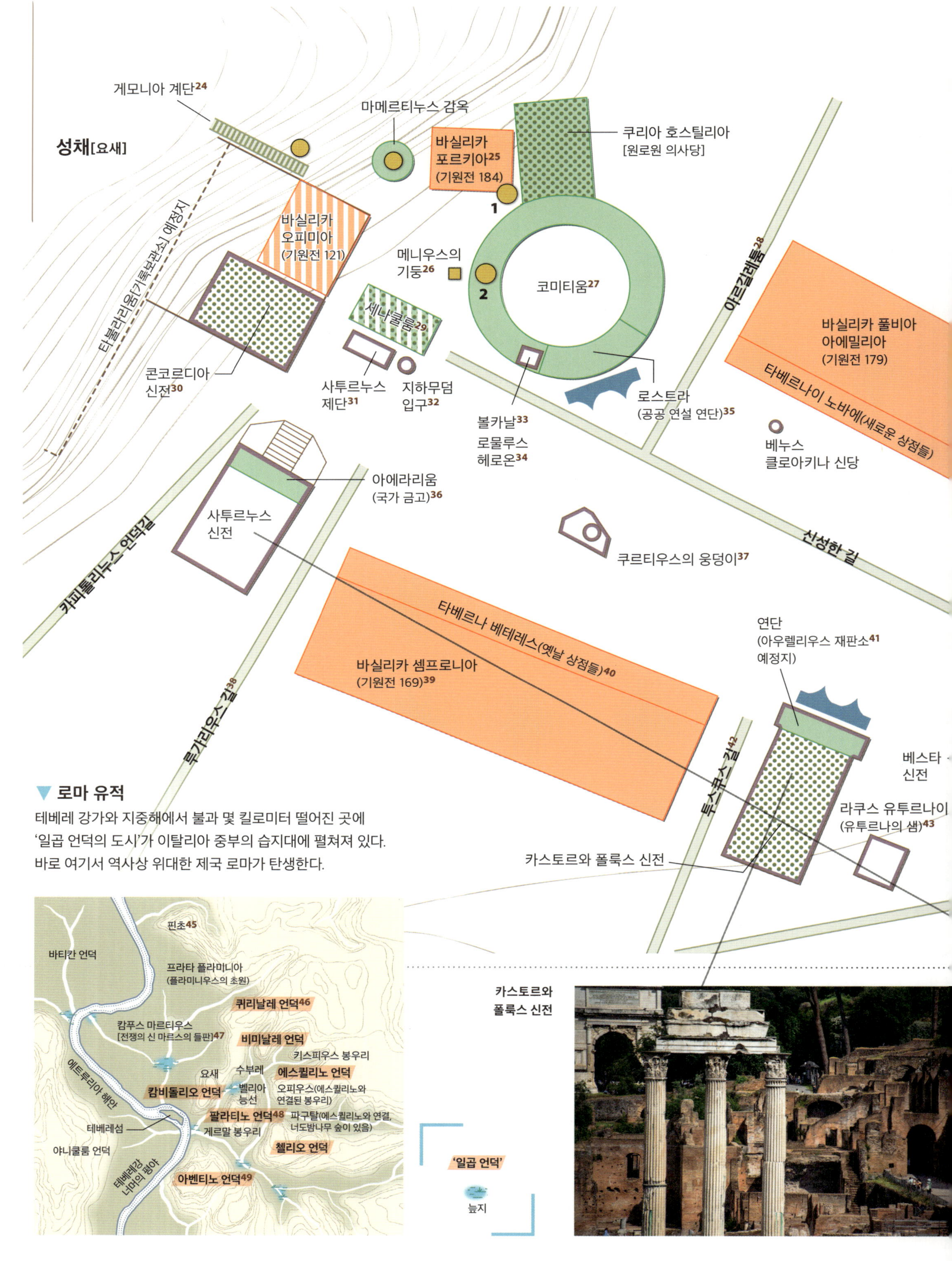

성채[요새]
게모니아 계단24
마메르티누스 감옥
바실리카 포르키아25 (기원전 184)
쿠리아 호스틸리아 [원로원 의사당]
1
바실리카 오피미아 (기원전 121)
메니우스의 기둥26
2
코미티움27
아르길레툼28
바실리카 풀비아 아에밀리아 (기원전 179)
타베르나이 노바에(새로운 상점들)
세나쿨룸29
콘코르디아 신전30
사투르누스 제단31
지하무덤 입구32
볼카날33 로물루스 헤로온34
로스트라 (공공 연설 연단)35
베누스 클로아키나 신당
티불라리움(기록보관소 예정지)
아에라리움 (국가 금고)36
사투르누스 신전
쿠르티우스의 웅덩이37
신성한 길
카피톨리누스 언덕길
타베르나 베테레스(옛날 상점들)40
연단 (아우렐리우스 재판소41 예정지)
바실리카 셈프로니아 (기원전 169)39
베스타 신전
루가리우스 길38
투스쿠스 길42
카스토르와 폴룩스 신전
라쿠스 유투르나이 (유투르나의 샘)43

로마 유적
테베레 강가와 지중해에서 불과 몇 킬로미터 떨어진 곳에 '일곱 언덕의 도시'가 이탈리아 중부의 습지대에 펼쳐져 있다. 바로 여기서 역사상 위대한 제국 로마가 탄생한다.

핀초45
바티칸 언덕
프라타 플라미니아 (플라미니우스의 초원)
퀴리날레 언덕46
캄푸스 마르티우스 [전쟁의 신 마르스의 들판]47
비미날레 언덕
키스피우스 봉우리
에트루리아 해안
요새
수부레
에스퀼리노 언덕
캄피돌리오 언덕
벨리아 능선
오피우스(에스퀼리노와 연결된 봉우리)
테베레섬
팔라티노 언덕48
파구탈(에스퀼리노와 연결, 너도밤나무 숲이 있음)
게르말 봉우리
야니쿨룸 언덕
첼리오 언덕
테베레강 너머의 밭
아벤티노 언덕49
'일곱 언덕'
늪지
카스토르와 폴룩스 신전

▼ 로마 포룸

기원전 8세기부터 기원전 1세기까지 성장하던 젊은 도시국가 로마에서,
포룸[시민 대광장]은 군주정과 공화정 시대의 정치 권력 중심지였을
뿐만 아니라 종교와 경제 생활의 중심지이기도 했다.

─── 길
▦ 계단

건물의 용도

▭ 신전이나 예배 장소
▨ 종교인(또는 사제)의 거주지
▯ 바실리카
(상업, 은행, 재판소)
▧ 원로원 회의장
▯ 정치적 용도
▯ 사법적 활동
(재판, 감옥, 처형)
▲ 고위 행정관과 시민이
만나는 장소
▥ 건물 추정지

1 평민의 호민관들과 법무관의 재판소
2 3인의 치안관, 법무관의 재판소

레기아
(성스러운 왕의 집)**44**

아트리움 베스타에
[베스타신을 모시는
여성들(신녀들)의 집]

팔라티노 언덕

20m

로마 포럼
새로운 도시의
정치적·종교적
중심부다.
이곳에는
사투르누스 신전과
같은 수많은
신전이 있다.

로마의 탄생

모든 길은 로마로 통한다는 속담이 있지만, 기원전 8세기 '일곱 언덕의 도시' 로마의 건국은 전설에 싸여 있다. 로마의 기원 이야기에는 신화와 역사적 사실이 뒤섞여 있듯이, 로마는 그 어떤 도시와도 같지 않다.

**늑대 젖을 먹고 자란
로물루스와 레무스**
전설에 따르면 로물루스가
그의 이름을 딴 도시를 세우기 전에
늑대가 쌍둥이 형제를
길렀다고 한다.

고고학자들에 따르면 기원전 8세기, 로물루스와 레무스 전설에 따르면 기원전 753년에 이탈리아 중부의 작은 강인 테베레 강가에 한 도시가 세워졌다.

군신 마르스의 후손인 로물루스가 동생 레무스를 죽인 후 이 도시를 세웠다는 전설이 대대로 전해진다. 로마인들은 도시의 위상을 높이기 위해 신의 보호를 받는다는 전설적 이야기를 믿었다.

고고학자들은 양치기 오두막 형태의 거주 흔적들을 발견했다. 이 마을들은 차차 통합되어 하나의 도시를 형성했고, 빠르게 성벽과 하수도, 나아가 기원전 509년까지 이어진 군주제 정치 체제를 갖추게 되었다.

▼ 기원전 8세기 이스라엘 왕국과 유다 왕국

성경에 담긴 히브리 민족의 신화적 이야기들은 다윗과 솔로몬 왕국의 역사를 기원전 10세기까지 거슬러 올라가게 하지만, 역사적 자료들은 기원전 8세기에 이미 히브리 민족의 이스라엘 왕국과 유다 왕국이 강력한 제국들(아시리아, 이집트, 바빌론)에 둘러싸여 존재가 위태로웠다는 사실을 보여준다. 예루살렘은 기원전 587년에 바빌로니아인들에게 함락당한다.

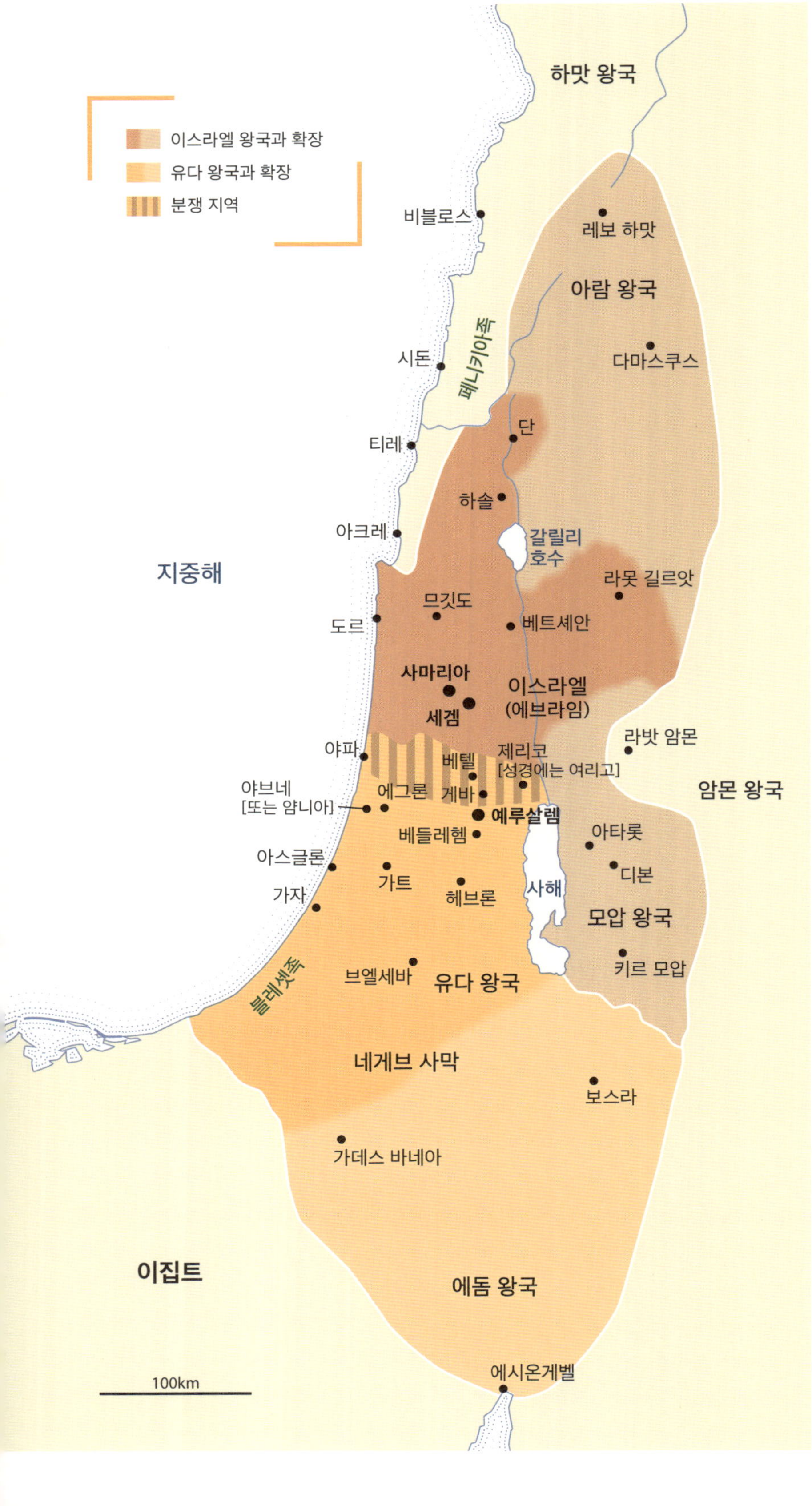

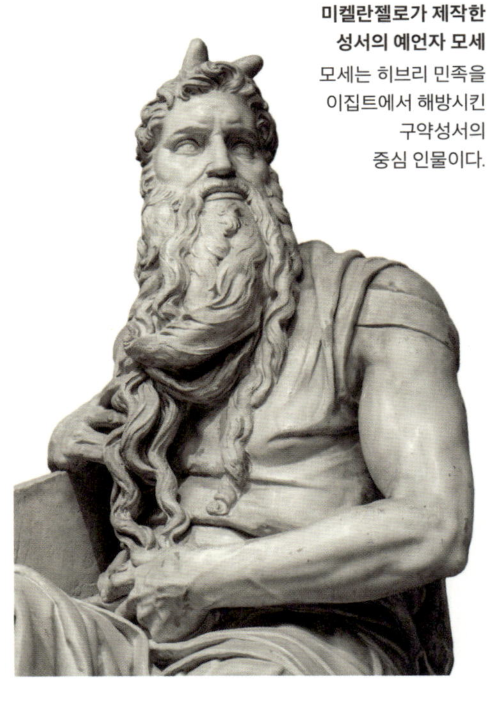

미켈란젤로가 제작한 성서의 예언자 모세
모세는 히브리 민족을 이집트에서 해방시킨 구약성서의 중심 인물이다.

▼ 뿔뿔이 흩어진 유대인

1세기에 유대인들은 로마 제국에 여러 차례 반란을 일으킨 후 팔레스타인에서 추방되었다. 그들은 지중해 연안 곳곳에 정착하며 자기 민족의 종교적 관습을 발전시켰다. 솔로몬 성전은 서기 70년에 파괴되었다.

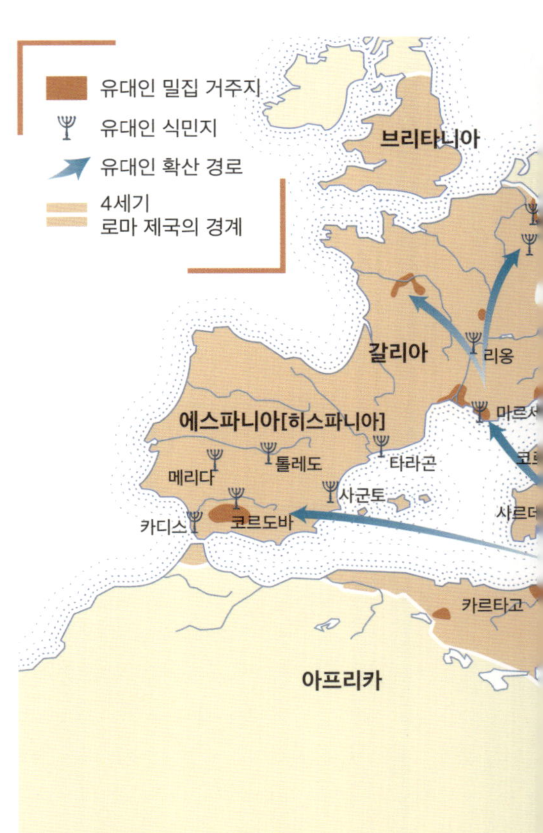

히브리인들은 예루살렘을 권력의 중심지인 정치적 수도로 삼았으며, 솔로몬 성전을 종교적 중심지로 만들었다. 성전은 여러 차례 파괴되었으며, 오늘날에는 한쪽 벽만 남아 '통곡의 벽'이라 불리는 유대교 성지가 되었다.

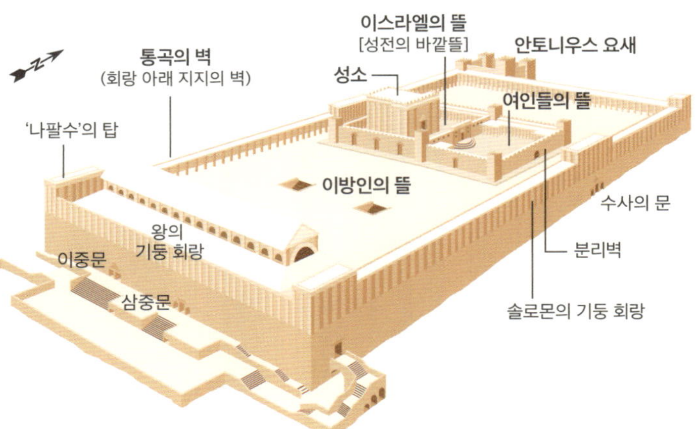

유대교의 탄생

유대교는 히브리 민족의 역사로서 매우 유명한 책인 성경에 담겨 있다. 우리는 고고학의 도움을 받아 기원전 8세기 근동에서 이 종교가 탄생했음을 알게 된다.

유대교와 그 기원에 관한 역사는 고고학적 자료들을 통해 알려져 있으며, 성경의 기록과 일부분 일치한다.

이 민족의 첫 흔적은 파라오의 이집트와 아시리아 세계 사이에 끼어 있던 두 개의 작은 왕국에서 찾을 수 있다. 수도가 예루살렘인 유다 왕국과 이스라엘 왕국이다. 이 두 왕국은 모두 사라졌는데, 이스라엘 왕국은 기원전 722년 아시리아인들에게 정복되었고, 유다 왕국은 기원전 587년 바빌로니아인들에게 지배당했다.

히브리 민족이 바빌론으로 유배되었을 때 성경이 문서로 정리되었다. 성경에는 모세의 지휘 아래 이집트에서 '약속의 땅'으로 탈출하면서 십계명을 받았다는 이야기, 다윗과 솔로몬의 전설적인 왕국 이야기 같은 히브리 민족의 역사가 담겨 있다.

통곡의 벽
예루살렘 성전산에 있는 솔로몬 성전의 유적은 '통곡의 벽'이라 불리는 유대교의 중요한 예배 장소다.

율리우스 카이사르

그는 기원전 49년에 스스로 '평생 독재관'이 되어 공화정의 기반을 무너뜨렸다. 하지만 공식적으로 초대 황제가 된 것은 그의 양아들인 아우구스투스였다.

퐁 뒤 가르 [가르의 수도교]

1세기에 건설된 로마의 이 수도교는 님Nimes 시로 물을 공급했다.

▼ 로마 제국

2세기 절정기에 로마 제국은 지중해 전역으로 영토를 확장했다. 이 지역들은 매우 광범위하게 로마화되었으며, 도시들은 로마를 본보기로 삼아 발전했다.

1 알프스 펜니나[54]
2 알프스 코티아나[55]
3 알프스 마리티마[56]
4 판노니아 인페리오르[57]
5 리키아 에트 팜필리아[58]

* 크레타와 키레나이카의
 속주

500km

로마: 도시국가에서 제국으로

기원전 5세기부터 작은 도시국가였던 로마는 먼저 이탈리아를 정복하고, 이어서 포에니 전쟁을 통해 카르타고의 영토를 차지했다. 그 후 갈리아, 그리스, 이집트, 근동 지역을 정복하면서 지중해를 로마의 '마레 노스트룸Mare Nostrum', 즉 '우리의 바다'로 만들며 거대한 제국을 건설했다.

제국은 속주 체제를 정비하면서 번성했으며, 해상과 육상 교역로를 통해 상업 활동을 활발하게 펼쳤다. 동시에 국경이 보호되어 '팍스 로마나Pax Romana', 즉 '로마의 평화'가 가능했다.

제국의 도시들은 모두 로마의 건축 양식을 모방해 공연장과 종교 시설 등을 갖추었으며, 라틴어는 (제국 서부에서) 공용어가 되었다. 이것을 '로마화 romanisation'라고 부른다.

하드리아누스 방벽
2세기에 하드리아누스 황제는 이 방벽을 건설함으로써 스코트족을 비롯한 영국 북방 민족의 공격으로부터 로마 제국을 보호했다.

기독교의 탄생

기원후 1세기, 팔레스타인에서 새로운 종교인 기독교가 발전했다. 예언자 예수 그리스도를 중심으로 수많은 사람이 모여들었다. 그들은 사랑과 평등의 메시지뿐만 아니라 믿는 자들은 영원히 살 수 있다는 약속에 끌렸다.

로마에서 발견된 리비아 프리미티바의 석관
양들에 둘러싸인 목동과 물고기는 3세기 당시 박해받던 기독교 공동체의 일원임을 나타내는 비밀스러운 상징이었다.[59]

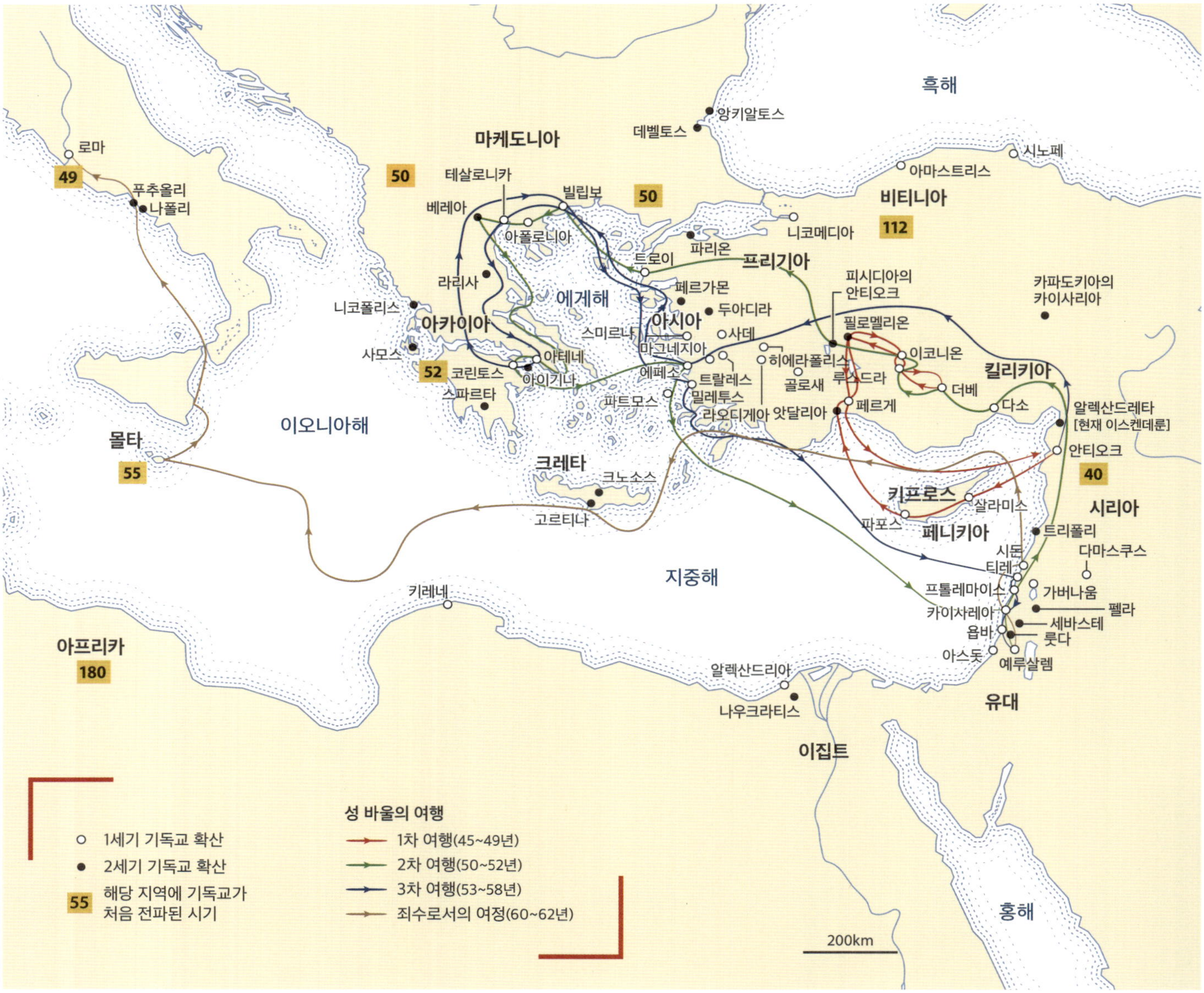

▲ 초기 기독교 공동체들

예수 그리스도가 신약성서에 기록된 새로운 종교를 전파한 팔레스타인에서부터 기독교는 근동과 중동 지역으로 퍼져나갔다. 바울은 여러 지역을 다니면서 그리스도의 말씀을 전파해 수많은 사람을 개종시켰다.

유대인 예언자 예수 그리스도는 '사도'라고 불리는 제자들의 도움을 받아 기독교를 창시했다. 우리는 1세기 신약성서를 통해 기독교의 시작을 알 수 있다. 바울은 지중해와 중동 지역으로 기독교를 확산시킨 핵심적인 인물이다. 그는 각지에 정착한 유대인의 회당을 찾아다니면서 이 종교를 정착시키려고 노력했다.

이 새로운 종교가 황제의 신성을 부정했으므로, 로마는 초기 기독교인들을 적대시하고 박해했다. 그러나 4세기 초에 기독교를 공인했으며, 더 나아가 380년에는 제국의 공식 종교로 삼았다.

▼ 예수의 마지막 여정

▼ 기독교 제국

기독교는 오랫동안 박해를 받으면서 로마 제국 전역으로 확산한 후, 결국 공인받은 종교가 되었고 이후 제국의 공식 종교로 발전했다.

1 발렌티아
2 아라우시오
3 베테라에63

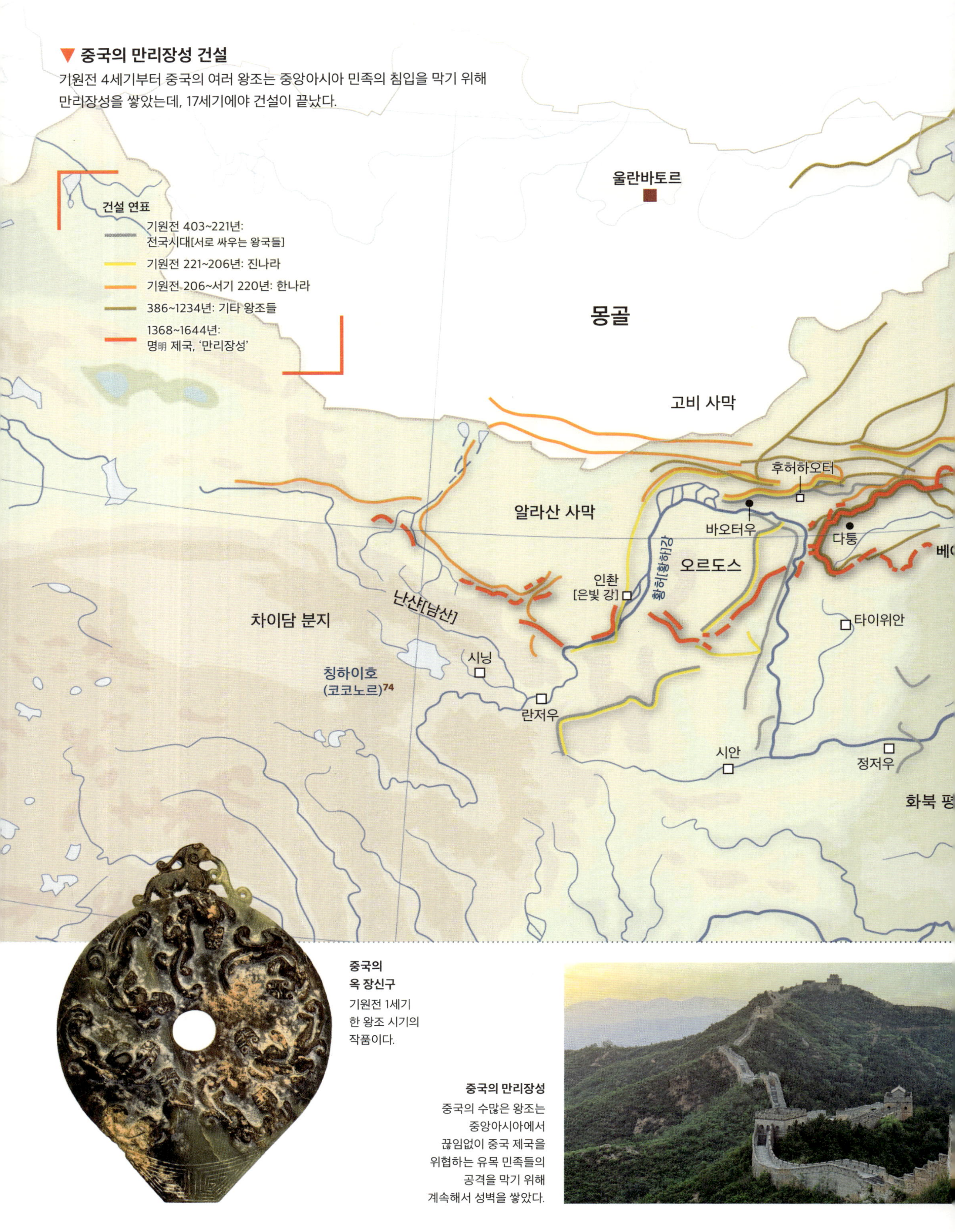

▼ 중국의 만리장성 건설

기원전 4세기부터 중국의 여러 왕조는 중앙아시아 민족의 침입을 막기 위해 만리장성을 쌓았는데, 17세기에야 건설이 끝났다.

건설 연표

- 기원전 403~221년: 전국시대[서로 싸우는 왕국들]
- 기원전 221~206년: 진나라
- 기원전 206~서기 220년: 한나라
- 386~1234년: 기타 왕조들
- 1368~1644년: 명明 제국, '만리장성'

중국의 옥 장신구
기원전 1세기 한 왕조 시기의 작품이다.

중국의 만리장성
중국의 수많은 왕조는 중앙아시아에서 끊임없이 중국 제국을 위협하는 유목 민족들의 공격을 막기 위해 계속해서 성벽을 쌓았다.

로마와 중국: 두 제국의 만남

로마 제국은 이미 1세기부터 동쪽에 있는 또 다른 제국, 즉 중국의 한漢 제국과 연결되었다. 고대의 이 두 거대한 강대국 사이에 상업로가 발달했고, 이 길은 후에 전설적인 비단길[실크로드]이 되었다.

로마 시대의 모자이크
이 모자이크 바닥은 모로코 볼루빌리스의
로마 유적에서 발굴되었다.
아프리카의 동물들을 로마로 수송해
원형경기장의 사냥 놀잇감으로 제공한
내용을 묘사하고 있다.

비단길은 로마 제국과 중국을 연결하는 육로 전체를 일컫는다. 신석기 시대부터 존재했던 이 길들을 통해 서쪽에서 오는 곡물, 모피, 유리 제품과 동쪽에서 오는 유명한 비단, 종이, 도자기를 사고팔 수 있었다.

기원전 2세기의 한 제국은 영토 확장을 통해 비단길의 상당 부분을 장악했다. 동시에 유명한 만리장성을 이용해 유목 민족들의 침입에 맞서 북쪽 국경을 계속 강화했다. 그 수도인 장안(현재 시안)은 국력이 최고조에 달했던 제국의 심장부였다. 제국은 당시 세계 인구의 3분의 1을 차지했으며, 아시아 전역에 강력한 문화적·과학적·기술적 영향력을 떨쳤다.

▼ 6세기 유스티아누스 황제의 비잔틴 세계[75]

6세기에 콘스탄티노플에서 통치하던 유스티니아누스 황제는 정치적·종교적 개혁뿐만 아니라 이탈리아와 아프리카에서의 대규모 군사 작전을 통해 로마 제국을 재건하려고 시도했다.

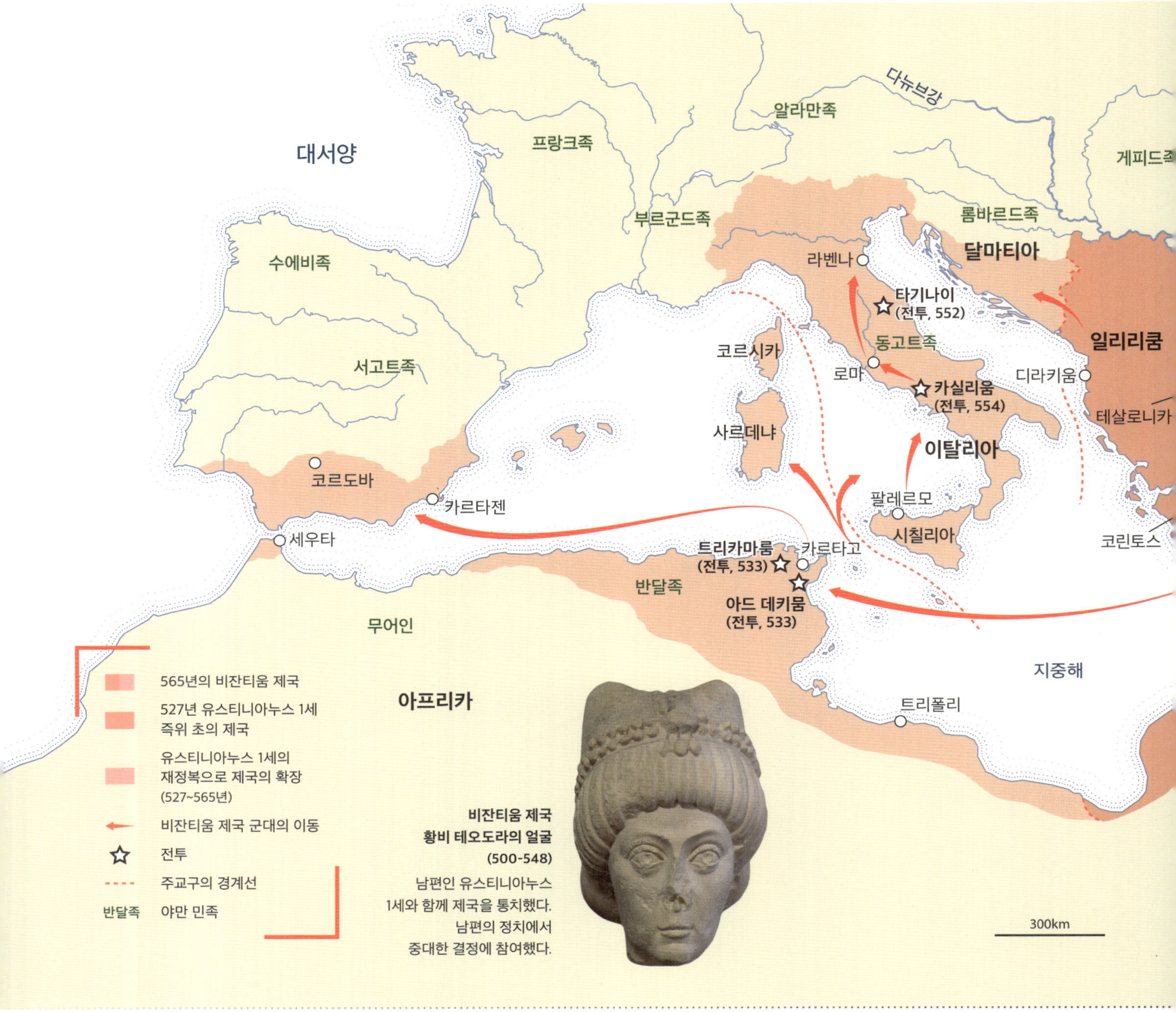

비잔티움 제국 황비 테오도라의 얼굴 (500-548)

남편인 유스티니아누스 1세와 함께 제국을 통치했다. 남편의 정치에서 중대한 결정에 참여했다.

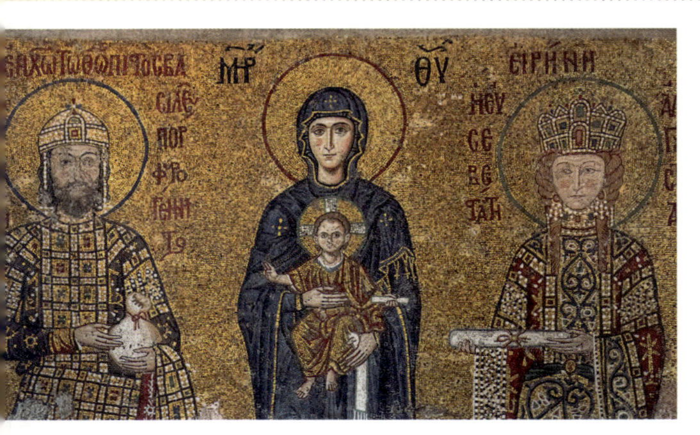

콘스탄티노플 성 소피아 성당의 모자이크(12세기)[76]

성모와 아기 예수의 양쪽에 황제와 황후를 묘사해놓았다.

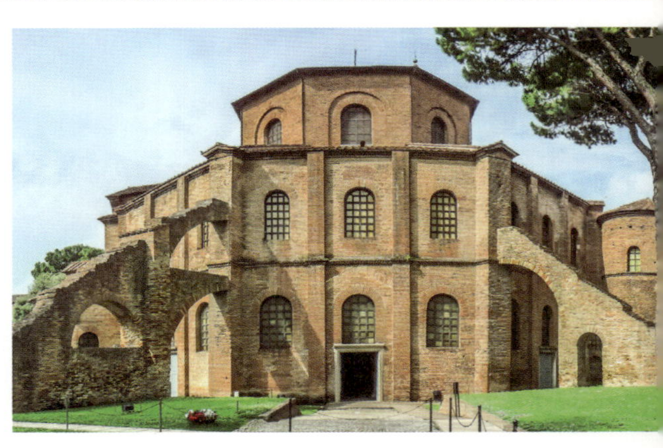

이탈리아 라벤나의 산비탈레 성당

유스티니아누스 1세가 통치하던 6세기에 세운 이 성당은 호화로운 모자이크를 자랑한다.

비잔티움 제국 (5~15세기)

5세기 동로마 제국은 수도 콘스탄티노플을 중심으로 점진적으로 비잔티움 제국이 되었다. 그 역사는 1,000년에 걸쳐 이어지며 1453년에 막을 내린다.

비잔티움 제국은 5세기에 사라진 로마 제국의 계승자를 자처했다. '바실레우스Basileus'[왕, 통치자]라는 칭호를 가진 황제들은 그 거대한 제국을 재건하려고 노력했다. 그들 중에서 특히 유스티니아누스 황제는 로마법을 집대성했고, 황궁과 원로원元老院을 중심으로 중앙 행정 조직을 정비했다.

이 제국은 그리스어를 쓰는 그리스도교 제국이었다. 1054년에 콘스탄티노플 총대주교가 이끄는 정교회는 교황이 이끄는 로마 가톨릭교회와 완전히 갈라섰으며, 이를 동서 교회의 대분열이라고 부른다.

콘스탄티노플은 이 거대한 제국의 정치적·경제적·종교적 심장부였다. 이 도시는 '새로운 로마'임을 자처했다. 수 세기 동안 이슬람 세계와 싸우고 십자군 원정 당시의 서방 그리스도교 세계와 싸운 끝에, 1453년에 오스만튀르크족에게 정복당하면서 비로소 비잔티움 제국은 막을 내렸다.

비잔티움 제국의 금화
비잔틴 황제 아나타시우스 1세 (430-518)의 얼굴을 담고 있다.

메소포타미아의 다라 유적지
7세기부터 다라는 비잔티움 제국과 이슬람 문명이 부딪치는 곳이었다.

▼ 광대한 제국

800년에 황제로 즉위한 샤를마뉴는 9세기에 수도 엑스라샤펠Aix-la-Chapelle[독일의 아헨]을 거점으로 군사 정복을 통해 광대한 영토를 형성하고 그리스도교를 전파했다.

산탄티모 수도원
토스카나 지방에 있으며 샤를마뉴가 설립했다는 전설이 있다.

▶ **엑스라샤펠의 황궁**
광대한 카롤링거 제국의 수도이며 권력의 중심지다.

카롤링거 제국 (8~9세기)

샤를마뉴는 800년에 황제로 즉위했다. 그는 엑스라 샤펠을 수도로 정하고, 몇 세기 전에 사라진 서로마 제국의 광대한 영토와 정치적·종교적 전통을 재건하려고 시도했다.

768년에서 814년 사이에 샤를마뉴는 프랑크족이 주도했던 영토 정복 정책을 추진했다. 그는 동쪽(작센)과 남쪽(롬바르디아)을 정복함으로써 왕국을 광대한 제국으로 키울 수 있었다.

샤를마뉴는 800년 로마에서 황제로 즉위했으며 아우구스투스라는 칭호를 얻었다. 제국의 수도인 엑스라샤펠은 권력의 중심지였다. 새롭게 수립된 행정 체제는 영토의 일부를 담당하는 '백작들comtes'을 감시했다. 황제는 넓은 제국을 잘 통치하기 위해 미시 도미니치missi dominici라는 대리인을 지방으로 파견해 백작들을 엄격히 통제했다.

샤를마뉴는 814년에 사망했고, 그의 아들이 제위를 계승하면서 제국의 통일성을 유지했다. 그러나 샤를마뉴의 세 손자가 분열했고, 843년에 베르됭 조약을 맺어 제국의 영토를 셋으로 나눠 가졌다. 이들은 이후 노르만족, 무슬림, 헝가리인의 침략에 맞서야 했다.

샤를마뉴 황제
19세기에 상상한 황제의 모습을 담은 채색 유리창이다.

코르도바(에스파냐)의 모스크-대성당[81]

'말굽형 아치'들은 이 건물이 786년에서 1236년 사이에 모스크였음을 증명하며, 1236년에 대성당으로 봉헌되었다. 이 건물은 안달루시아에 있는 이슬람-히스파니아 문명의 걸작이다.

▼ 십자군

10세기 말, 서방 가톨릭교회는 이슬람으로부터 예루살렘을 '해방'시키기 위해 강력한 운동을 시작했다. 수 세기 동안, 이 도시와 이슬람 세계를 향한 십자군 원정이 조직되었고, 이는 두 문명의 충돌뿐만 아니라 교류의 시초가 되었다.

이슬람 세계
(7~13세기)

622년에 무함마드는 동료들과 함께 메카를 떠나 메디나로 가서 새로운 종교를 계속 전파했다.[90] 이것이 이슬람의 탄생이다. 7세기부터 9세기 사이에 이 새로운 종교를 중심으로 광대한 제국이 형성된다.

아라비아반도는 이슬람의 발상지다. 이곳에서 예언자 무함마드는 유일신(알라)을 기반으로 하는 새로운 종교를 전파한다. 그의 후계자인 초기 칼리프들[91]은 영토 정복 정책에 착수했고, 그 결과 에스파냐에서부터 인도 국경에 이르는 광대한 제국이 탄생했다. 이후 이 지역의 통일성은 경쟁하는 칼리파국들이 등장하고,[92] 종교적으로 시아파와 수니파로 분열하면서 무너지게 된다.[93]

이슬람 문명은 다마스쿠스, 바그다드, 카이로, 코르도바와 같은 대형 도시를 중심으로 발전했다. 이러한 도시들은 활발한 문화생활과 과학(의학, 수학, 지리학) 발전의 중심지가 되었다.

십자군 원정 시기(11~13세기)는 서방 기독교 세계와 본격적으로 갈등을 빚던 시대였다.

▼ 이슬람의 세력 확장

이슬람의 예언자 무함마드의 후계자들은 불과 한 세기가 조금 넘는 기간 동안 지중해 남부와 동부의 광대한 영토를 정복하고, 비잔티움 제국과 페르시아 제국뿐만 아니라 서방 왕국들에 맞서 이슬람의 영역을 확장했다.

▼ 이슬람 세계의 주요 모스크

모스크는 이슬람의 예배 장소이며, 그 안에는 이슬람의 성지인 메카 방향을 알려주는 미흐라브가 있다.

1 보물실
2 세정 연못[85]
3 세례자 요한의 머리 무덤[86]
4 민바르[87]
5 미흐라브[88]

1 미나레트[89]
2 모스크 중앙 회랑이 있는 안뜰
3 세정 연못
4 돔 지붕
5 예배실
6 미흐라브 통로
7 미흐라브

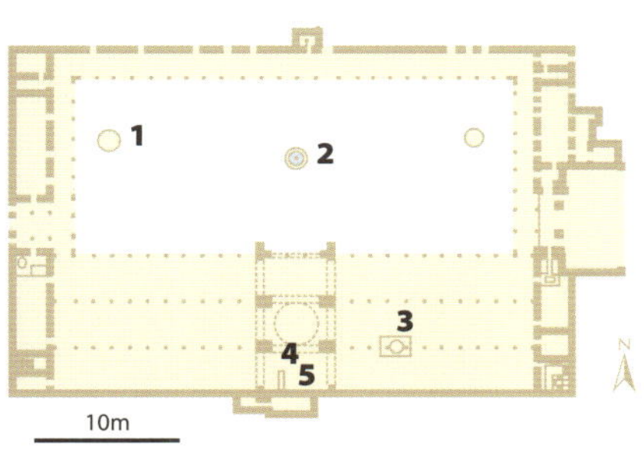

시리아 다마스쿠스의 우마이야 대모스크
다마스쿠스는 661~750년 이슬람 세계의 수도였다.

봉건 사회
(11~15세기)

유럽의 중세에는 토지 소유를 바탕으로 새로운 사회가 정착했다. 이 사회는 '봉토封土'를 기반으로 하며, 전능한 교회와 요새, 영지를 중심으로 조직된 귀족 계층이 다수의 농민 대중을 통제하는 구조였다.

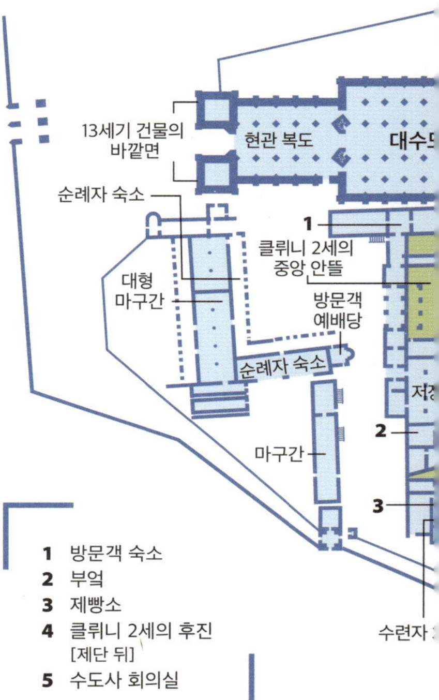

◀ 성채, 봉건 권력의 심장

성채는 매우 다양한 형태였지만, 하나같이 영주가 자신의 영토를 장악하고 있음을 보여주었다. 성채는 권력의 장소를 상징하는 '주탑主塔'을 가지고 있으며, 샤토-가이야르 성채의 도면이 보여주듯이 방어의 장소이기도 했다.

영주권이란 세속 영주나 종교 영주가 시골 지역을 지배하는 것을 말한다. 영주는 자신을 위해 일하는 농민 인구를 통제했다. 성채는 이러한 지배를 상징하는 전통적인 건물이었으며, 요새화된 저택이나 수도원의 형태를 띨 수도 있었다.

샤토-가이야르 성채(노르망디)
12세기 말, 영국 왕 리처드 1세(사자심왕)가 센강의 계곡에 대한 지배력을 보여주기 위해 이 성채를 건설했다.

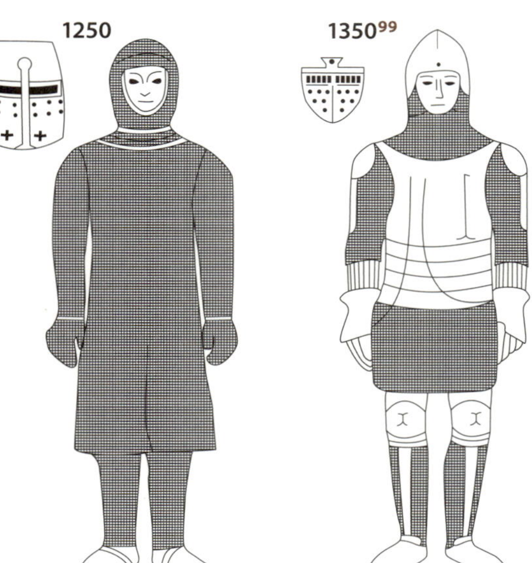

이 농촌 세계는 인구가 증가하고 특히 13세기에 땅을 대규모로 개간해 경작지 면적을 확장한 덕분에 팽창하고 있었다. 기술적인 개선 또한 이러한 발전을 동반하고 촉진했다.

교회는 봉건 사회의 중심에 있었다. 교회는 종교 축제를 통해 인생의 시기, 한 해의 흐름, 하루의 시간을 주도적으로 설정했다. 또한 교구 등록부[96]를 관리하고 사회 통제의 역할을 수행했다.

◀ 막강한 권세를 행사한 수도원, 클뤼니[97]

클뤼니는 중세 서양에서 매우 중요한 수도원이었다. 이곳의 수도원장들은 매우 강력한 권세를 가진 영주들이었다. 클뤼니는 기도와 노동에 전념하는 종교적 장소였을 뿐만 아니라 신자와 순례자를 맞이하는 장소이기도 했다.

클뤼니 수도원
아키텐 공작이 910년에 세웠으며, 중세 유럽에서 가장 큰 수도원이었다. 이 수도원은 프랑스 혁명기[1789~1799년] 동안 대부분 파괴되었다.

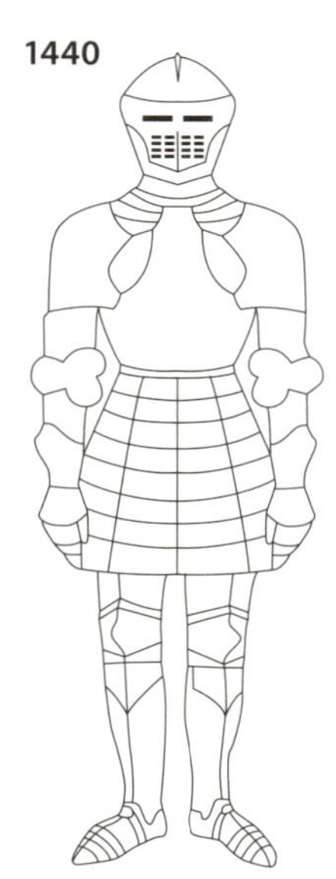

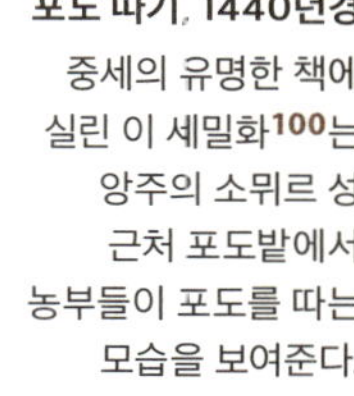

포도 따기, 1440년경
중세의 유명한 책에 실린 이 세밀화[100]는 앙주의 소뮈르 성 근처 포도밭에서 농부들이 포도를 따는 모습을 보여준다.

▶ **13세기의 랭스**

프랑스 왕국의 랭스는 중세에 특히 직물업과 상업이 번창해서 활력에 넘쳤다.
이 도시의 대성당은 프랑스의 왕들이 대관식을 거행하던 곳으로 유명하다. 도시의
좁은 길마다 상인과 수공업자의 조합들이 활동하면서 길 이름에 흔적을 남겼다.[101]

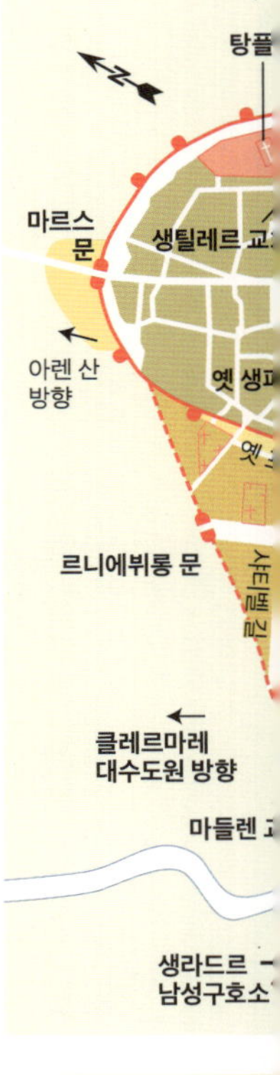

▼ 지중해의 이탈리아 무역(13세기)

이탈리아의 도시들은 중세 지중해 무역 활동의 중심이었다.
그들은 동방 세계와 서방 기독교 세계의 중개자 노릇을 했다.[102]

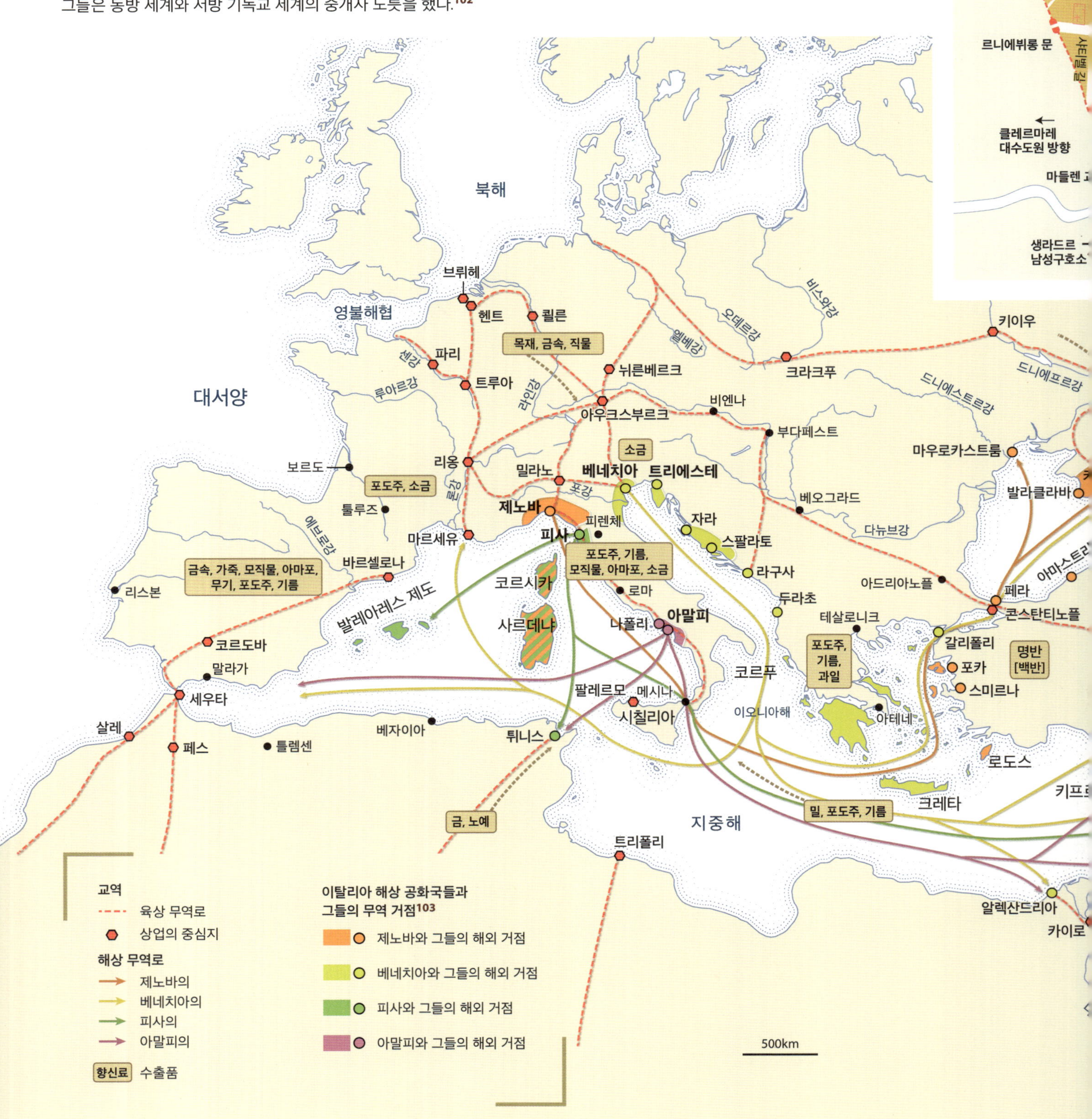

교역
- - - 육상 무역로
⬡ 상업의 중심지

해상 무역로
→ 제노바의
→ 베네치아의
→ 피사의
→ 아말피의

향신료 수출품

이탈리아 해상 공화국들과
그들의 무역 거점[103]

⬤ 제노바와 그들의 해외 거점
⬤ 베네치아와 그들의 해외 거점
⬤ 피사와 그들의 해외 거점
⬤ 아말피와 그들의 해외 거점

500km

중세 도시들의 유럽 지도 — 스트라스부르

스트라스부르
중세 지구의
목골조木骨造 주택

중세 도시들의 유럽
(12~15세기)

전반적인 농촌 사회 속에서 10세기부터 상업과 수공업이 발달함에 따라 도시가 생겨났다. 교회의 틀 안에서 새로운 도시 사회가 성장했다.

12세기와 13세기에 유럽에서는 광범위한 도시화 운동이 일어났다. 이 시기에 도시 인구는 유럽 전체의 약 5분의 1을 차지했다. 주요 도시들은 이탈리아, 플랑드르, 라인강 계곡, 프랑스 왕국에 있었다.

도시는 상업과 수공업의 장소였다. 그들은 직업 조합(길드)을 조직해 영향력을 키웠다. 그들을 부르주아지라 부른다. 그들은 영주들과 협상해서 자유 특허장을 받아내고 자율성을 확보했다.110

교회는 도시 공간에서도 중심적인 역할을 수행했다. 대성당과 동네 교회를 중심으로 사제들은 주민의 종교적 지도뿐만 아니라 대학의 발전과 교육, 병원의 건립과 건강을 담당했다.

**14세기 피렌체의
프레스코화**
중세 사회에서 교회의
중요성을 보여준다.

카페 왕조와 발루아 왕가의 프랑스 왕국 (10~15세기)[111]

10세기부터 14세기 초반까지, 987년에 즉위한 카페 왕조는 프랑스 군주제의 구조를 세웠다. 이 왕조는 군사력, 법률, 상징을 통해 왕권을 강화했다.

파리에서 통치하던 왕실 영지를 거점으로,[112] 필리프 오귀스트, 루이 9세, 루이 11세는 군사적 정복, 상속, 결혼을 통해 왕국의 넓은 지역들을 계속 통합하고 직접 관리해나갔다. 독립적이었던 대영주들은 점차 국왕의 봉신이 되었다.

군주제(왕권)는 파리에 영구적으로 자리 잡는 행정 조직을 중심으로 구축되었다. 이 조직은 세금을 징수하고, 특히 백년전쟁[1337~1453년] 이후에는 국왕의 법을 모든 신민에게 부과했다.

▼ 11세기 프랑스 왕국

11세기 초, 프랑스 국왕은 아직 다른 영주들 중 한 명에 불과했다. 파리 주변에 집중된 왕실 영지는 제한적인 수입만을 제공했으며, 대관식이 부여하는 힘만이 카페 왕조의 권력이 봉신封臣들에 대해 우위를 확보하게 했다.

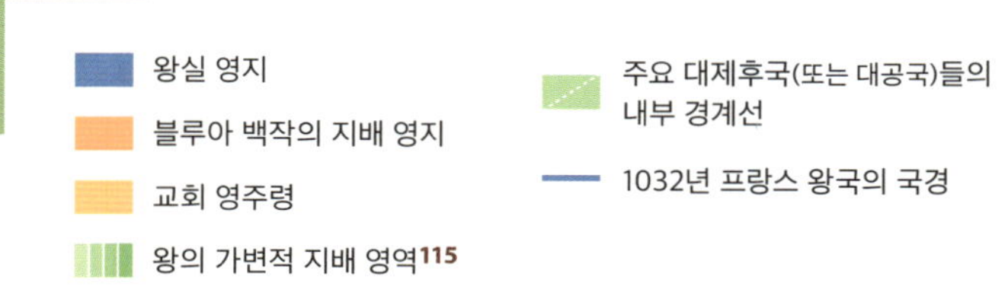

▼ 13세기 프랑스 왕국

11세기와 13세기 사이에 카페 왕조는 왕실 영지를 확장했다. 1214년 부빈 전투에서 필리프 오귀스트는 잉글랜드 국왕에게 승리를 거두었고, 왕실은 승리를 널리 찬양했다.[116]

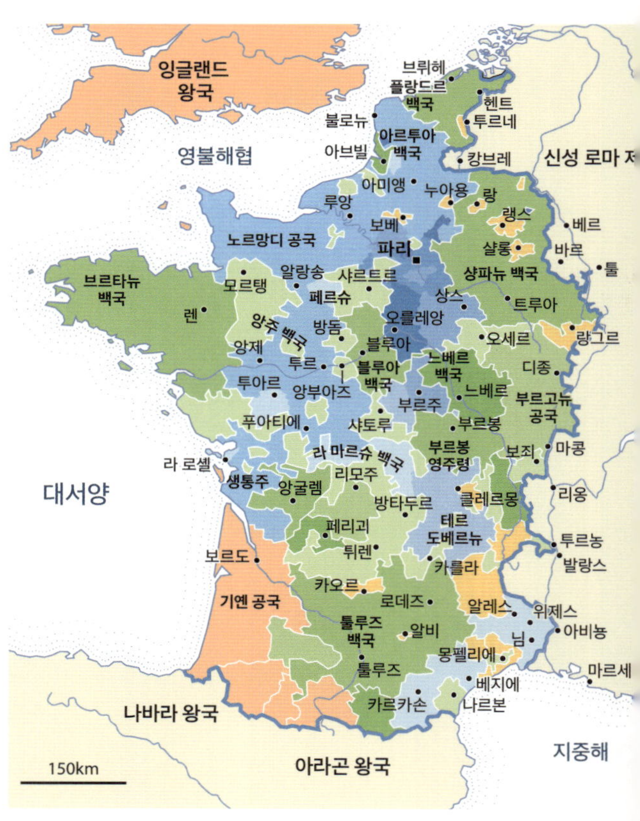

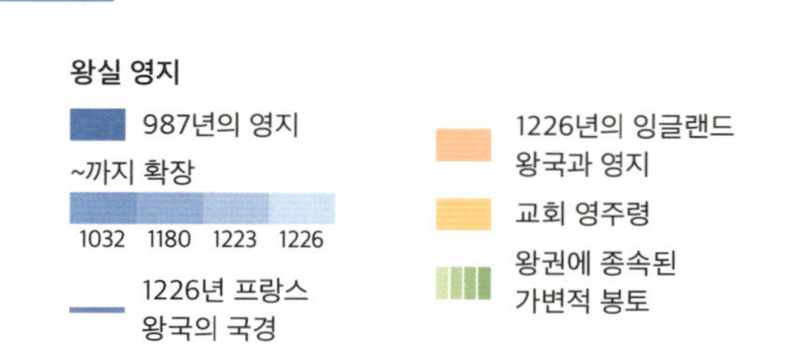

교회는 왕권을 확립하는 데 필수적인 역할을 했다. 첫째, 교회는 랭스에서 왕의 몸에 성유를 바르는 상징적인 의식을 통해 다른 영주들보다 왕에게 더 정통성을 부여하고 특권을 주었다. 둘째, 생드니 대성당 안에 왕실 묘지 (네크로폴)를 설립해서 카페 왕조의 이미지를 강화해주었다.

위그 카페
19세기에 제작된 이 초상화는 987년 왕국의 다영주들 사이에서 왕으로 선출된 카페 왕조의 창시자를 보여준다.[117]

생드니 대성전[118]
이곳은 카페 왕조 치하에서 프랑스 국왕들의 묘지가 되었다.

▼ 1360년의 시테 궁전[119]

프랑스 국왕들은 파리의 시테섬[일 드 라 시테]에 중세 내내 왕권의 강화를 명확하게 보여주는 궁전을 건설하고 확장했다.

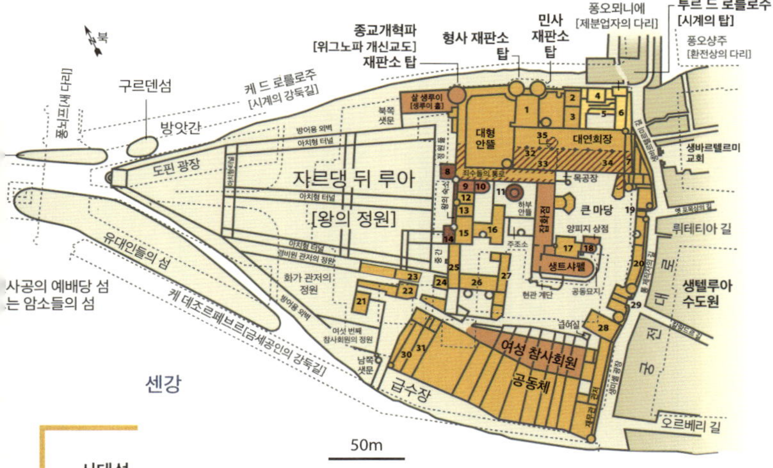

시테섬
- ······ 현재의 윤곽
- ——— 1360년의 윤곽

건축 시기
- 루이 6세 이전
- 루이 6세
- 루이 7세
- 루이 9세(생루이)
- 미남왕 필리프 4세와 세 아들, 그리고 필리프 드 발루아 [발루아 가문의 필리프]
- 선량왕 장 2세

1 대법정	12 국왕의 침실	25 오를레앙 공작 관저
2 형사 기록실	13 예배당	26 조폐 관리부
3 심리부	14 도서관 탑[기록 보관]	27 회계 검사부
4 빵 저장실	15 복장실	28 생미셸 예배당
5 과일 저장실	16 국왕 전속 사제실	29 생미셸 문
6 국왕의 지하저장고	17 국왕 알현 관저	30 생루이 성물실
7 왕실 주방	18 왕실 기록보관소	31 생니콜라와 생루이 성물실
8 사각형 탑	19 대형 문	32 옛 최고참사회의실
9 초록색 방	20 금고의 방	33 옛 심급이 낮은 소송 심리실
10 국왕 기도실	21 국왕 전속 화가의 관저	34 옛 국왕의 홀
11 대형 탑	22 생브낭 모자점	35 옛 의상 관리실
	23 수위실	
	24 마구간	

▼ 14세기 말의 프랑스 왕국

잉글랜드와 프랑스의 왕들은 1337년부터 1453년까지 백년전쟁에서 대결과 휴전을 반복했다. 이 분쟁이 끝났을 때, 카페 왕조[120]는 잉글랜드가 소유한 프랑스 안의 봉토를 거의 모두 되찾았다.

프랑스 왕국의 탈환 단계
- 1369년
- 1370년
- 1372~1373년
- 1374~1375년
- 1380년 잉글랜드의 프랑스 영토
- —— 14세기 말의 프랑스 왕국의 경계

잉글랜드인의 기마 원정
- 존 오브 곤트, 랭카스터 공작 (1369년, 1373년)
- 로버트 놀스(1370년)
- 토머스 오브 우드스톡, 버킹엄 백작(1380년)

16세기의 지중해

16세기의 지중해는 히스파니아 제국과 오스만 제국이 우위를 다투며 세력을 확장하려고 대립하는 장소였다.

카를 5세[121] 시대의 에스파냐(1519~1555년) 왕국은 '해가 지지 않는' 제국으로 변모했다. 카를 5세는 이베리아반도에서 시작해 네덜란드, 오스트리아, 아메리카와 아시아의 넓은 식민 제국을 지배하며 기독교 세계에서 가장 강력한 군주가 되었다.

쉴레이만 대제 시대의 오스만 제국(1520~1566년)은 동부 지중해 전역으로 세력을 확장했다. 오스만 제국은 이슬람 세계의 으뜸가는 강국이었으며, 발칸반도와 홍해, 마그레브(북아프리카 서부) 지역의 정복 활동을 통해 더욱 강해졌다.

▼ 카를 5세의 제국

16세기 에스파냐는 서양의 대부분을 다스렸다. 카를 5세는 수많은 유산과 정복으로 프랑수아 1세의 프랑스 왕국 국경까지 제국을 아주 넓게 확장했다.

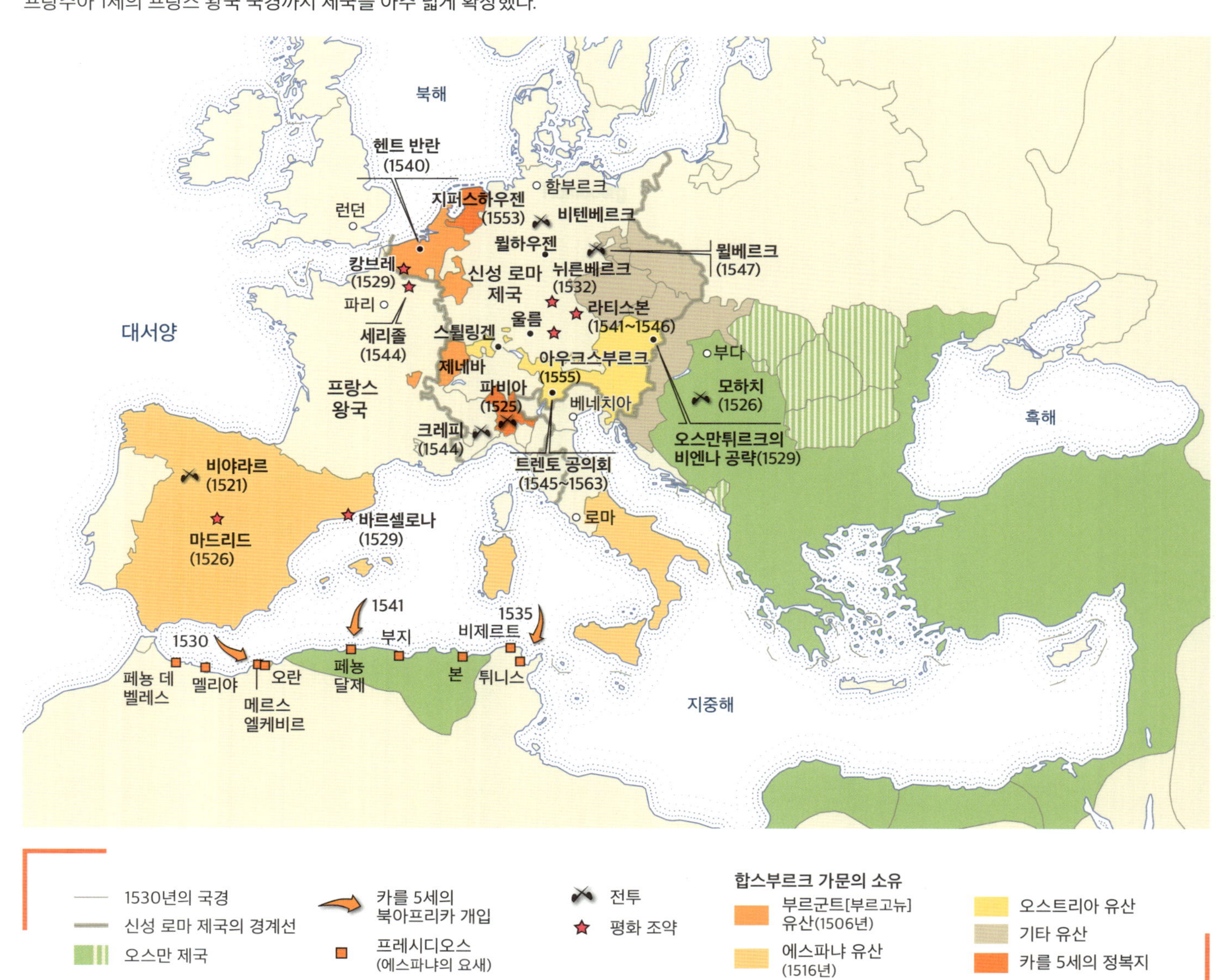

두 제국 사이에 긴장이 고조되었고, 지중해의 통제권을 두고 일련의 전투가 벌어졌다. 1571년의 레판토 해전에서 베네치아와 에스파냐 연합군이 오스만 제국을 물리쳤다. 그 전투를 고비로 오스만 제국은 천천히 몰락의 길로 들어섰다.

카를 5세, 1605년작(왼쪽)
그는 방대한 제국을 다스렸으며, 16세기 초반에 유럽에서 가장 강력한 군주였다.

쉴레이만 대제, 1550년작
그는 16세기의 주요 군주 중 한 명이었으며, 오스만 제국의 경제적·정치적·문화적 전성기를 이끌었다. 그는 46년간 통치했다.

▼ 오스만 제국

오스만 제국은 동부 지중해를 지배했으며, 지중해 패권을 추구하는 에스파냐 제국과 대립했다. 1571년의 레판토 해전은 이 두 제국의 경쟁 관계를 잘 보여준다.

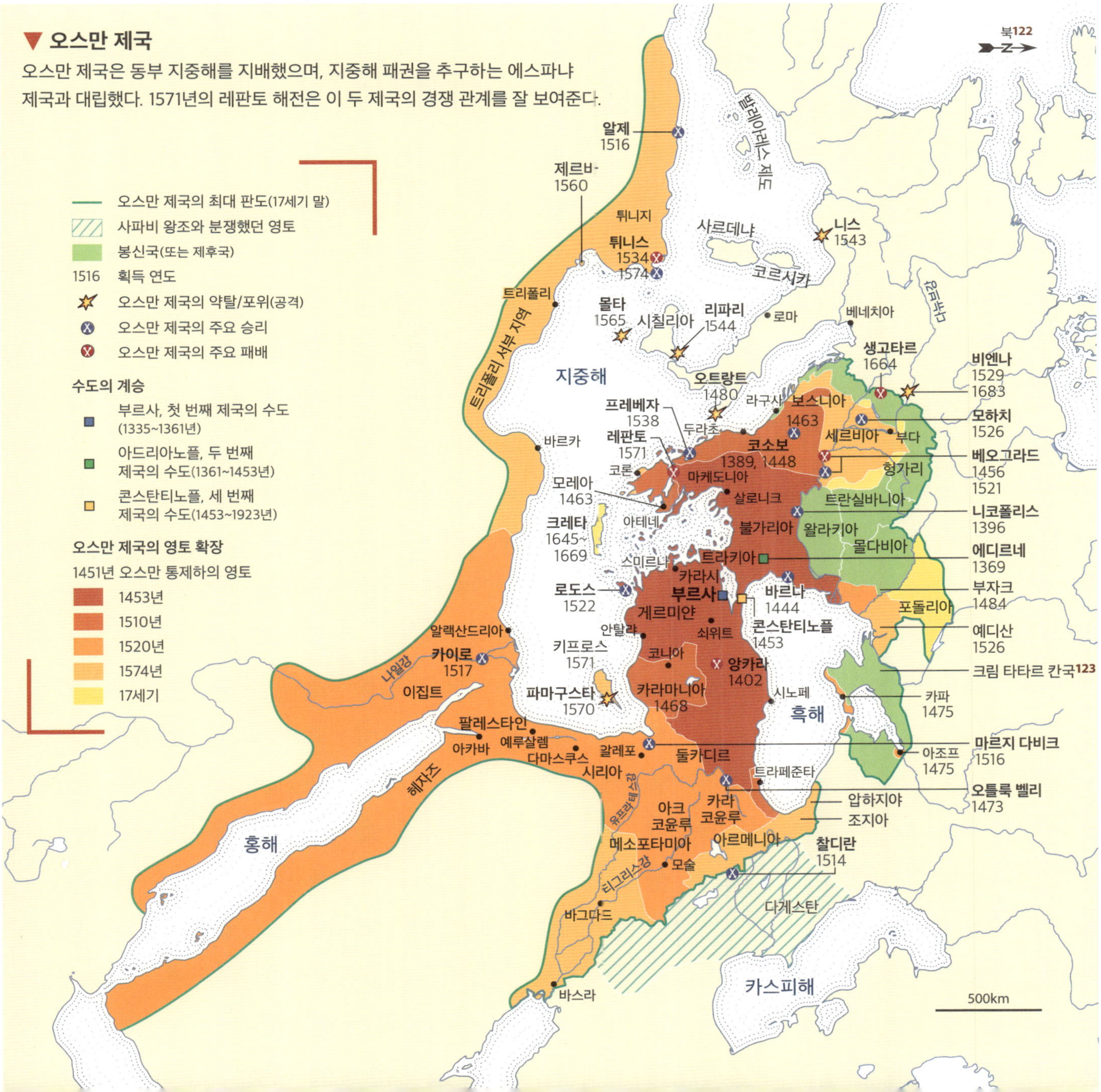

15세기와 16세기 유럽의 인문주의[124]

15세기와 16세기의 '대항해 시대', 인문주의, 르네상스가 세계와 인간에 대한 관점을 바꿔놓았다. 먼저 이탈리아에서 시작한 르네상스와 인문주의는 대륙 전체로 퍼져나가며 탐험가·사상가·예술가들이 인간과 세계의 관계를 새롭게 정립해나갔다.

15세기 말, 유럽의 항해사들은 세계를 발견하는 여정에 나섰고, 이렇게 해서 대서양 시대를 열었다. 콜럼버스는 서쪽 항로를 개척해서 아시아에 가려고 했고, 바스코 다 가마는 아프리카 대륙을 우회했으며, 마젤란은 최초로 배들을 이끌고 세계 일주에 도전했다.[125] 이들은 유럽인의 지리적 지식을 바꿔놓았다.

세계에 대한 인식이 바뀌면서 창조 세계에서 인간의 위치를 새롭게 탐구하기 시작했다. 이것을 인문주의라고 부른다. 그들은 고대 저자들의 문헌을 재발견하고, 지식을 통해 인간 정신을 고양시키려고 노력했다.[126]

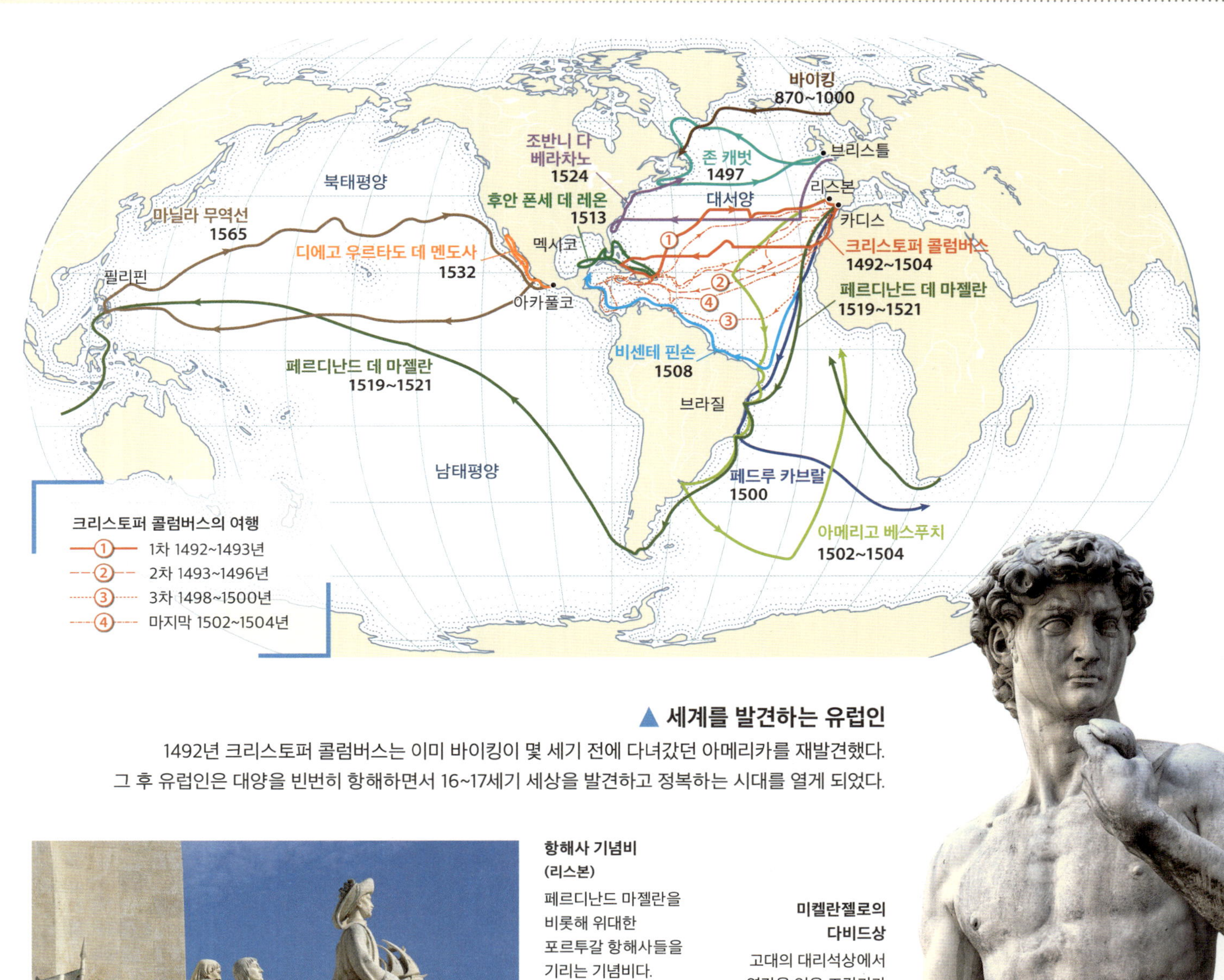

▲ 세계를 발견하는 유럽인

1492년 크리스토퍼 콜럼버스는 이미 바이킹이 몇 세기 전에 다녀갔던 아메리카를 재발견했다. 그 후 유럽인은 대양을 빈번히 항해하면서 16~17세기 세상을 발견하고 정복하는 시대를 열게 되었다.

항해사 기념비
(리스본)
페르디난드 마젤란을 비롯해 위대한 포르투갈 항해사들을 기리는 기념비다.

미켈란젤로의 다비드상
고대의 대리석상에서 영감을 얻은 조각가가 1501년부터 1504년 사이에 피렌체에서 제작한 이 조각상은 이탈리아 르네상스의 전형을 보여준다.

르네상스는 이러한 발견들을 동반하는 예술 운동이
다. 고대 작품에서 영감을 얻은 예술가들의 새로운
기법과 감수성은 회화·조각·건축에 새 바람을 불어
넣었다.[127]

피렌체 대성당
(이탈리아)
14세기에 지은
피렌체의 두오모는
이탈리아 르네상스
건축의 걸작이다.

▼ 프랑스의 인문주의 '혁명'

유럽 여러 나라와 프랑스의 지식인들은 인간을 사유의 중심에
놓는 사상을 발전시켜 인문주의 운동을 확산시켰다.

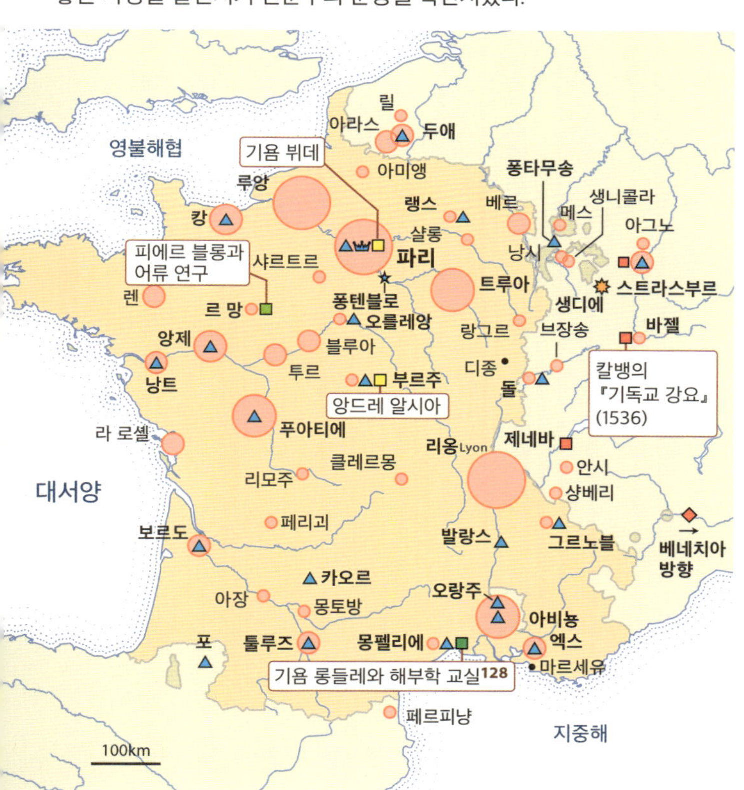

인쇄술
14세기 도시별 인쇄소의 수
◆ 베네치아, 인쇄술의 국제적 중심지
■ 외국의 출판물과 종교개혁의 확산

스콜라 철학 전통과 새로운 인문주의 사이에 낀 대학교
▲ 중세에 설립된 대학교
♛ 프랑수아 1세가 세운 왕실 강독관들의 학교,[129] 인문주의 프로그램
★ 퐁텐블로, 왕의 도서관

인문주의자
■ 자연과학
■ 해부학
■ 로마법 연구[130]

"우리의 세계가 또 다른 세계를 발견했다."(몽테뉴)[131]
✸ 발트제뮐러Waldseemüller 지도 출판: 1507년 '아메리카'라는 단어가 처음 등장

▼ 프랑스의 르네상스 예술

이탈리아에서 발생한 르네상스는 프랑스 왕국으로 널리 퍼져
16세기 프랑수아 1세 치세에 발전했다.

초기 르네상스
■ 전환기의 성
■ 성
■ 왕의 성
★ 국제적 네트워크 중심, '퐁텐블로파'
✦ 교회
▲ 귀족 저택

르네상스 전성기
★ 고전주의 선구자, 루브르 궁전
● 2차 르네상스의 작품

▼ 프랑스의 개신교[133]

16세기에 개신교 사상이 프랑스 왕국에 자리 잡았다. 루터와 칼뱅의 사상은 서적뿐만 아니라
목회자들 덕분에 널리 확산되었고 점점 더 많은 사람에게 영향을 미쳤다.

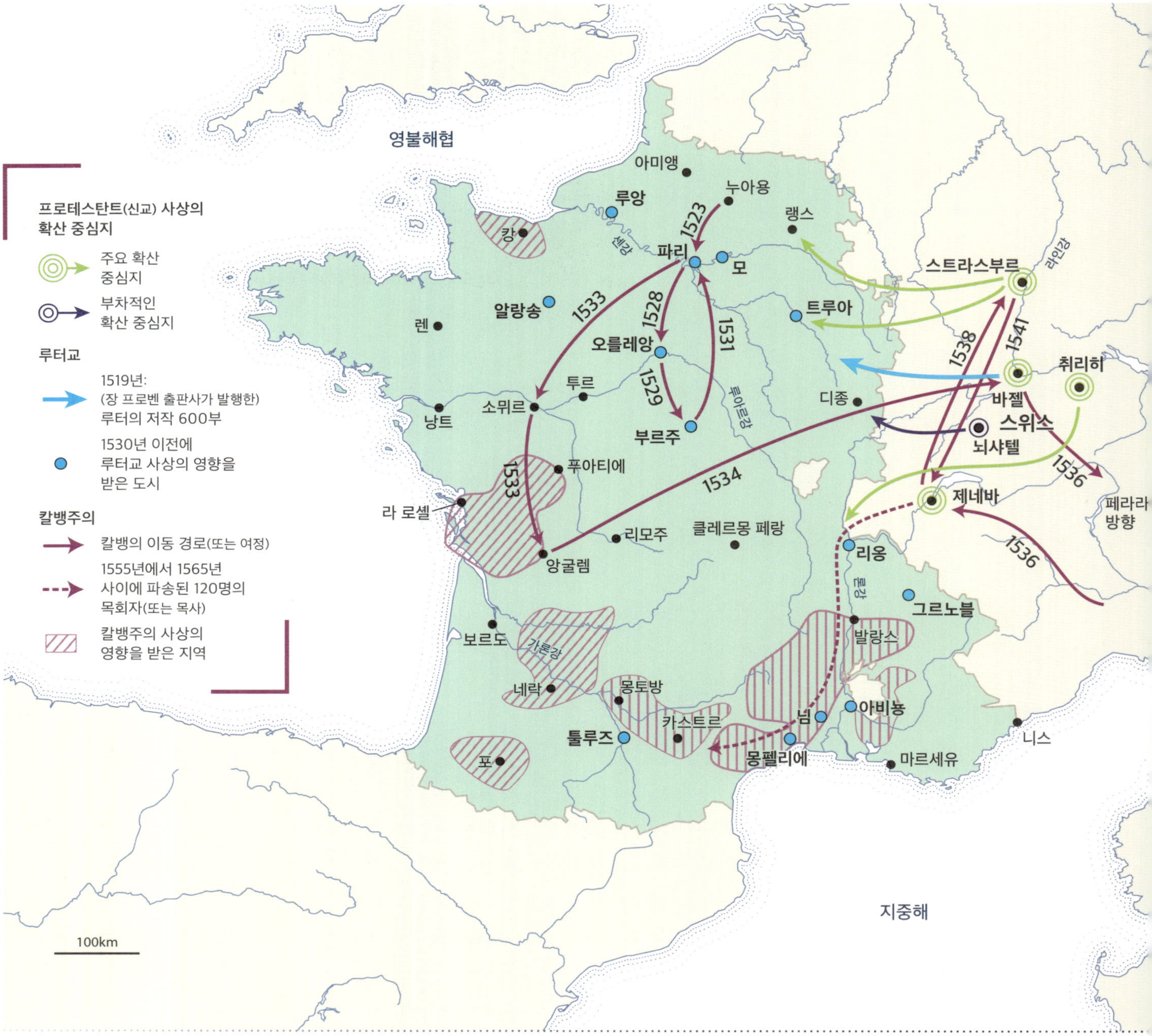

나바라의 왕과 왕비인
앙리와 마르그리트의
초상화(1572년경)
앙리는 프랑스의 왕
앙리 4세가 된다.
그는 프랑스 왕국에
종교적 평화를
정착시킨다.[134]

마르틴 루터가
교회 문 위에
커다란 깃펜으로
글을 쓰는 모습
그 펜이 한 사자의
귀를 관통하며
교황 레오 10세의
왕관을 떨어뜨리는
장면을 묘사했다.

16세기 유럽의 종교개혁과 종교 갈등

▼ 성 바르톨로메오 축일의 학살

1572년 개신교도와 가톨릭교도 사이의 긴장은 매우 첨예했다.
한 프로테스탄트 군주의 결혼식[135]을 계기로 8월 24일부터 파리에서 개신교 공동체를 겨냥한 학살이 일어났고, 이후 프랑스 전역으로 확산했다.

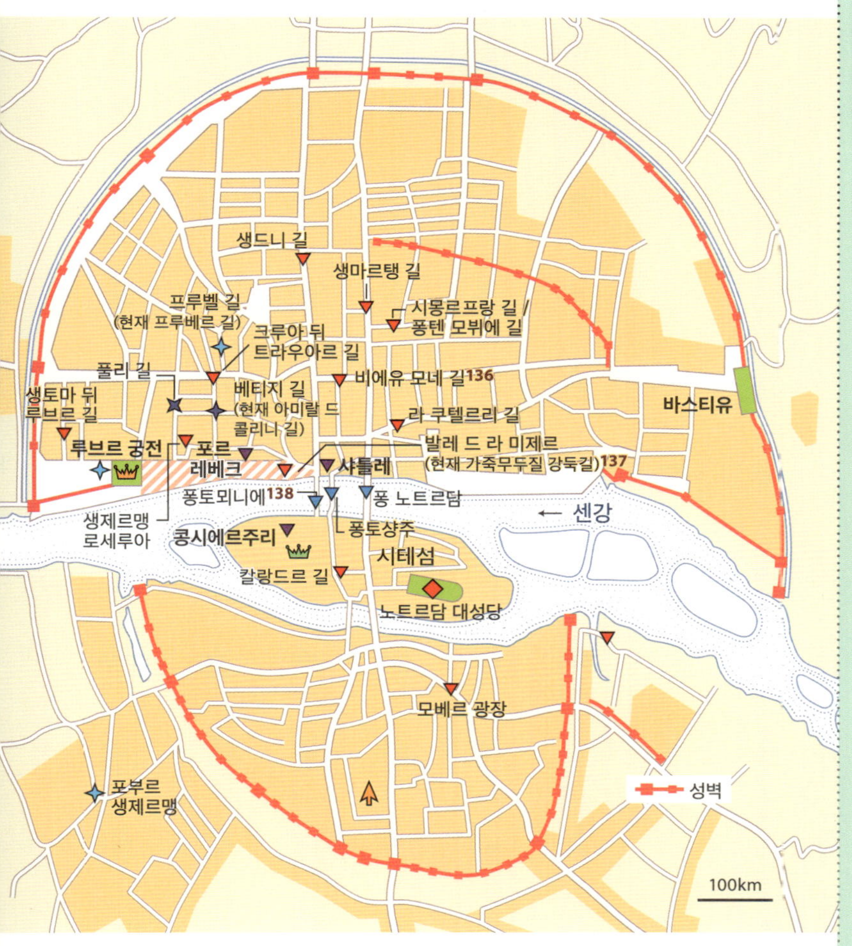

긴장 관계에서 귀족의 복수
- 1572년 7월 8일: 900명의 개신교도 귀족을 거느린 나바르의 앙리 입성
- 1572년 8월 18일: 나바르의 앙리와 발루아의 마르그리트의 결합[139]
- 1572년 8월 22일: 콜리니 암살 미수 사건

정치적 학살
- 1572년 8월 23일: 국왕의 결정적인 회의
- 1572년 8월 24일: 콜리니 암살(새벽 4시경)[140]
- 개신교도 귀족들의 암살
- 1572년 8월 26일: 국왕이 파리 고등법원에서 정치적 학살에 대한 책임을 인정하다.

대중의 학살
- 중요한 처형 장소
- 처형 장소와 시체 처리 장소
- 감옥 안의 학살
- 주요 살해범들의 거주지

16세기에 종교개혁은 가톨릭교회에 위기의식을 일깨웠다. 교회는 긴장을 악화하고, 두 종교 세력은 격렬히 싸우게 되었다.

1517년 독일에서 루터는 95개조 반박문을 작성해 가톨릭교회에 격렬한 파문을 일으켰다. 그는 신학, 성직자, 예배 조직을 문제 삼아 가톨릭교회와 근본적으로 단절했다. 그 외에도 16세기에는 칼뱅을 중심으로, 또는 영국의 헨리 8세의 뒤를 따라 종교적 분리 운동들이 발전했다.

가톨릭교회는 개신교에 대해 강력히 대응했다. 그것의 목표는 종교적 원칙을 재확인하고, 종교교육[141]을 강화하고, 성직자가 대중에게 중요한 역할을 한다는 사실을 강조하는 데 있었다.

이러한 분열은 유럽 대륙 전체에서 종교 전쟁을 불러왔다. 30년 전쟁(1618~1648년)은 길고 참혹했다.

마르틴 루터(1483-1586)
사제이자 신학자인 루터는 독일에서 프로테스탄트 운동의 기원이 되었다. 그는 성경을 기독교 권위의 유일한 합법적 원천으로 간주하면서 공개적으로 교황에게 도전했다.[142]

프랑스 왕국 (16~18세기)

16세기부터 18세기 초 사이에 군주 국가 건설이 계속되었고, 루이 14세와 그의 베르사유 궁전으로 대표되는 절대군주제로 나아갔다. 프랑스 국왕들은 반대 세력에 맞서면서도 자신들의 권력을 강화했다.

샹보르 성[143]
프랑수아 1세는 르네상스 시기 이탈리아의 성들을 본떠서 이 성을 건축했다.

▼ 프랑수아 1세의 프랑스(재위 1515~1547년)

프랑수아 1세는 왕국을 재조직하고 키웠다. 1539년에 그는 빌레르 코트레 칙령으로 왕국 전체에서 프랑스어를 쓰도록 만들었다.

▼ 앙리 4세의 프랑스(재위 1589~1610년)

앙리 4세는 권위를 회복하고 종교적 긴장을 완화하기 위해 1598년에 낭트 칙령을 반포했다.

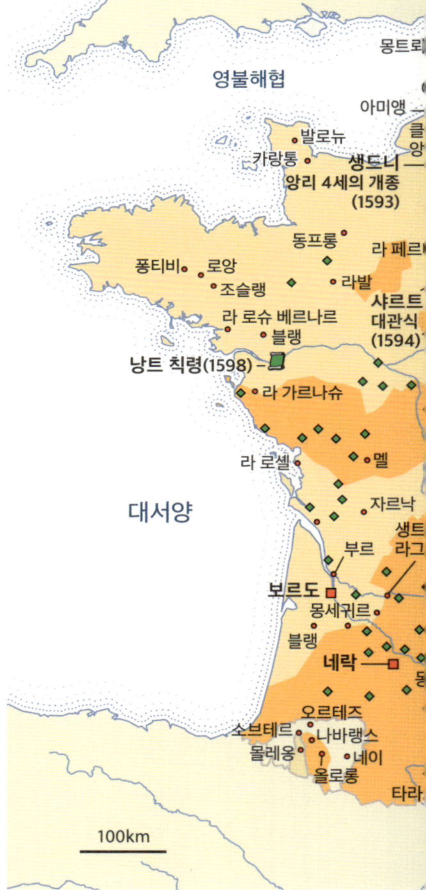

1559년의 왕국 국경

정의의 왕: 고등 사법기관들

- 🟧 대법원 관할 법원(프레지디알) 소재지
- 🟥 고등법원 소재지(설립한 해)
- 🟦 빌레르 코트레 칙령(1539년)

지방장관, 지방의 '부왕'

- 1559년 지방장관 관구의 경계
- **피카르디** 지방 관구의 이름
- 1532년 이후 브르타뉴 특례의 점진적 병합

앙리 4세 치세

- 🔻 1593년: 앙리 4세의 가톨릭 개종
- 👑 1594년: 앙리 4세의 대관식
- ✹ 1610년: 앙리 4세 암살

시민의 평화

- 🟩 1598년: 낭트 칙령
- 프로테스탄트 (개신교도) 밀집 지역
- 🟥 개신교 담당 고등법원

근대 초기에 프랑스 군주정은 왕권을 구조화하고 강화하면서 왕실의 주요 인물들을 통해 신민들에게 각인시켜주었다.

가장 먼저, '르네상스의 군주'인 프랑수아 1세는 샹보르성을 짓고 레오나르도 다빈치를 프랑스로 초빙했다.

앙리 4세는 종교 전쟁의 왕이자 프로테스탄트 군주였다가 가톨릭 왕이 되었다. 그는 낭트 칙령을 반포해서 극심한 종교 갈등으로 분열된 왕국을 한동안 평화롭게 만들었다. 그러나 1610년 그는 가톨릭 광신도에게 살해당했다. 이로써 그의 반대 세력이 왕국 내에 여전히 남아 있었다는 사실을 알 수 있다.

'태양왕' 루이 14세는 베르사유 궁전을 건설하고, 절대군주제라는 이념과 권력 통제를 절정에 올려놓은 인물이었다. 그러나 여전히 농민 반란이 일어나고 귀족들이 왕권에 반대했다.[145]

레오나르도 다빈치
르네상스 시대의 이 위대한 이탈리아 예술가, 과학자, 작가는 프랑수아 1세의 초대를 받아 프랑스에 머물렀다.

▼ 베르사유 궁

1682년 베르사유 궁전은 루이 14세(재위 1661~1715년)가 거주하면서 프랑스 왕국의 중심이 되었다. 왕은 그곳에 사는 주요 귀족 가문을 통제하면서 자신의 권력을 강화했다.

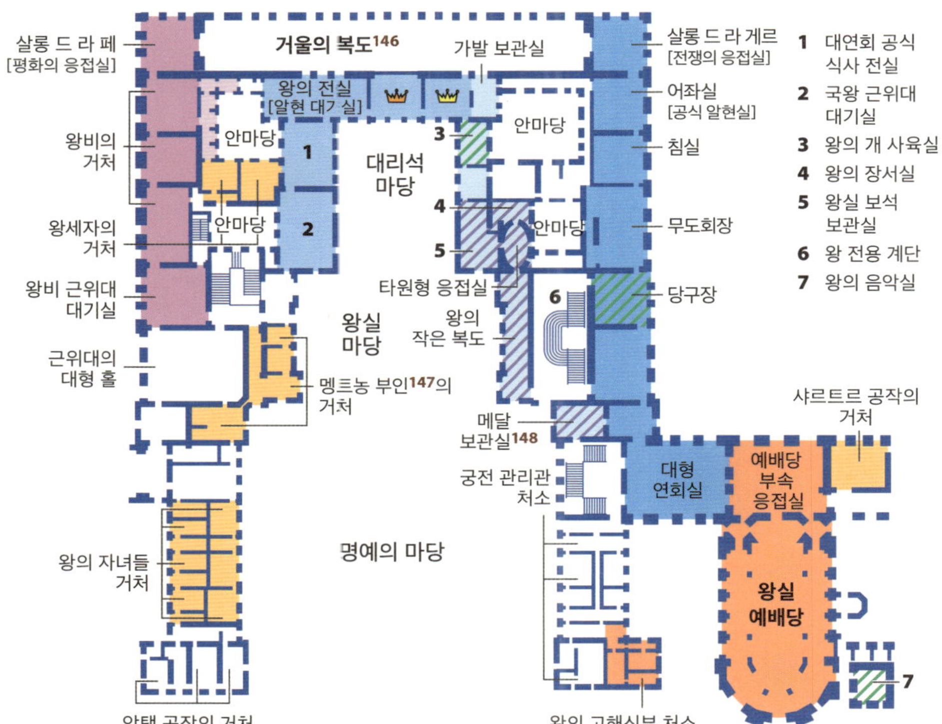

유럽 강대국들은 인도양과 태평양의 무역로에 점차 진출하며
아시아에 서서히 뿌리를 내렸다. 그들은 유럽에서 매우 소중한 향신료와
기타 산물들을 찾아 교역소와 식민지를 건설했다.

▼ 18세기의 아메리카

18세기에 아메리카 대륙은 유럽의 완벽한 지배를 받았다. 에스파냐와 포르투갈이
광범위하게 지배하고 있었지만, 다른 식민 강대국들도 플랜테이션과 광산의 부를
착취하기 위해 이곳에 진출해 있었다.

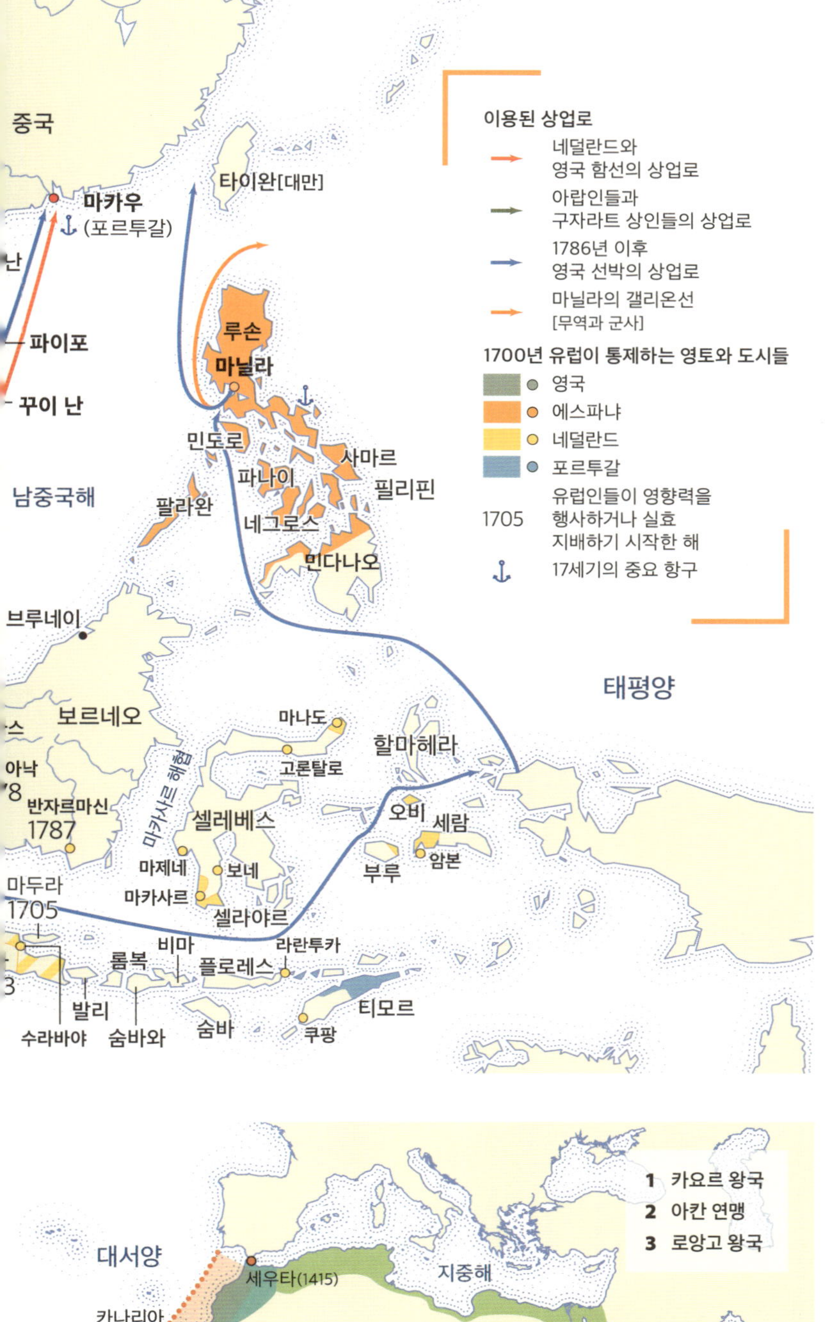

16세기에 에스파냐와 포르투갈이 형성했던 식민 제국들에 이어 17세기와 18세기에 프랑스, 영국, 네덜란드 연합주는 진정한 식민 제국들을 건설했고, 대농장(플랜테이션) 경제를 정착시켰다.

유럽인들은 세계 곳곳에 식민 제국들을 건설했는데, 특히 아메리카에서는 플랜테이션 경제를 구축했다. 이곳은 아프리카에서 온 노예 인구가 백인 주인들의 통제 아래 코코아, 설탕, 커피 같은 열대 작물을 재배하고 수확하는 농장이었다. 아프리카와 아시아에서 유럽인들은 교역소와 창고를 만들어 노예, 향신료, 차 등의 귀한 상품을 더욱 쉽게 거래했다.

이 교역소와 식민지들은 해상 무역로로 연결되어 있었기 때문에, 특히 부유층을 비롯한 유럽 인구가 점점 더 많이 찾는 열대 산물들을 유럽으로 운송할 수 있었다. 이 사업가 계층(부르주아지)은 식민지 무역 덕분에 더욱 강력해졌고, 유럽인의 소비 방식을 변화시켰다.

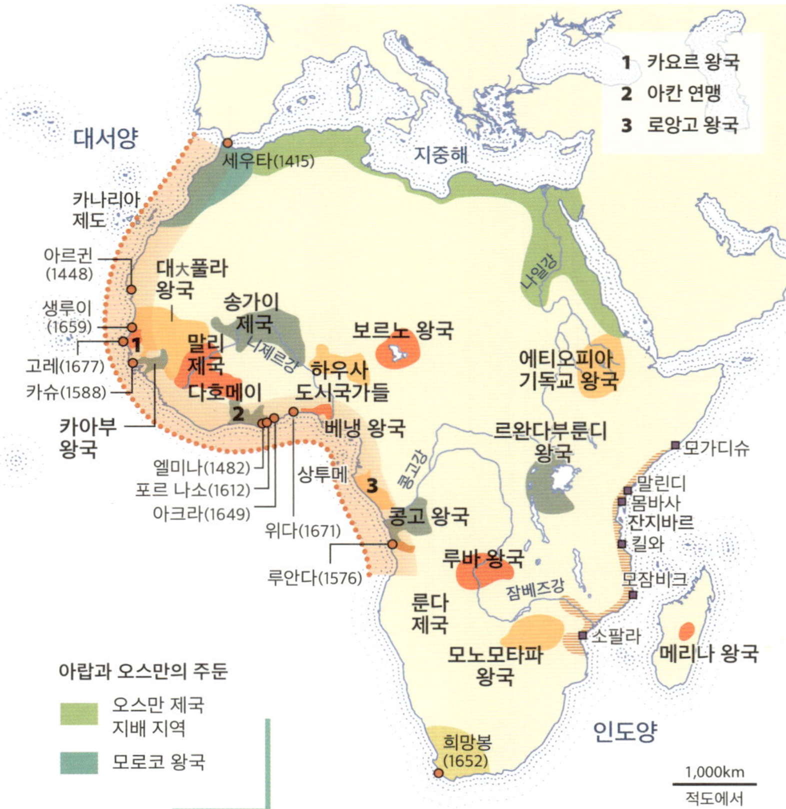

노예선

18세기 영국의 노예선은 아메리카 식민지에서 아프리카 해안을 거쳐 영국의 리버풀 항구를 연결하는 길을 오갔다.

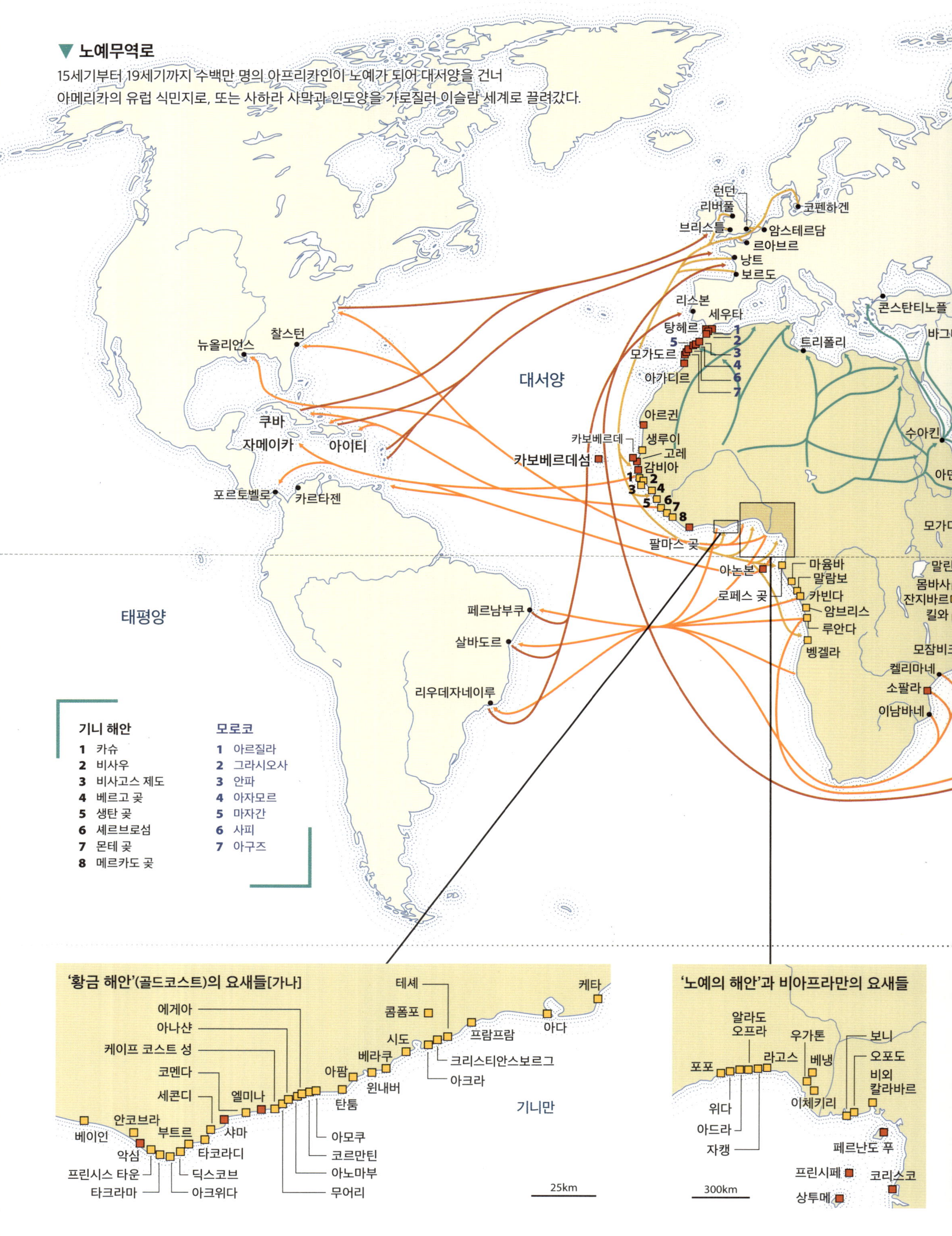

▼ 노예무역로
15세기부터 19세기까지 수백만 명의 아프리칸인이 노예가 되어 대서양을 건너
아메리카의 유럽 식민지로, 또는 사하라 사막과 인도양을 가로질러 이슬람 세계로 끌려갔다.

런던
리버풀
코펜하겐
브리스틀
암스테르담
르아브르
낭트
보르도
리스본
세우타
콘스탄티노플
바그드
탕헤르
트리폴리
모가도르
아가디르
아르귄
수아킨
대서양
카보베르데
생루이
고레
감비아
카보베르데섬
아덴
찰스턴
뉴올리언스
쿠바
자메이카
아이티
포르토벨로
카르타젠
팔마스 곶
모가디
아논본
마윰바
말린
몸바사
말람보
카빈다
잔지바르
킬와
태평양
로페스 곶
암브리스
루안다
벵겔라
모잠비크
켈리마네
페르남부쿠
소팔라
살바도르
이남바네
리우데자네이루

기니 해안
1 카슈
2 비사우
3 비사고스 제도
4 베르고 곶
5 생탄 곶
6 셰르브로섬
7 몬테 곶
8 메르카도 곶

모로코
1 아르질라
2 그라시오사
3 안파
4 아자모르
5 마자간
6 사피
7 아구즈

'황금 해안'(골드코스트)의 요새들[가나]
테셰
케타
콤폼포
에게아
아나샨
시도
프람프람
케이프 코스트 성
베라쿠
아다
코멘다
아팜
크리스티안스보르그
세콘디
엘미나
윈내버
아크라
기니만
탄툼
안코브라
베이인
부트르
샤마
악심
타코라디
아모쿠
프린시스 타운
딕스코브
코르만틴
타크라마
아크위다
아노마부
무어리

'노예의 해안'과 비아프라만의 요새들
알라도
오프라
우가톤
보니
라고스
베냉
포포
오포도
비외
칼라바르
위다
이체키리
아드라
페르난도 푸
자캥
프린시페
코리스코
상투메

25km
300km

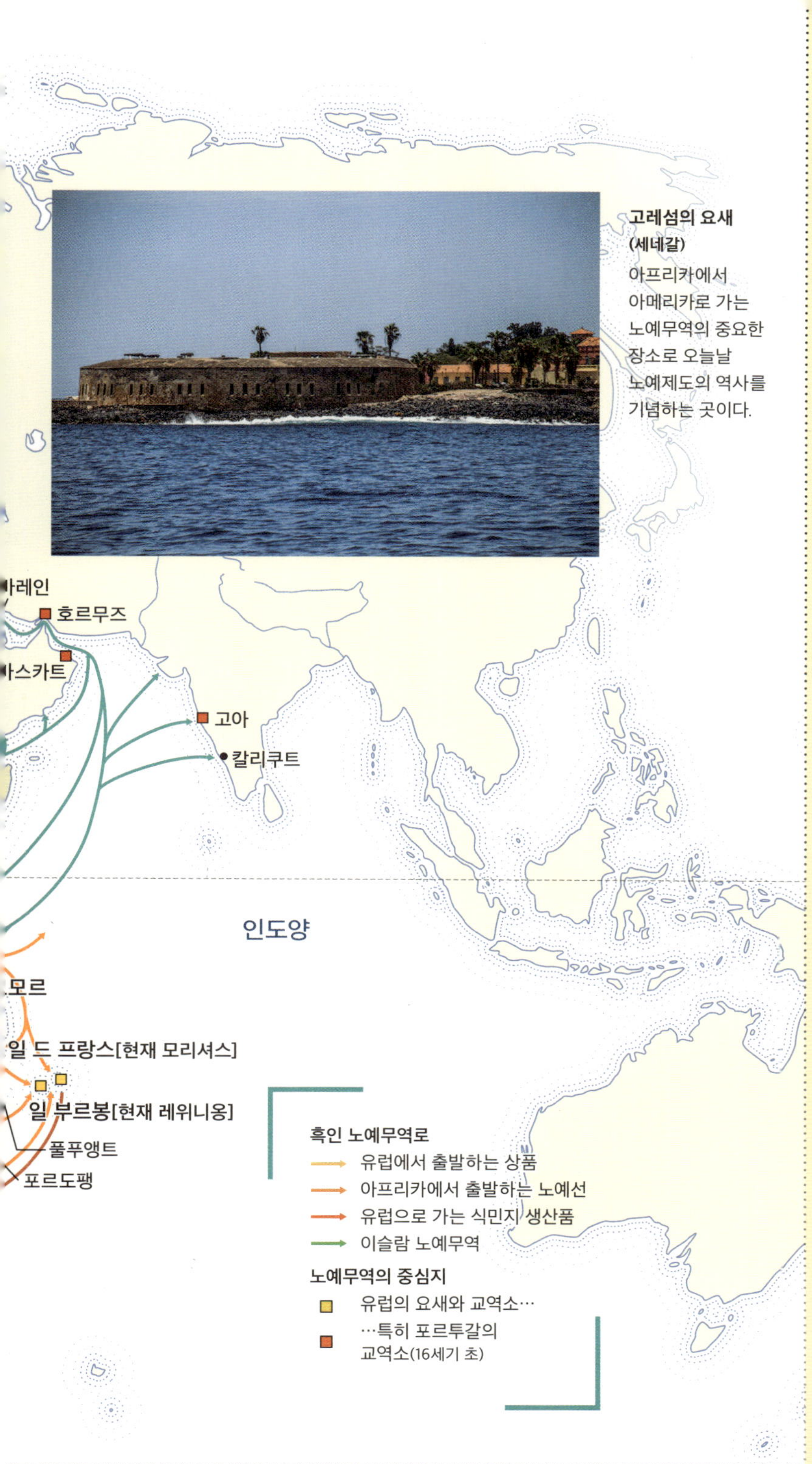

흑인 노예무역과 노예제도
(15~19세기)

15세기부터 19세기 사이에 1,200만 명이 넘는 아프리카인이 대서양 노예무역의 일환으로 아프리카에서 아메리카 식민지로 '운송'[151]되었다. 이 노예들은 유럽의 플랜테이션에 노동력을 제공했다.

삼각 무역은 유럽 본국, 아메리카 식민지와 플랜테이션을 연결하며, 노예를 확보하기 위해 아프리카를 경유하는 대서양 횡단 무역로를 지칭한다. 이 노예무역은 특히 브라질의 포르투갈 식민지처럼 아프리카와 식민지 사이에서 직접 이루어지거나 유럽과 아프리카(아프리카 왕들과 노예를 거래하던 곳), 아메리카(노예 판매를 통해 플랜테이션 생산물을 유럽으로 운송할 수 있었던 곳) 간의 상품 교환을 통해 이루어졌다.

이 시기에 아프리카 대륙에서는 다른 형태의 노예무역도 존재했다. 바로 동방 노예무역뿐만 아니라 아프리카 대륙 내부에서 이루어진 노예무역도 있었으며, 이 역시 다양한 형태의 노예제도를 구성했다.

고레섬의 요새 (세네갈)
아프리카에서 아메리카로 가는 노예무역의 중요한 장소로 오늘날 노예제도의 역사를 기념하는 곳이다.

인도양

바레인
■ 호르무즈
마스카트
■ 고아
● 칼리쿠트

모르

일 드 프랑스[현재 모리셔스]
일 부르봉[현재 레위니옹]
풀푸앵트
포르도팽

흑인 노예무역로
→ 유럽에서 출발하는 상품
→ 아프리카에서 출발하는 노예선
→ 유럽으로 가는 식민지 생산품
→ 이슬람 노예무역

노예무역의 중심지
■ 유럽의 요새와 교역소…
■ …특히 포르투갈의 교역소(16세기 초)

낭트 항에 소속된 마리 세라피크[152]의 평면도
이 배의 갑판 아래 공간(선창)에 가득 실린 남성과 여성들의 끔찍한 항해 조건을 볼 수 있다.

노예를 묶는 쇠사슬
노예가 도망치지 못하도록 손과 발을 묶는 데 쓰였다.

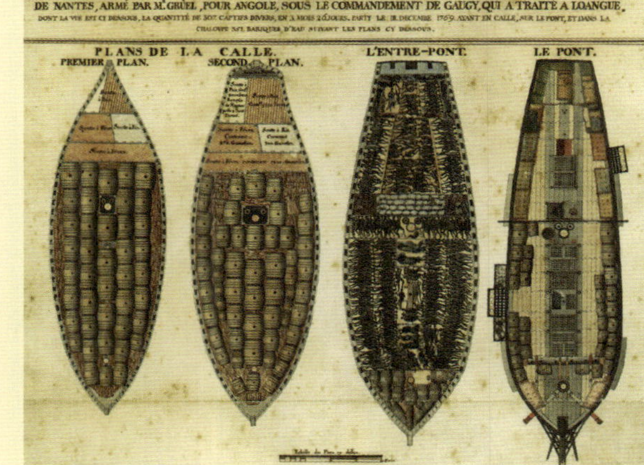

▼ 유럽에서 계몽주의 사상의 확산

대부분 권위주의 체제가 지배하던 유럽에서 계몽사상가들은 디드로와 달랑베르가 편집한 『백과사전』이나 볼테르 같은 사람들의 여행과 저작물을 통해 자신들의 사상을 전파하려 노력했다.

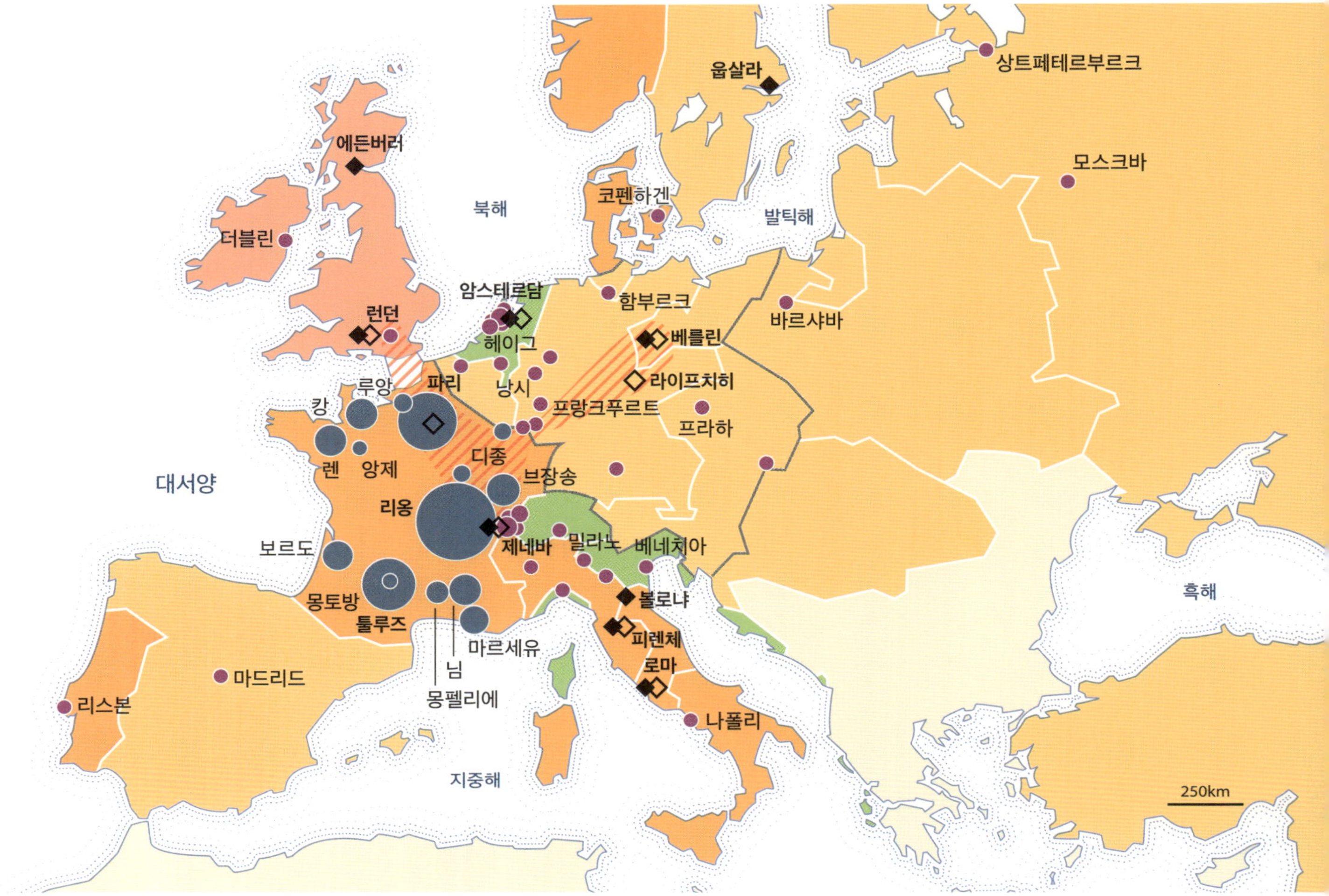

분열된 유럽의 정치 상황
- 절대군주제
- 계몽 전제군주제
- 입헌군주제
- 공화제

계몽주의 사상에 물든 유럽
1780년 4절판 『백과사전』의 구독신청자
- 프랑스
- 외국

1,000 / 600 / 400 / 200

- 볼테르가 여행한 지역
- ◆ 저작의 발행지
- ◇ 학술지 발행지

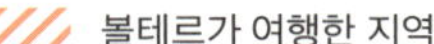

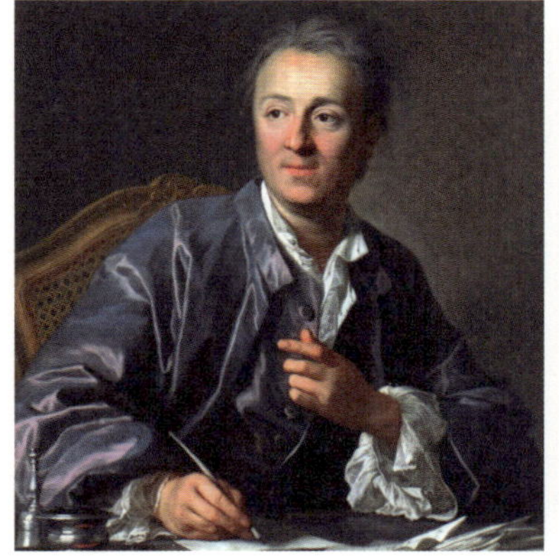

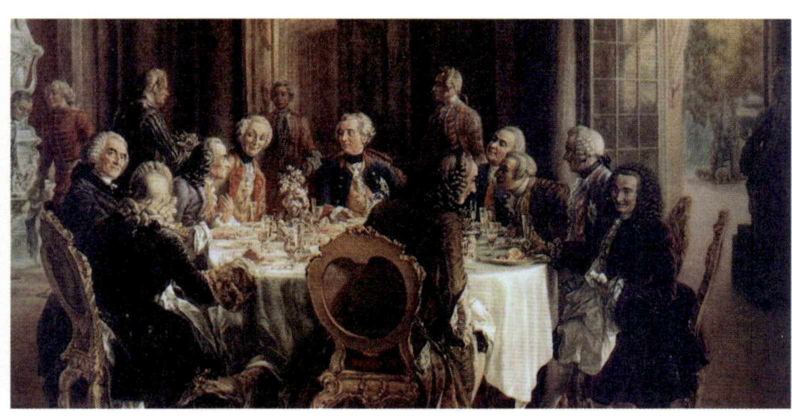

달랑베르와 함께 『백과사전』을 편찬한 프랑스 계몽사상가 **디드로의 초상.**

볼테르 같은 계몽사상가들이 사상을 발표하고, 부르주아지 회원, 귀족 회원들과 토론하던 **살롱**의 모습.

▼ 프랑스의 계몽주의

루이 15세(재위 1715~1774년)의 프랑스도 계몽주의의 나라였다.
이 사상은 왕국에 널리 퍼졌으며, 군주정을 개혁해서 좀 더 계몽된 방식으로
나라를 다스리게 만들었다.

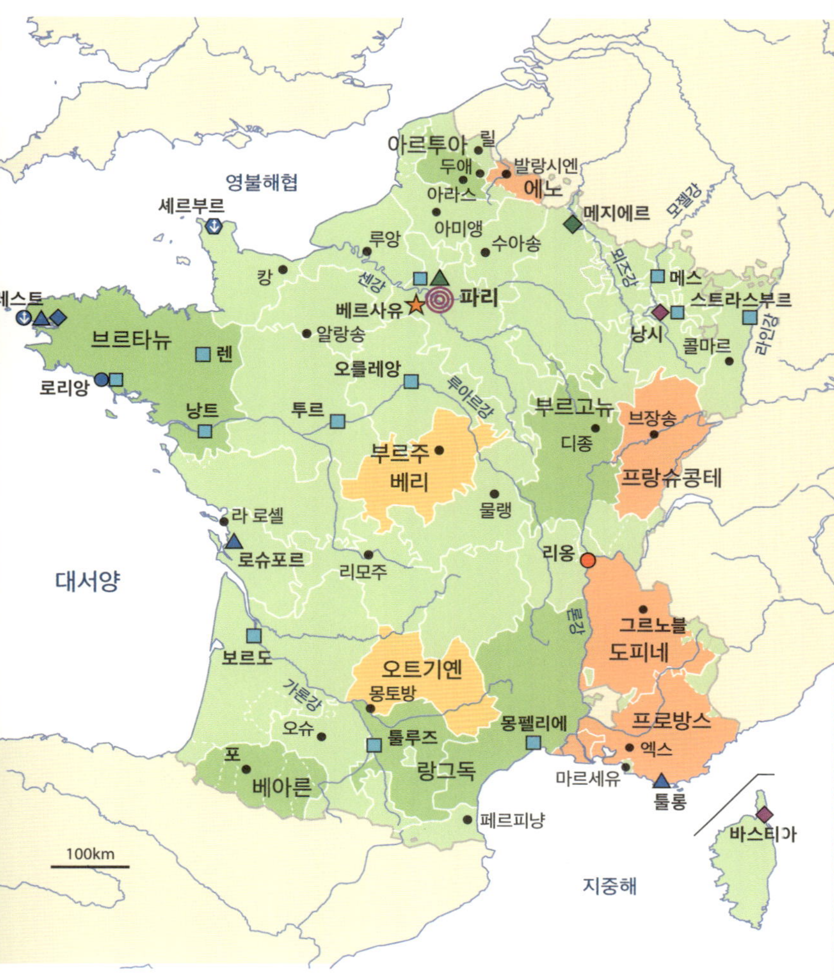

변화의 의지

◎ 파리, 국가 전문 지식의 중심[천문대, 식물원, 과학 아카데미, 해군 해도와 도면 보관소(1720년), 해군 건설 기술자 학교(1765년)]

◆ 18세기에 창설된 고등참사회

변화의 중심에 선 육군과 해군

해군 학교

▲ 해군 사관학교

● 식민지 사관학교

◆ 해군 아카데미[153]

군항의 대대적 정비

⬇ 브레스트(1738~1782년), 쇼케 드 랭뒤 주도

⬇ 셰르부르 군항 설립(1786년)

육군 사관학교, 장교 자격:
전통 귀족 신분 또는 경쟁시험

▲ 파리 육군학교(1751년)

◆ 메지에르 공병학교(1748년), 폴리테크니크 공대 전신

대대적인 도시 계획

■ 대규모 도시 건설 현장

국민의 대표성을 찾아서

█ 3신분회 소재 지방, 하나의 모델인가?

지방의회 설립

█ 네케르 시기

█ 1787년 6월 왕령으로 확장

★ 전국신분회[154] 소집 (1789년 5월 5일, 베르사유)

계몽주의 시대의 유럽

18세기에 유럽의 사상 조류인 '계몽주의'가 발전하면서 자유와 평등의 개념에 기반을 두고 통치 방식, 종교, 나아가 사회에 대한 새로운 관점을 제시했다.

계몽사상가들은 유럽 사회와 정치 체제에 의문을 제기하는 사상들을 발전시켰다. 칸트, 볼테르, 루소, 몽테스키외 등은 이성에 토대를 두고 군주정의 변화, 권력 분립, 투표권 도입, 국민 주권을 요구했다. 그들은 자연권인 자유와 평등의 이름으로 특권 계급에 맞서 싸우며 사회를 변화시키고자 했다. 볼테르가 더 큰 종교적 관용을 주장했을 때, 가톨릭교회 또한 이러한 비판에서 벗어날 수 없었다.

이러한 사상들은 『백과사전』을 포함한 서적들을 통해 널리 퍼졌을 뿐만 아니라 계몽사상가들이 유럽 전역을 여행하면서 전파했다. 그들은 당시 크게 발전하던 아카데미, 살롱, 카페 등지에서 교류했다.

계몽사상가들의 사상을 확산시키는 데 다양한 서적이 크게 기여했다. 특히 1746년부터 제작된 『백과사전』의 공이 컸다.

이 혁명의 날, 대중이 파리의 왕립 요새인 바스티유라는 왕권의 상징을 공격한
뜻깊은 사건이 일어났다. 무기와 화약을 찾으러 다니던 파리인들은
제3신분 대표들 편에서 혁명을 일으켰다.

**당시 사회의 세 신분을
묘사한 풍자화**

특권을 가진 귀족과 성직자가
제3신분을 지배하는 불평등한
현실을 고발하고 있다.156

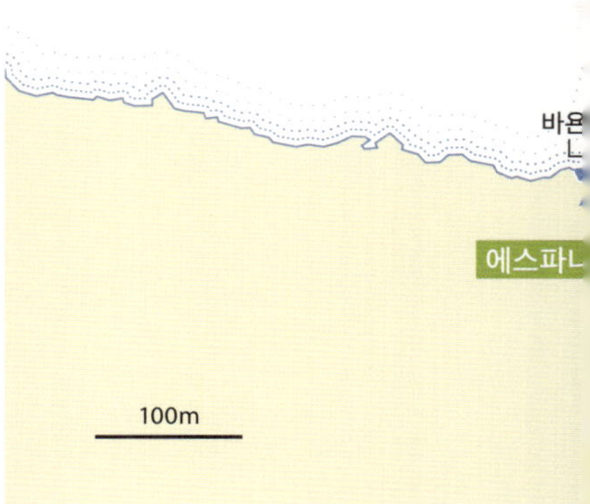

프랑스 혁명 사상[157]이 유럽에 퍼지는 것을 막기 위해
유럽의 군주들이 서로 협력하고 프랑스를 위협했기 때문에 전쟁이 일어났다.
국내에서도 긴장이 최고조에 달했다. 보르도, 리옹, 캉에서
연방주의자들이 파리의 중앙집권에 반란을 일으켰다.
프랑스 서부에서는 군주정과 가톨릭교를 지키기 위해 들고일어났다.

프랑스 혁명 (1789~1799년)

1789년에 프랑스에서 혁명이 일어났다. 그리하여 절대군주정과 근본적으로 불평등한 사회를 폐지했다. 구체제[앙시앵레짐]는 사라지고 수많은 정치적 실험과 새로운 사회가 탄생했다.

1789년과 1792년 사이에 입헌군주정이 태어났다. 루이 16세[재위 1774~1792년]는 국민의회가 제안한 개혁을 받아들였고, 민중의 압력에 굴복했다. 민중은 수많은 혁명적 사건(죄드폼[159]의 맹세, 바스티유 정복)에서 존재감을 확인했다. 「인간과 시민의 권리선언」은 이렇게 해서 자유와 평등의 원칙 위에 새로운 사회를 세웠다.

1792년에 혁명은 유럽의 군주들과 국내의 긴장으로 위협을 받았다. 새 공화국을 지키려고 로베스피에르가 앞장서서 공포정을 실시했다. 그것은 혁명의 적을 제거하고 어떤 대가를 치르든 수많은 피를 흘려서라도 공화국을 지키려는 목적을 가지고 있었다. 그들은 공화국을 구했지만, 1799년까지 온갖 어려움을 겪어야 했다.

조르주 자크 당통(1759-1794)과 막시밀리앵 로베스피에르 (1758-1794)

이들은 프랑스 혁명의 지도자들이다. 로베스피에르는 1793년과 1794년에 공포정을 실시한 지도자였다.

나폴레옹의 유럽
(1799~1815년)

1799년부터 1815년까지 혁명군의 장군에서 프랑스인의 황제가 된 나폴레옹 보나파르트는 권력을 잡고 독재정치를 실시했으며, 유럽에 넓은 영토를 가진 제국을 건설했다.

나폴레옹 1세
나폴레옹 보나파르트는 1799년에 권력을 잡고 1804년에 황제가 되어 독재정을 실시했다.

▼ **프랑스 제국(1799~1815년)**

나폴레옹은 군대로 유럽 여러 나라를 정복하고 정치적 동맹을 맺으면서 아주 넓은 제국을 지배했다. 그러나 제국 안에는 수많은 긴장이 존재했고, 결국 1815년 제국은 혼란에 빠졌다.

나폴레옹 보나파르트는 정변[쿠데타]을 일으켜 혁명 사상에 물든 독재 체제를 수립했다. 그 체제는 집정관 정부였다가 제국이 되었고, 1804년 그는 나폴레옹 1세로서 권력을 완전히 움켜쥐었다. 나폴레옹은 정치적 반대파를 억압하고, 사회적으로도 자유를 많이 제한했다.

제국은 또한 유럽 대륙 거의 전역을 집어삼킨 신속한 영토 정복의 산물이었다. 이는 유럽 모든 국가를 상대로 맞서 싸운 황제의 군사적 천재성 덕분에 (적어도 육상에서는) 가능한 일이었다. 다만, 자신의 섬에서 무적의 상태로 남아 있던 영국만은 예외였다.

1815년에 나폴레옹은 유럽 동맹군에게 패배해 권좌에서 물러나야 했다. 그는 몇 년 후 유배지 세인트헬레나섬에서 숨을 거두었다.

나폴레옹의 독수리
나폴레옹은 고대 로마 제국에서 영감을 받아 자신을 널리 알리는 곳에 황제의 독수리를 이용해 권력을 과시했다.

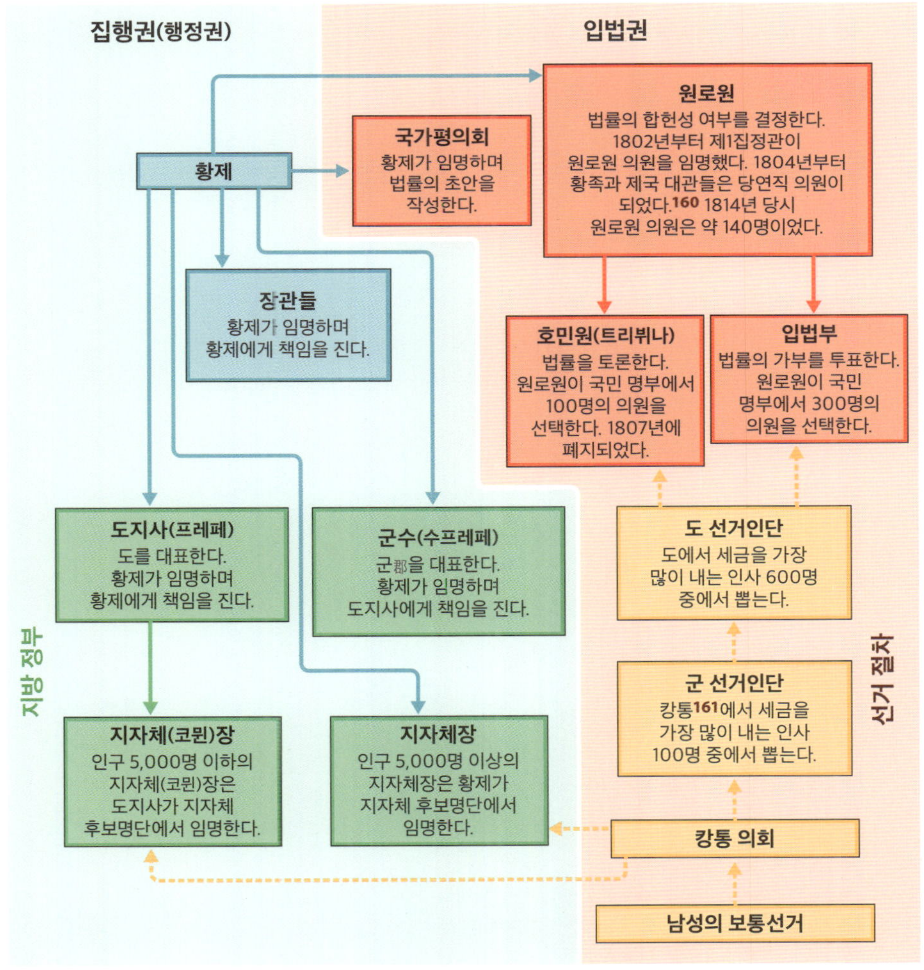

▲ 독재 체제
프랑스인의 황제 나폴레옹 1세는 입법권부터 지방의 모든 권력까지 완전히 장악하는 정치제도를 조직했다. 남성의 보통선거를 유지했지만, 국민은 주권자의 기능을 대부분 잃었다.

▼ 유럽의 산업혁명 ▶

19세기 유럽은 산업 시대를 맞이해 경제·사회·정치 사상의
근본적 변화를 겪었다. 영국에서 시작된 산업혁명은 곧 미국에도 영향을 끼쳐,
미국은 빠르게 세계 제1의 산업 강국이 되었다.

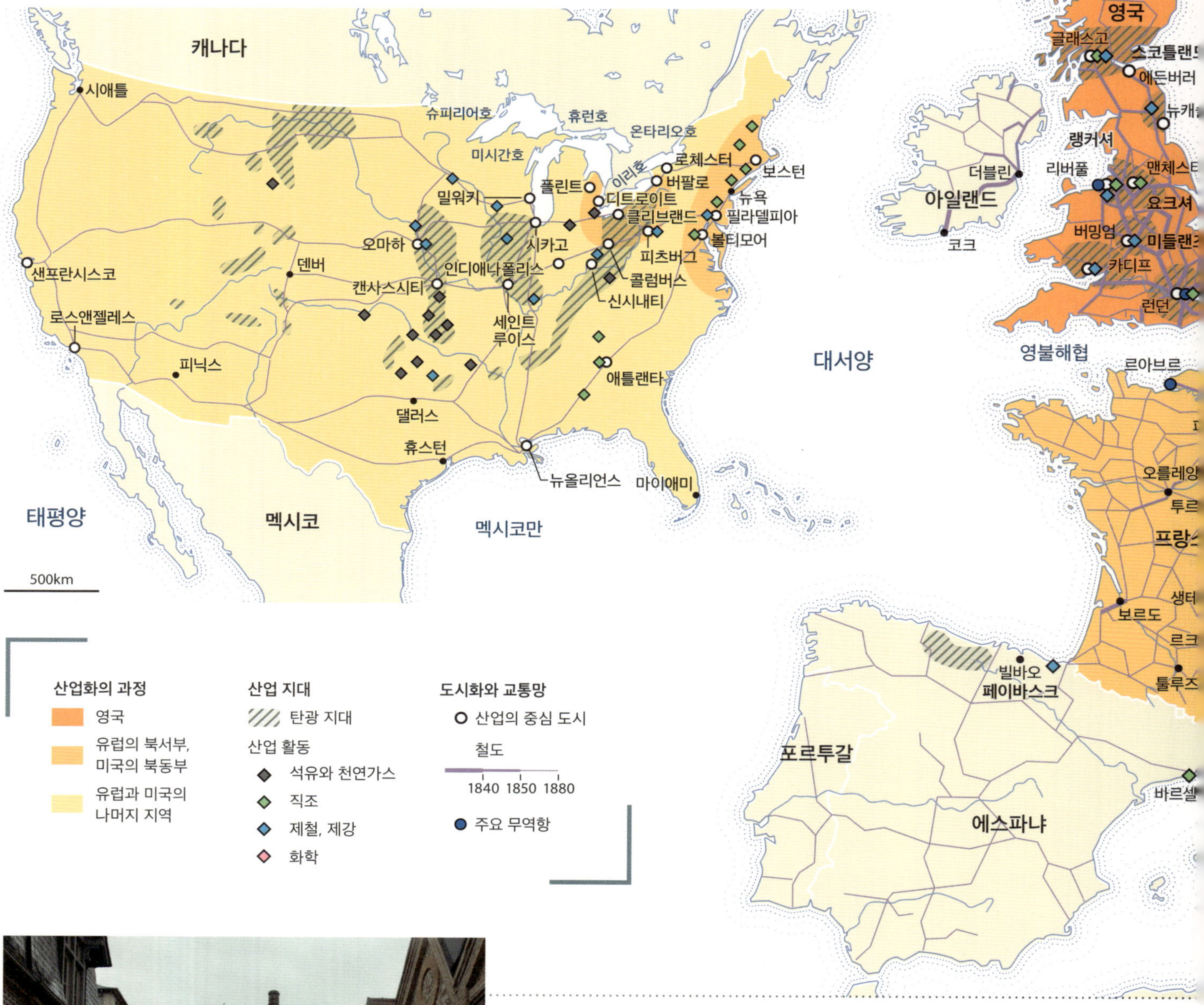

캐나다
시애틀
슈피리어호
휴런호
온타리오호
미시간호
이리호
로체스터
보스턴
버팔로
밀워키
플린트
디트로이트
뉴욕
디어본
클리블랜드
필라델피아
오마하
시카고
피츠버그
볼티모어
샌프란시스코
덴버
인디애나폴리스
콜럼버스
캔사스시티
신시내티
로스앤젤레스
세인트
루이스
피닉스
애틀랜타
댈러스
휴스턴
뉴올리언스
마이애미
태평양
멕시코
멕시코만
대서양

영국
글래스고
스코틀랜드
에든버러
뉴캐슬
랭커셔
더블린
리버풀
맨체스터
아일랜드
요크셔
버밍엄
미들랜드
코크
카디프
런던
영불해협
르아브르
오를레앙
투르
프랑스
생테
보르도
르크
빌바오
툴루즈
페이바스크
포르투갈
바르셀
에스파냐

500km

산업화의 과정

- 영국
- 유럽의 북서부, 미국의 북동부
- 유럽과 미국의 나머지 지역

산업 지대

- 탄광 지대

산업 활동

- ◆ 석유와 천연가스
- ◆ 직조
- ◆ 제철, 제강
- ◆ 화학

도시화와 교통망

- ○ 산업의 중심 도시

철도
1840 1850 1880

- ● 주요 무역항

**프랑켈-헤르츠초크
방적공장**
노르망디 엘뵈프에
있으며 19세기
직물 생산의
주요 중심지였다.

19세기 말
미국에서 가장 큰
산업 도시인
**클리블랜드의
정유공장.**

19세기의 산업혁명

19세기에 새로운 동력으로 움직이는 기계가 도입되면서 생산 방식을 여러 단계에 걸쳐 근본적으로 변화시켰다. 이를 산업화라 한다. 그 영향으로 사회도 본질적인 변화를 겪었다.

영국에서 시작된 산업화는 유럽 대륙을 거쳐 미국의 북부에 영향을 미치고 19세기 말까지 일본으로 전파되었다. 공장에서는 새로운 동력(증기, 그 후 전기와 석유)으로 움직이는 기계가 직물, 철강, 화학 공업 분야에서 생산량을 급격히 증가하게 해주었다.

공장의 노동력을 제공하는 노동자의 수가 늘어나고 사회적 권리를 더욱 요구하면서 새로운 사회가 발전했다. 사회적 서열의 다른 쪽에서 사업가 부르주아지가 영향력을 행사하고 재산을 늘려나갔다. 공직, 소매상, 군대가 발전하면서 중산 계급들이 태어났다.

증기 펌프를 고치고 있는 정비공
그는 마치 기계와 하나가 된 것처럼 보인다.

〈눈 속의 기차〉, 클로드 모네(1875년)
영국에서 발명된 증기기관차는 1837년 프랑스에 도입된 후 당시 사회에 깊은 영향을 끼쳤다.

▼ 19세기 유럽의 지배를 받는 아프리카와 아시아 ▶

19세기에 유럽인들은 새로운 식민지 정복에 착수했는데, 특히 아프리카와 아시아에서 거대한 제국을 건설했다. 그들은 식민지 주민을 통제하고 자원을 착취해서 유럽의 발전에 활용할 수 있었다.

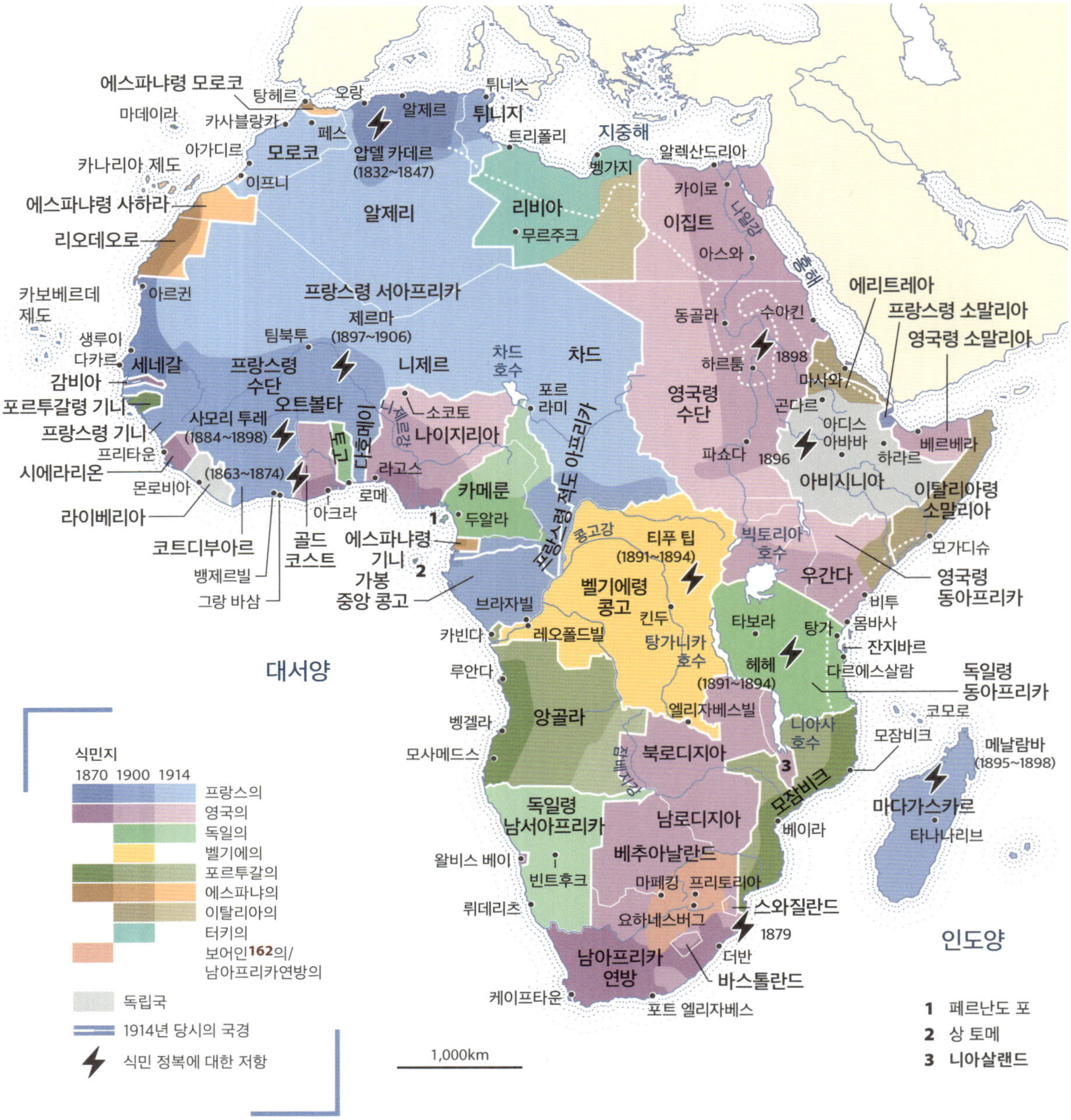

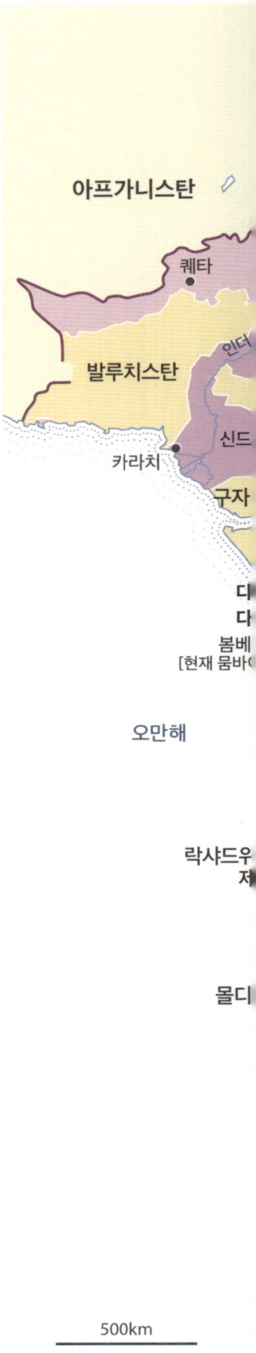

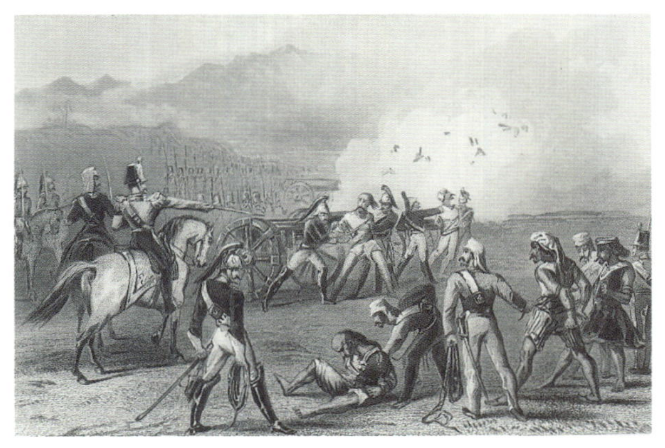

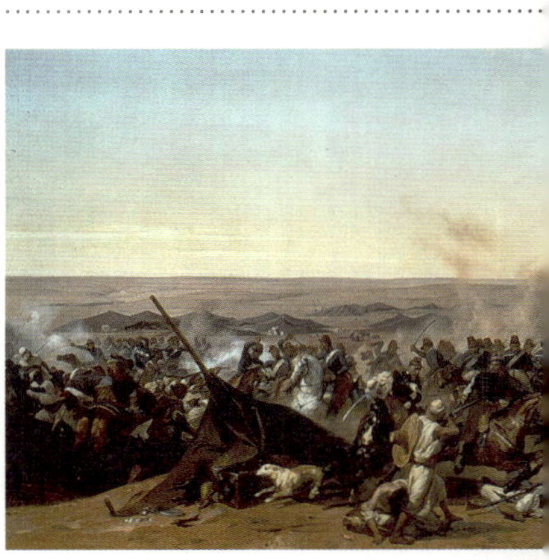

세포이[163] 항쟁

영국이 자신들의 영토를 지배하는 것에 저항하는 인도인들이 1857년 메루트 시에서 세포이 항쟁을 일으켰다.

스말라 전투(1843년)

프랑스가 알제리를 정복할 때, 저항군 지도자 압델 카데르가 부재한 틈을 타 프랑스 기병대가 그의 이동식 요새인 '스말라'를 기습 공격해 함락시켰다.

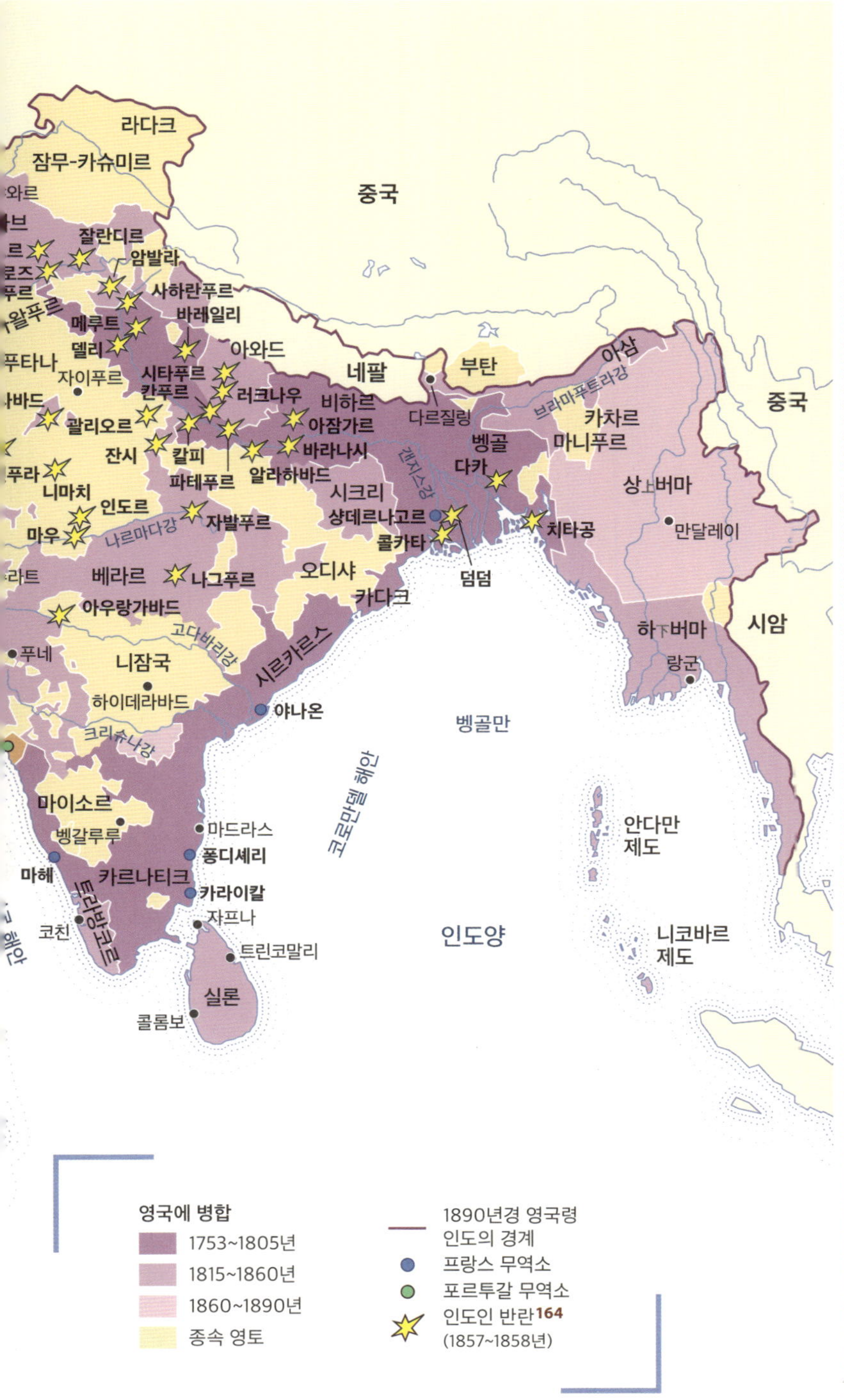

19세기
식민지 정복

19세기에 아메리카(미국, 브라질, 멕시코 등)에서 제1차 독립의 물결이 지나간 뒤, 유럽인들은 아프리카, 아시아, 오세아니아에 새로운 식민 제국을 건설했다.

영국, 벨기에, 이탈리아 등의 유럽 국가들은 1880년대부터 식민지 건설 과정을 재개했으며, 프랑스는 이와 달리 1830년부터 알제리 정복에 착수했다. 이들 국가는 명성, 정치적·군사적 힘뿐만 아니라 새로운 원료 공급처와 자국 생산품의 판로 확보를 추구했다. 식민지화는 유럽 문화를 전 세계로 전파하는 결과도 낳았다.

이러한 정치적·경제적·문화적 지배와 더불어 식민 지배자와 피지배자 사이의 관계는 반란 운동으로 점철되었다. 이는 현지 주민들이 유럽인의 존재를 쉽게 받아들이지 않았으며, 그들이 부과한 강제적 조치들(토지 몰수, 강제 노동, 현지 수공업 파괴)에 반대했음을 보여준다.

1815년부터 1870년 사이의 프랑스

프랑스 혁명 이후 1815년부터 1870년 사이에 자유주의 사상과 권위주의 사상이 갈등을 빚으면서 정치 체제에 수많은 변화를 가져왔다. 프랑스는 군주정, 공화국, 제국으로 잇따라 체제 변화를 겪었고, 시민들은 그때마다 자유를 더 많이 누리거나 제한받았다. 이 때문에 긴장과 반란이 일어났다.

이 시기에 프랑스 사회는 혁명으로 발생한 긴장을 해소하지 못했다. 혁명 사상에서 비롯한 민주주의 열망이 권위주의 체제, 반혁명 사상과 충돌했다.

입헌군주정(1815~1848년)과 제2제국(1851~1870년) 치하에서도 사정은 마찬가지였다. 당시 무엇보다도 투표권을 시작으로 자유를 제한받은 시민들은 더 많은 권리를 확보하려고 반란과 혁명을 일으켰다.

1830년 혁명과 1848년 혁명 ▶

1830년에 샤를 10세가 더욱 독재 권력을 휘두르자 파리가 들고일어났다. 3일 동안 길목마다 바리케이드[방어벽]를 설치하며 저항했고, 마침내 왕은 망명했다. 그 자리에 루이 필리프 1세가 올랐고, 이른바 7월 왕정이 시작되었다. 이 체제는 1848년에 새로운 혁명으로 사라졌다.

1837년의 40프랑 화폐

샤를 10세를 몰아낸 혁명 이후 1830년에 즉위한 프랑스인의 왕 루이 필리프 1세의 모습을 보여준다.

▼ 입헌군주정

1815년에 군주정을 회복했다. 이것은 혁명 사상을 축소하고 세금을 많이 내는 부유층에게만 투표권을 허용하는 독재 체제였다.

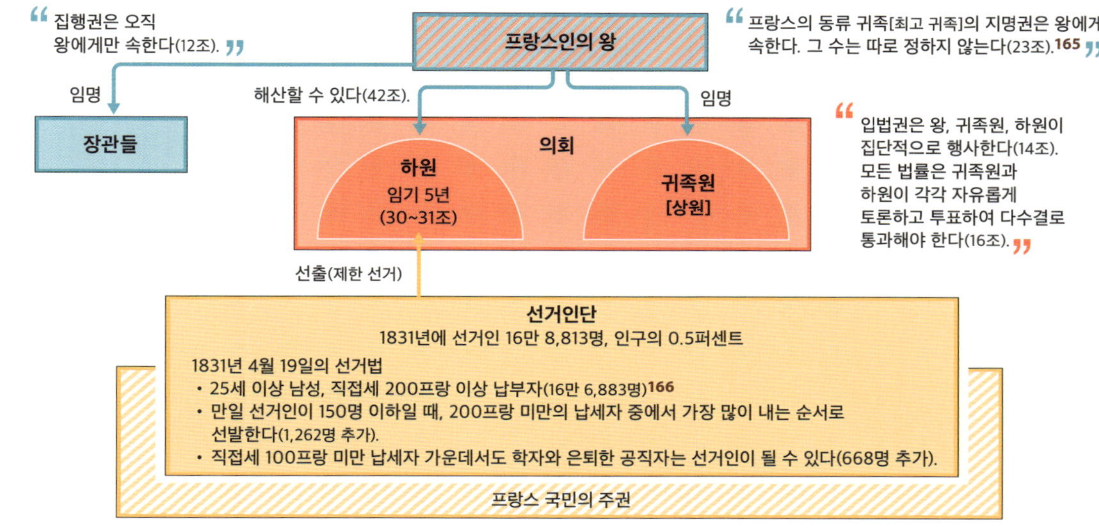

제2공화국은 남성 보통선거를 도입하고 노예제를 폐지하는 민주주의 체제를 정착시키려고 했지만 오래가지 못했다. 1851년에 공화국 대통령 루이 나폴레옹 보나파르트는 권력을 잡기 위해 헌법으로 금지한 정변을 일으켰다.

파리 시청 앞에 선 라마르틴
1848년에 라마르틴이 이끄는
공화파는 루이 필리프 1세의 군주정을
무너뜨리는 혁명을 일으켰다.[167]

**1857년 메스에
도착한 나폴레옹 3세**
1851년에 쿠데타를
일으킨 나폴레옹 3세는
독재정치를 실시했다.

▼ 제2제국

나폴레옹 1세의 조카 나폴레옹 3세는 1851년 12월에 쿠데타를 일으킨 후 체제를 제국으로 바꾸었다. 보통선거를 인정했지만, 사실상 껍데기에 지나지 않는 독재 체제였다.

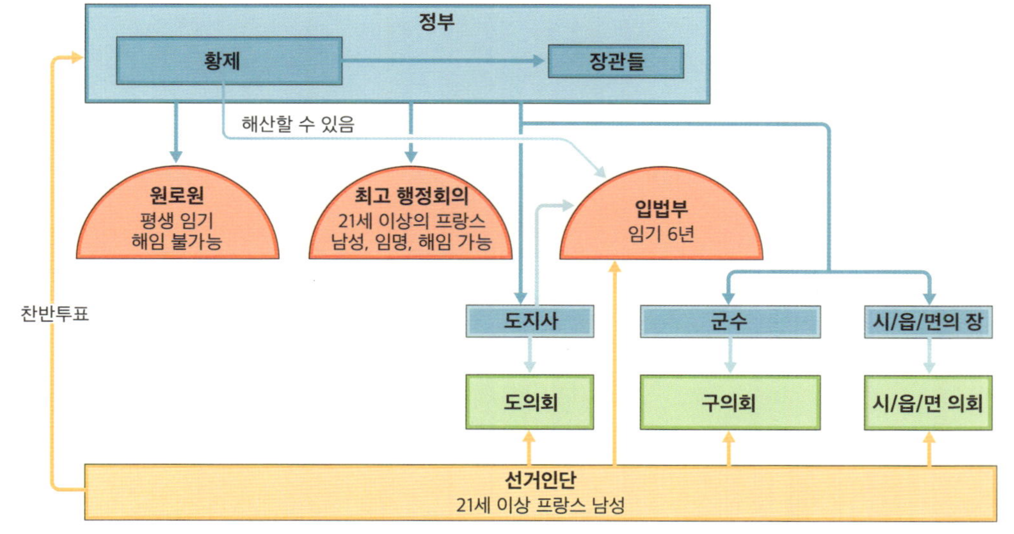

제3공화국
(1870~1940년)

1870년에 프랑스-프로이센 전쟁과 파리 코뮌의 저항 같은 여러 가지 어려운 조건 속에서 제3공화국이 탄생했다. 그러나 공화국은 더 많은 자유와 평등을 허용하는 법으로써 대중을 '공화주의 편으로' 만들어 대대적인 지지를 확보한 덕택에 70년 이상 존속했다.

이전의 공화정 경험들이 매우 빠르게 막을 내렸으며, 여전히 반대 세력이 강하게 반대했지만 제3공화국은 확고하게 정착했다. 그것은 행정권과 입법권이 균형을 이루는 의회공화정 체제였으며, (여전히 남성에게만 한정된) 보통선거를 통해 시민들은 실질적인 주권을 행사했다.

법률은 민주주의와 그 가치들을 사회의 중심부에 뿌리내리게 했다. 그 예로는 언론의 자유(1881년), 노동조합의 자유(1884년), 무상교육, 세속교육과 의무교육(1881~1882년), 결사의 자유(1901년) 등이 있다.

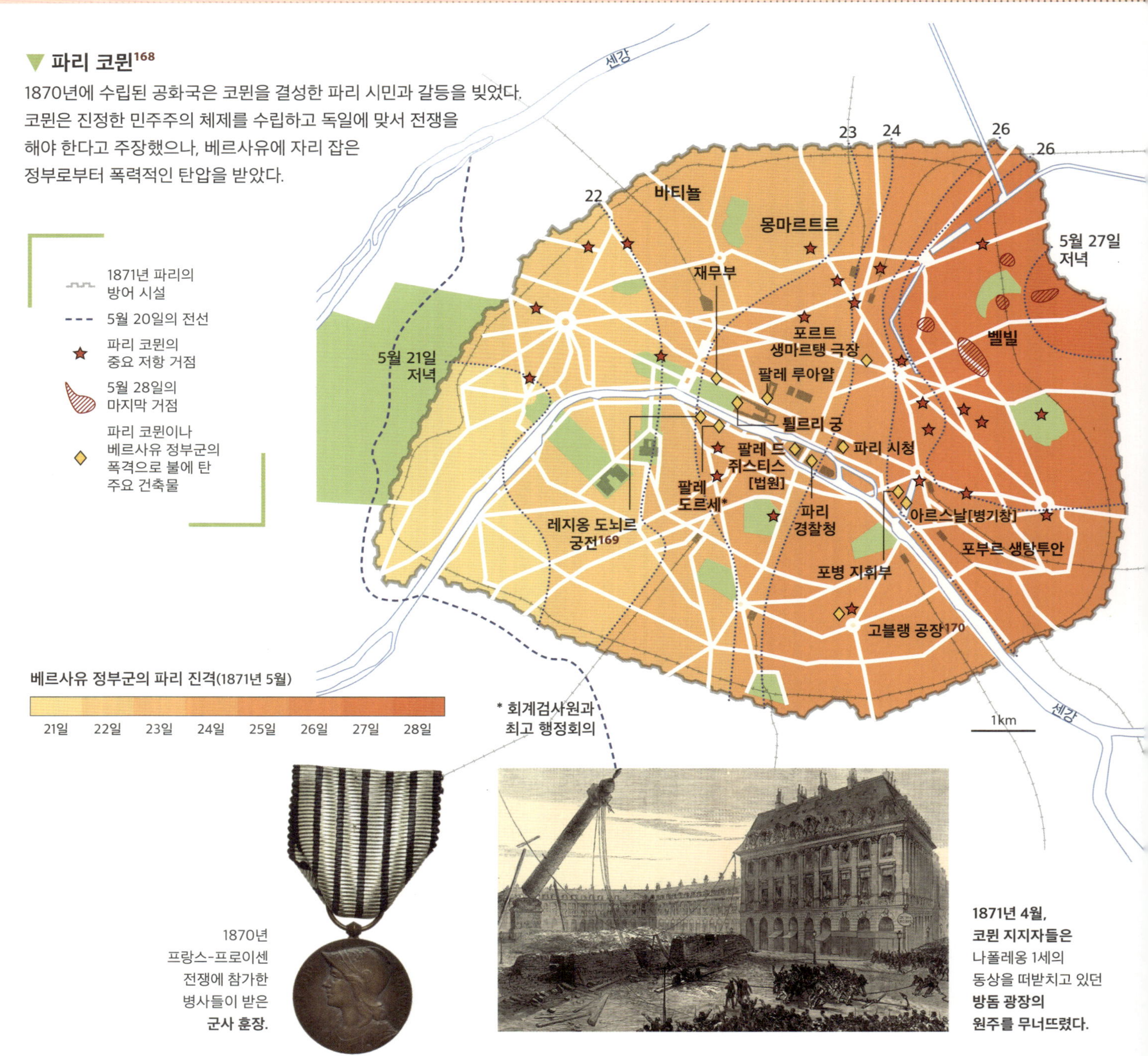

1870년 프랑스-프로이센 전쟁에 참가한 병사들이 받은 군사 훈장.

1871년 4월, 코뮌 지지자들은 나폴레옹 1세의 동상을 떠받치고 있던 **방돔 광장**의 **원주를 무너뜨렸다.**

공화국은 끊임없이 강력한 적들의 반대에 직면했다.
특히 1905년 정교 분리법이나 드레퓌스 사건[171]에서
강한 반발에 부딪혔다.

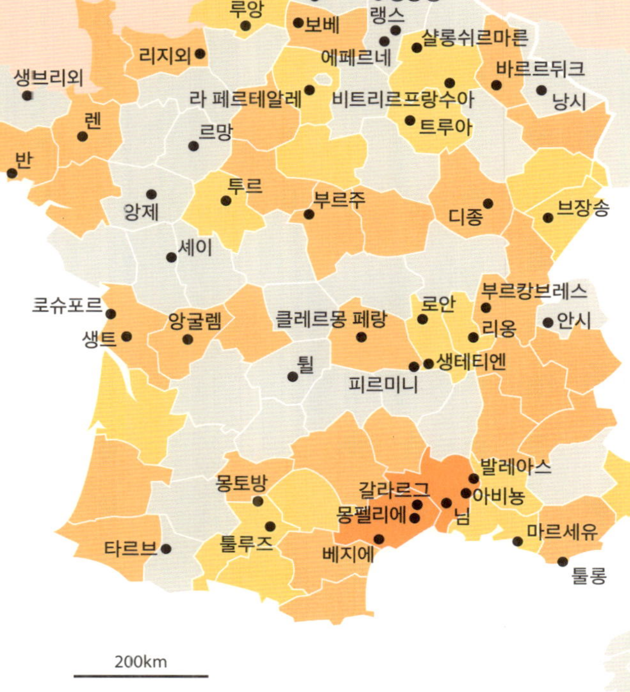

『1898년 1월 13일자
『오로르*L'Aurore*』 신문
드레퓌스 사건 당시
에밀 졸라가 공화국
대통령에게 보낸 공개서한인
"나는 고발한다*J'accuse…!*"가
실려 있다.

인권연맹의 창설 ▶

드레퓌스 사건과 함께 인권연맹이 탄생했다.
그것은 독재에 맞서 시민의 권리와 자유를 지키고,
인종차별을 없애려고 노력했다.

■ 1899년 도 단위에서 인권연맹 지부 하나
■ 1899년 도 단위에서 인권연맹 지부 두세 곳
■ 1900~1906년에 설립된 인권연맹 지부 하나
● 1901년 일드프랑스 바깥의 인민대학교[172]

▼ 제3공화국의 조직

새로운 공화국은 폭넓은 국민주권을 가진 의회공화정 체제를 확립했다(그러나 여성에게는 여전히 투표권이 없었다).
상·하원은 행정부를 견제하며 입법권을 가짐과 동시에 정부를 전복시킬 수도 있었다.

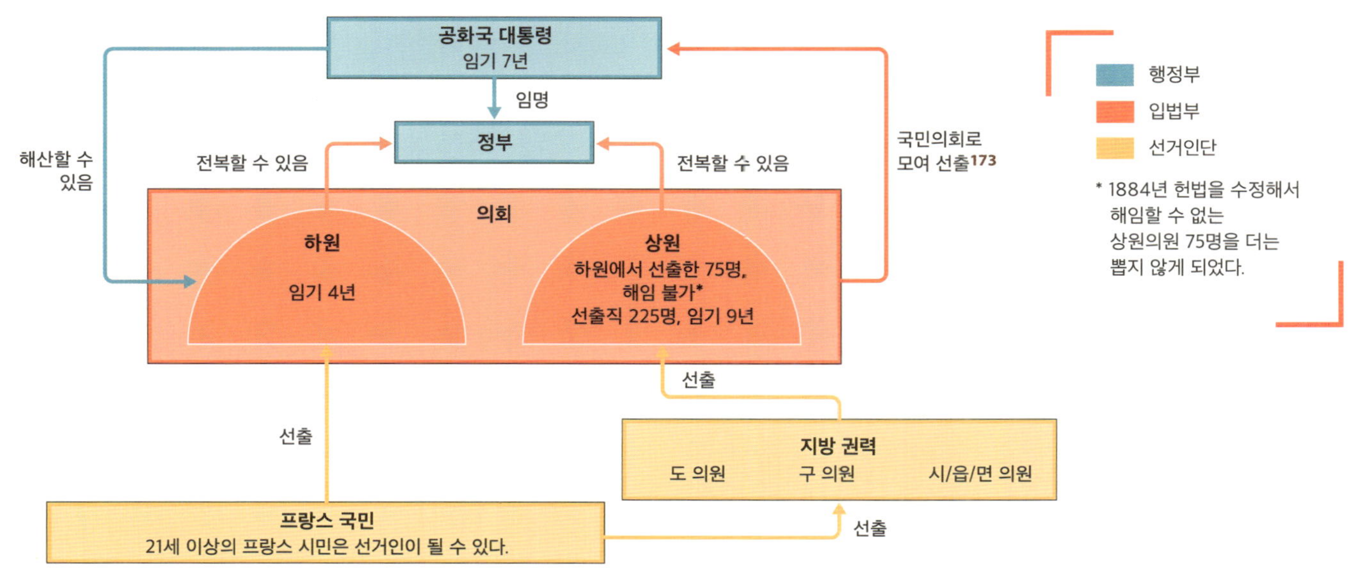

루이즈 미셸
여성과 미성년자의 권리를 주장하며 투쟁한 여성으로서 여러 번이나 법적 제재를 받았다.

마리 퀴리
과학자로서 방사선의 영향을 연구하여 노벨 물리학상을 받았다.

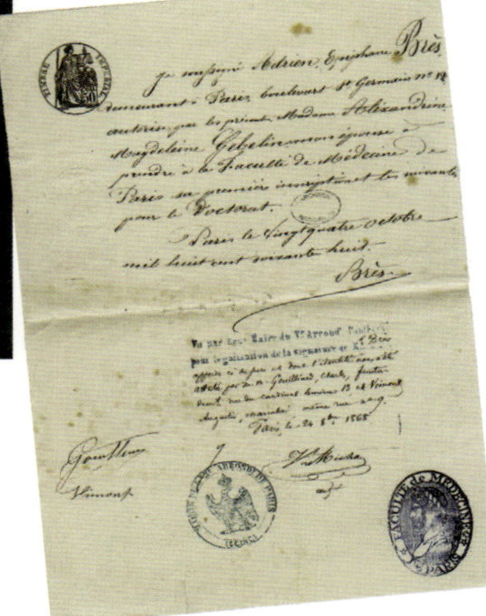

마들렌 브레스
의과대학에 입학하기 위해 **남편의 허락 편지를** 제시해야 했다.

▼ 19세기 젊은 여성의 교육

쥘 페리가 1881~1882년에 의무교육을 결정한 뒤, 프랑스의 젊은 여성들은 초등학교에 더욱 쉽게 입학할 수 있었다. 그러나 그다음 단계의 교육을 받는 과정은 매우 복잡했고, 겨우 소수의 중등학교만이 여학생을 받았다.

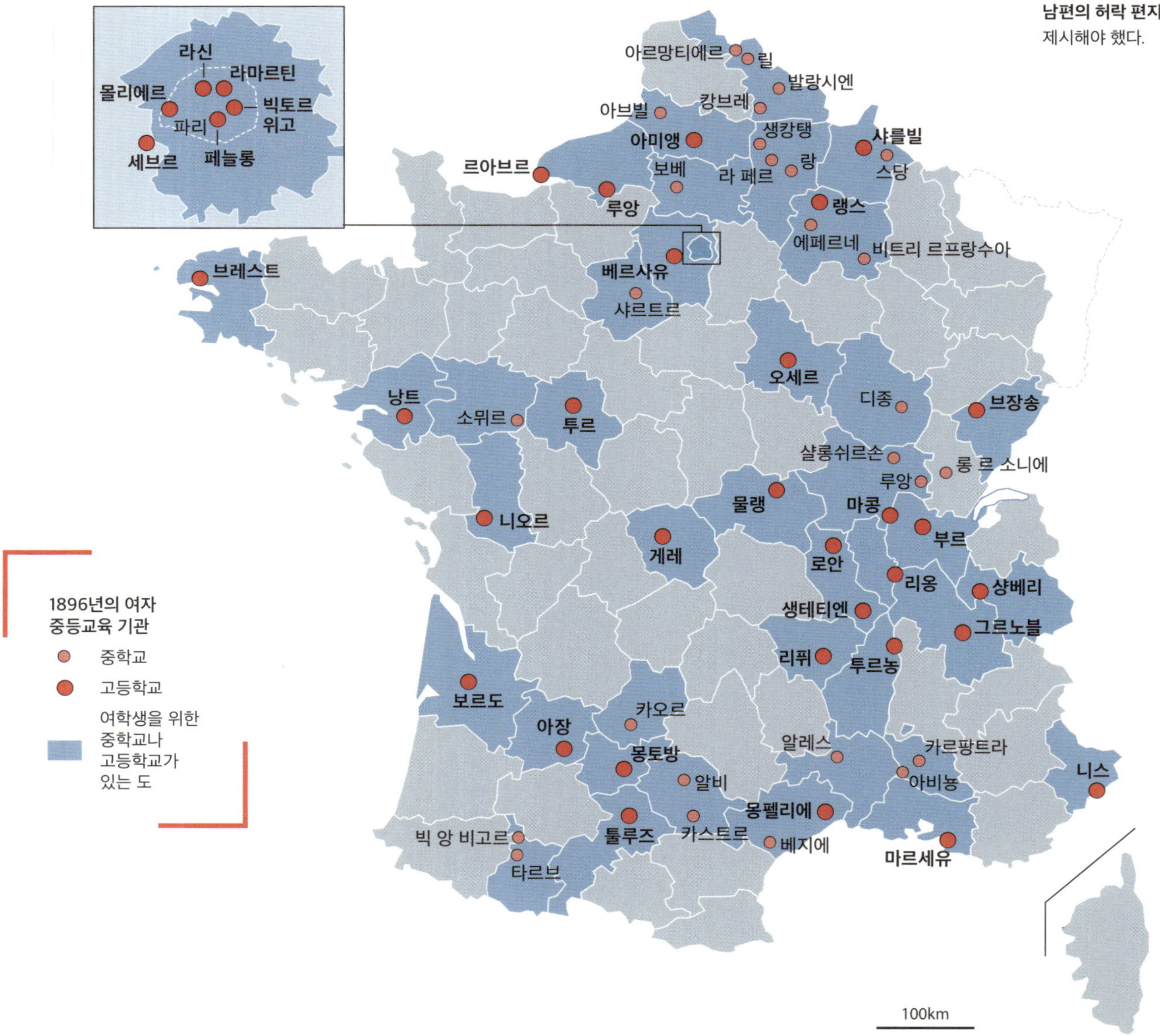

1896년의 여자 중등교육 기관
● 중학교
● 고등학교
여학생을 위한 중학교나 고등학교가 있는 도

100km

19세기 여성의 사회적 상황

19세기에 여성은 나폴레옹 민법전이 망쳐놓은 자유와 평등이라는 혁명의 이상을 바로잡고 투표권을 확보하려고 싸웠다.

19세기의 프랑스와 유럽에서 여성은 무엇보다도 자유와 평등을 얻으려고 투쟁했다.

당시 여성의 사회적 권리는 아주 제한되었다. 1804년 나폴레옹이 제정한 민법전은 가족 안에서 여성을 항상 아버지, 남편 또는 남자 형제의 보살핌을 받아야 할 미성년자처럼 여겼다. 여성에게는 정치적 권리도 없었다. 그들은 군주정, 제국, 공화국의 어떤 체제에서도 투표권이나 피선거권을 인정받지 못했다.

그러나 여성은 19세기 중엽의 활동 인구에서 최소한 3분의 1을 차지했고, 점점 더 학교에 진학할 기회를 얻었다. 어떤 여성은 정치적 권리를 달라고 투쟁했고, 사람들은 그들을 참정권 운동가라 불렀다.

20세기 초의 참정권 운동가
특히 영국과 미국의 여성들은
조직적인 시위를 벌이고
남성과 동등한 투표권을
요구하기 시작했다.

1차 세계대전
(1914~1918년)

1차 세계대전은 당시 세계에 가장 큰 영향력을 끼치던 유럽 대륙을 집어삼켰다. 이 총력전은 엄청난 인적·물적 재앙을 초래했다.

베르됭 전투

1916년 2월 12일부터 12월 18일까지 벌어졌다. 1차 세계대전 중 가장 긴 전투였고, 가장 많은 희생자를 냈다. 베르됭에서만 병사 30만 명 이상이 목숨을 잃었다.

▼ 유럽의 1차 세계대전

1914년 여름, 유럽의 긴장은 최고조에 달했다. 유럽 강대국들은 식민지 문제뿐만 아니라 자신들의 국경 문제에서도 많은 불화를 겪었다. 두 개의 큰 동맹체, 즉 삼국 동맹 대 삼국 협상이 서로 대치하고 있었다.[178]

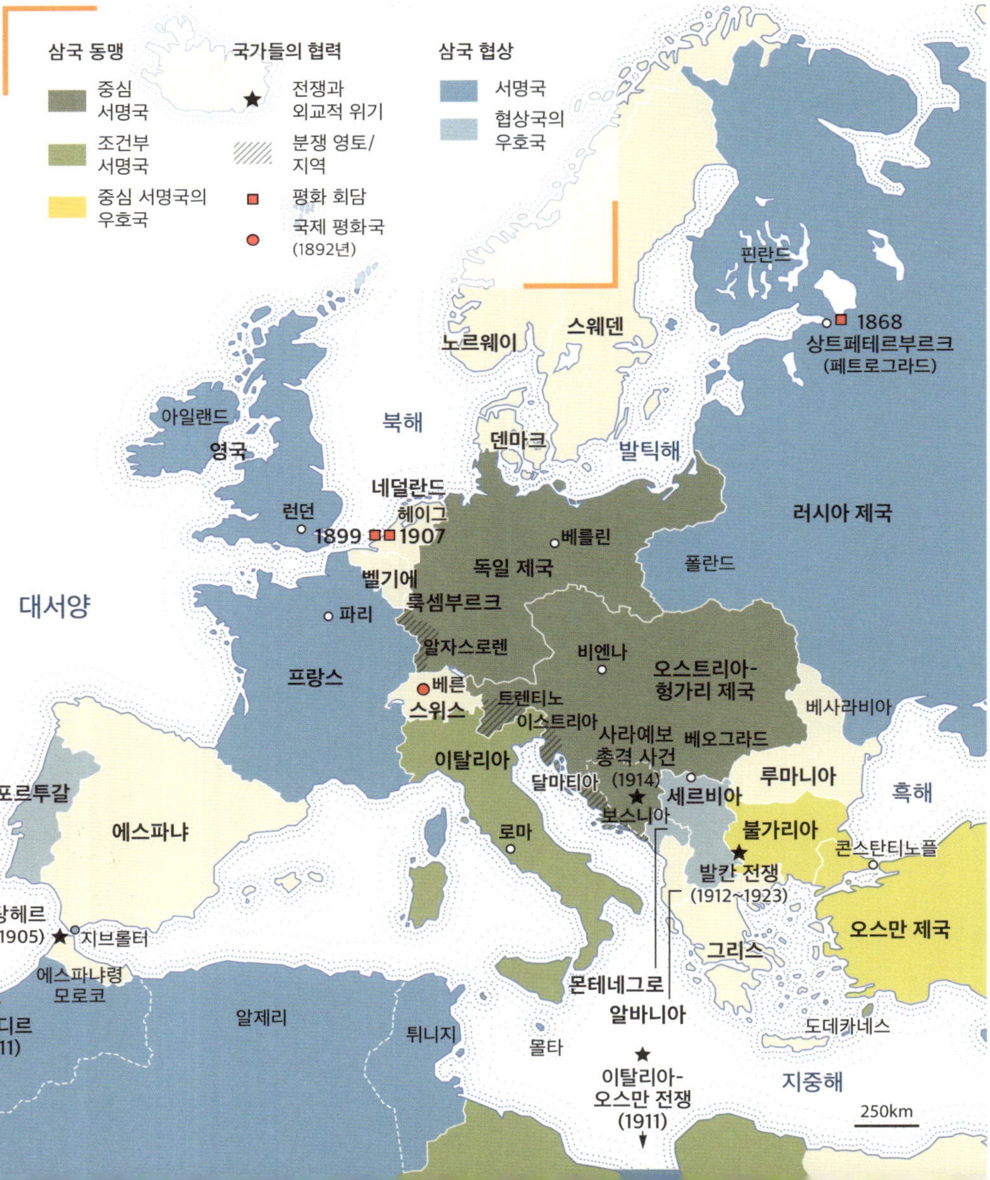

'대전大戰'은 주로 유럽에서 독일을 중심으로 한 동맹국들과 프랑스, 영국을 중심으로 한 협상국들 사이에 벌어진 분쟁이다. 당시 세계 최강이었던 유럽 강대국들이 총력전을 벌였다. 전선에서는 7,000만 명의 병사들이 전쟁 내내 끔찍한 환경의 참호 속에서 생활하고 전투를 벌였다.

후방에서는 민간인이 주로 식량 부족으로 전쟁의 고통을 겪고 국가의 선전에 시달렸다. 그들은 전시 경제 체제 속에서 노동과 세금으로 전쟁에 기여했다. 그리고 여성이 남성의 빈자리를 채우면서 노동력의 여성화가 진행되었다.

전쟁의 결과는 끔찍했다. 동원된 병사 중 1,000만 명 이상이 사망했고, 전투 지역은 심각하게 파괴되었으며, 유럽 국가들은 대부분 영향력을 잃고 미국이 강대국으로 떠올랐다.

▼ 세계적 분쟁

초기의 전투는 대부분 유럽 대륙에서 벌어졌지만, 1917년부터 미국과 식민지 병사들(또는 노동자)이 참전하는 동시에 아프리카와 5대양에서 전투가 벌어지면서 세계대전으로 번졌다.

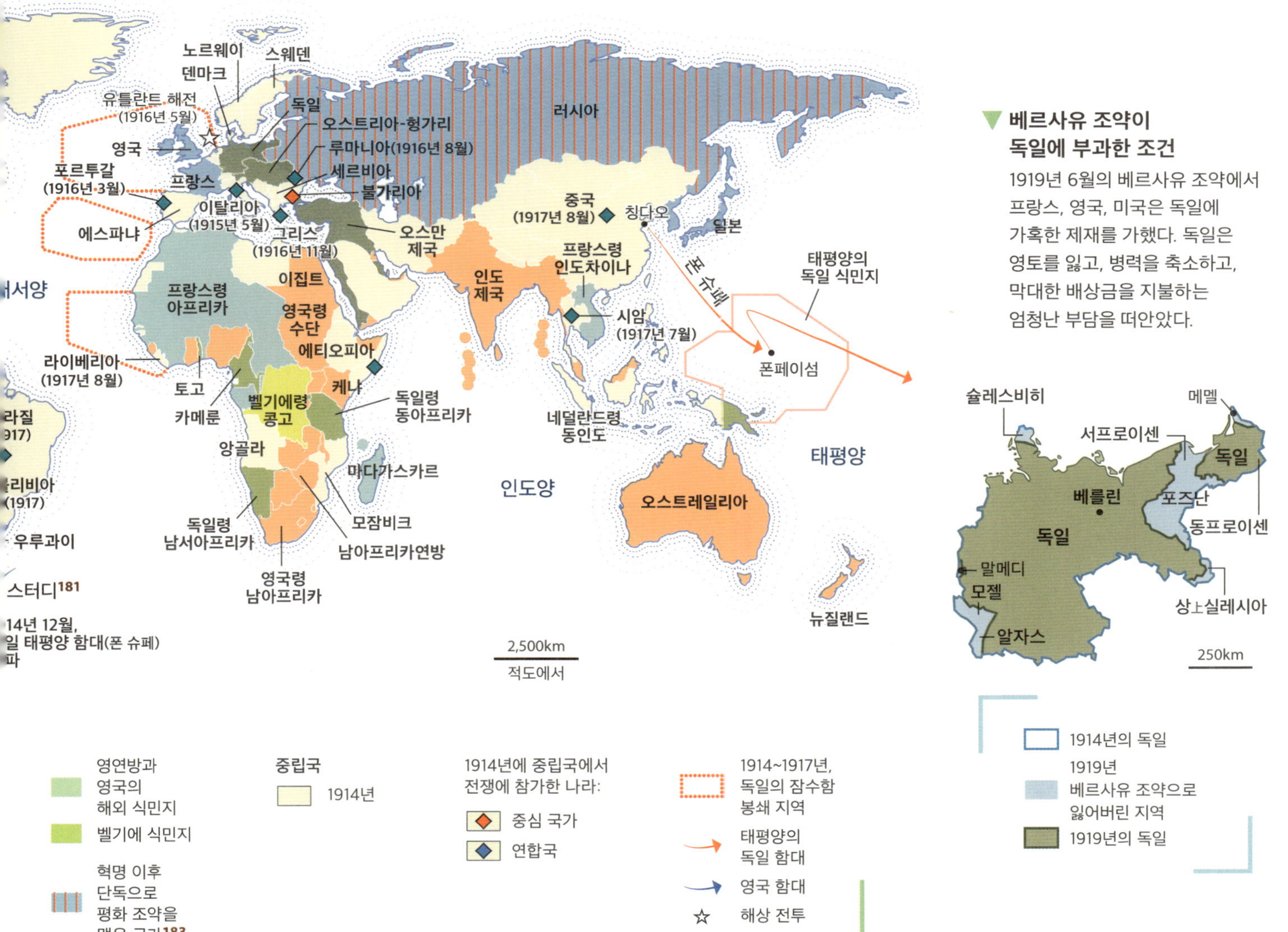

▼ 베르사유 조약이 독일에 부과한 조건

1919년 6월의 베르사유 조약에서 프랑스, 영국, 미국은 독일에 가혹한 제재를 가했다. 독일은 영토를 잃고, 병력을 축소하고, 막대한 배상금을 지불하는 엄청난 부담을 떠안았다.

양차 대전 사이의 유럽

유럽에서 1930년대는 독일과 소련의 전체주의라는 새로운 정치적 경험의 실험실이었다. 프랑스에서는 극우 단체들이 힘을 합쳐 민주주의를 격렬하게 공격했다.

집단 수용소(굴락)의 러시아 수형자 세 명이 시베리아 철도 건설 현장에서 노동하는 모습.

▼ 스탈린 치하의 소련

소련에서는 수백만 명의 정치범 또는 소련의 전체주의 체제가 규정한 '인민의 적'을 격리하기 위해 노동 수용소인 굴락이 설치되었다.

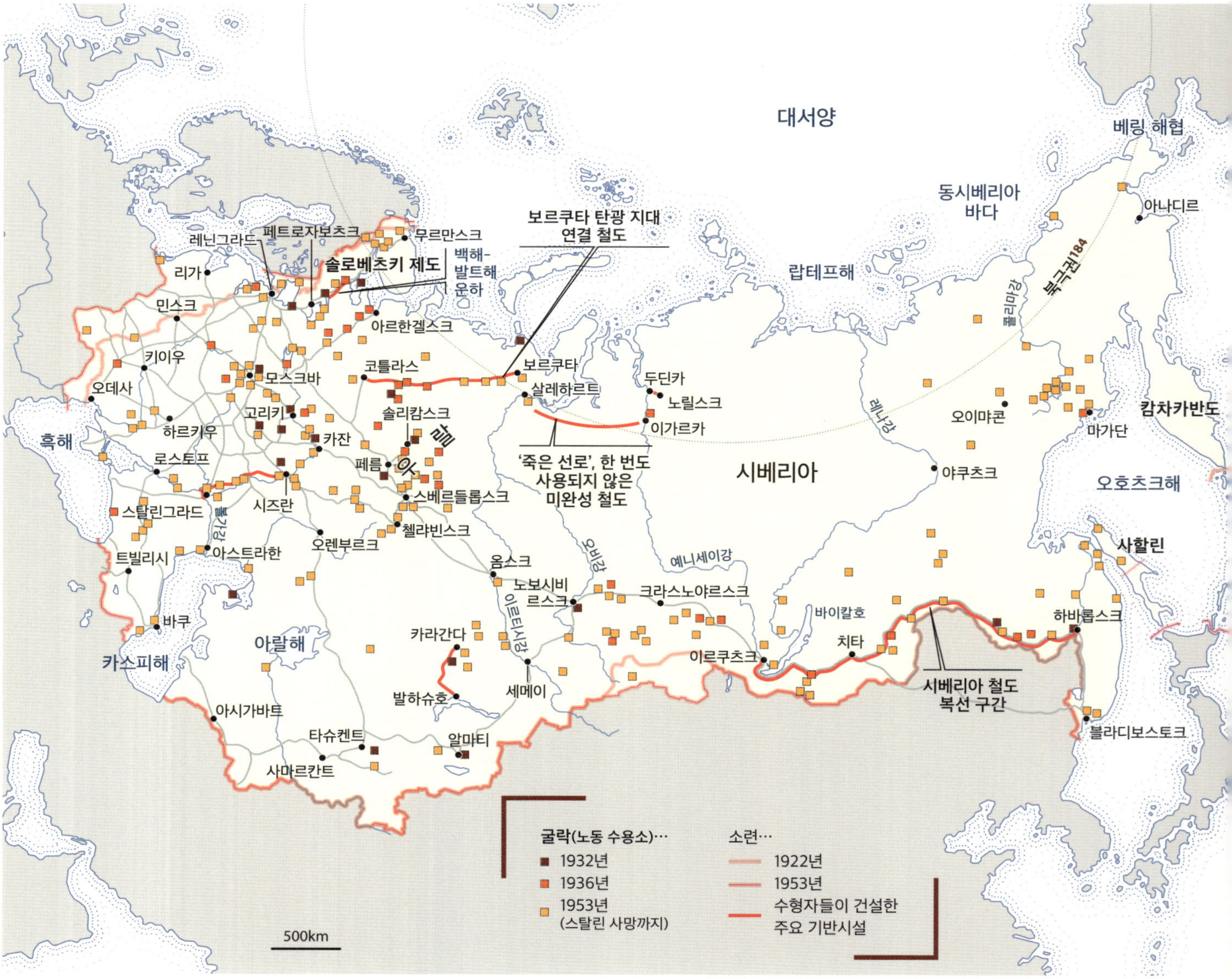

1917년 볼셰비키 혁명으로 공산주의 체제의 소련이 탄생했다. 1924~1953년, 지도자 스탈린은 완전한 독재 체제를 구축했다. 프롤레타리아(무산계급)의 독재는 스탈린이라는 개인 숭배 체제로 변질되었다. 공산주의 이념은 평등사회를 건설한다는 명목으로 대중을 지배했다.

독일의 히틀러는 1933년 권력을 잡았다. 그는 아리안 민족의 우월성을 앞세우면서 반유대주의 이념에 바탕을 둔 독재 체제를 구축했다. 정치 경찰이 반체제 인사들을 공포정치로 탄압하고 집단 수용소로 보냈다.

프랑스의 인민전선은 극우 세력들의 독재 체제 유혹에 맞선 민주적 대응이었다. 좌파 정당들은 1936년 국회의원 선거에 승리하기 위해 힘을 합쳤다. 그들은 마티뇽 협정(고용주 노조, 노동자 노조, 국가가 서명)과 사회법을 통과시켜 노동자의 권리를 강화하고 심각한 위기에 빠진 경제를 되살리려고 노력했다.

▲ 나치 독일의 확장

히틀러는 권좌에 오른 후 나치 이념으로 무장하고 '위대한 독일'을 건설한다는 명목으로 영토 확장 정책을 추진했다. 이처럼 공격적 정책으로 폴란드를 침공한 후 유럽을 새로운 전쟁으로 끌어들였다.

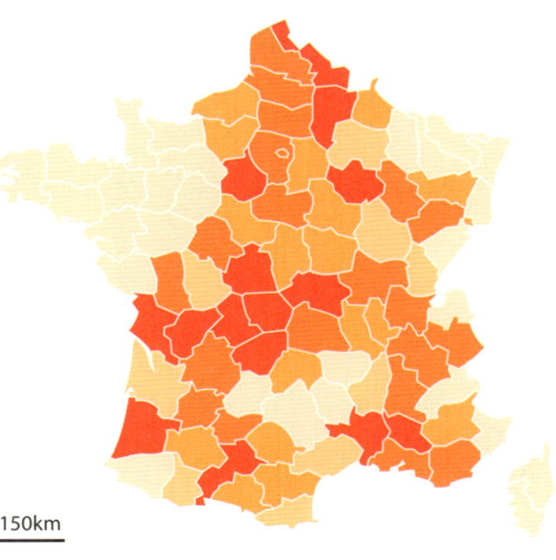
1934년 뉘른베르크에서 열린 나치 전당대회에 참석하는 **아돌프 히틀러**.

▶ 프랑스 인민전선

1936년 봄, 좌파 정당들이 합심해서 국회의 다수파가 되었고, 그렇게 뽑힌 인민전선이 시민들의 사회적·경제적 권리를 강화함으로써 경제사회적 위기를 해결하는 일에 착수할 수 있었다.

국회 의석수

1차 세계대전보다 훨씬 더 큰 2차 세계대전은 참전국과 전투 지역 모두에서 전 지구적 차원으로 벌어졌다.
초기에는 추축국[185]이 승리했지만, 연합국이 상황을 뒤집었고 마침내 1945년에 승리했다.

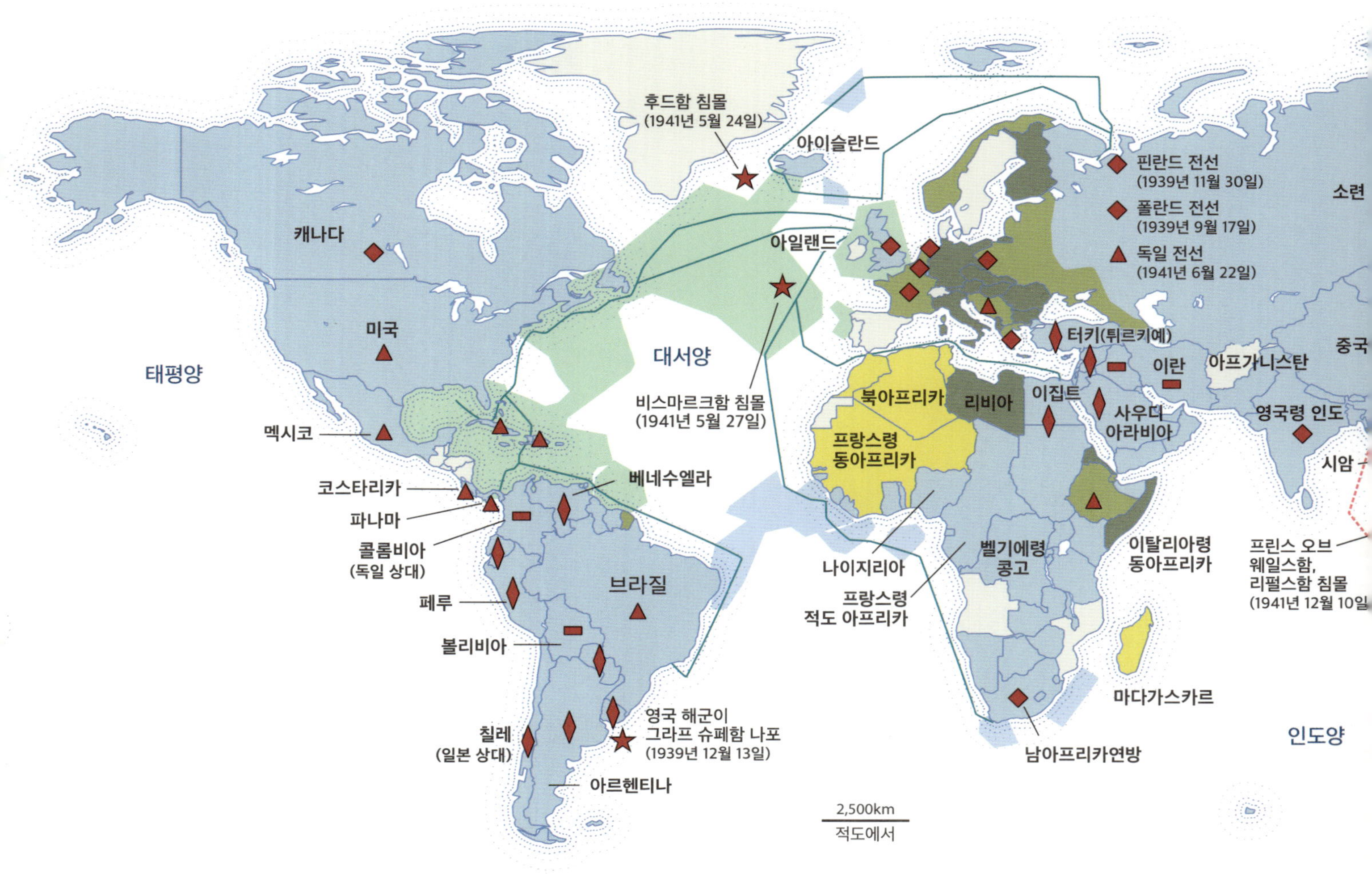

별명이 '하늘의 요새'인
이 폭격기는 1944년 9월
독일 영토 위에 수많은
폭탄을 투하했다.

유대인 510만 명을 살해한 것은
인류에 대한 범죄였고, 전후에
뉘르베르크 재판에서 심판하게 된다.

북해

1944년 6월 7일
오마하 비치
연합국은 서유럽을
탈환하는 데 필요한
물자를 배에서
내리기 시작했다.

2차 세계대전
(1939~1945년)

1939년부터 1945년까지 2차 세계대전은 6,000만 명 이상의 목숨을 앗아가고, 세계 곳곳을 심하게 파괴했다. 추축국은 연합국과 전면전을 벌였다.

2차 세계대전은 두 개의 거대한 동맹인 나치 독일과 일본의 추축국[186], 그리고 미국, 소련, 영국의 연합국이 대립하는 구도였다. 양 진영은 인구와 경제를 총동원하는 전면전을 치렀다. 서로 적을 말살하려는 의지는 막대한 인명 학살과 물질 파괴를 가져왔다. 민간인이 가장 큰 피해자로 전체 희생자의 3분의 2나 차지했다.

이 전쟁 중에 나치 이념은 유럽의 유대인뿐만 아니라 집시(롬족)에 대한 제노사이드(집단 학살)를 야기했다. 500만 명 이상의 사람들이 게토(유대인 강제 거주 구역)에서 아인자츠그루펜(특수학살부대)이 자행한 학살 중 강제 수용소나 폴란드에 설치된 절멸 수용소에서 목숨을 잃었다.

이 전쟁은 1945년 5월 8일 유럽에서, 특히 1945년 8월 일본에 원자탄을 투하한 후 9월 2일 아시아에서 연합국의 승리로 끝났다.

1943년 5월 미국의
폭탄 제조 공장에서 일하고 있는
여성 노동자.

2차 세계대전 중의 프랑스

2차 세계대전 중에 프랑스는 일부, 그러다가 1942년 11월부터 완전히 나치 독일에 점령당했다. '자유 지대'에서 페탱 원수가 프랑스 국가를 이끌었지만,[187] 런던과 프랑스 전역에서 저항운동이 일어났다.

장 물랭
런던에서 저항운동을 이끌던 드골은 공화국의 도지사였던 장 물랭을 프랑스로 파견했다. 장 물랭은 1943년에 국내 저항운동 단체들을 통합하고 국가저항평의회를 창설했다.

▼ 점령 지대와 자유 지대

1940년 봄, 프랑스는 독일에 패배한 후 둘로 나뉘었다.
독일군이 북부와 서부를 점령했고, 남쪽은 비점령 '자유' 지대로,
페탱 원수가 독일에 협력해 비시를 수도로 삼고 프랑스 국가를 통치했다.

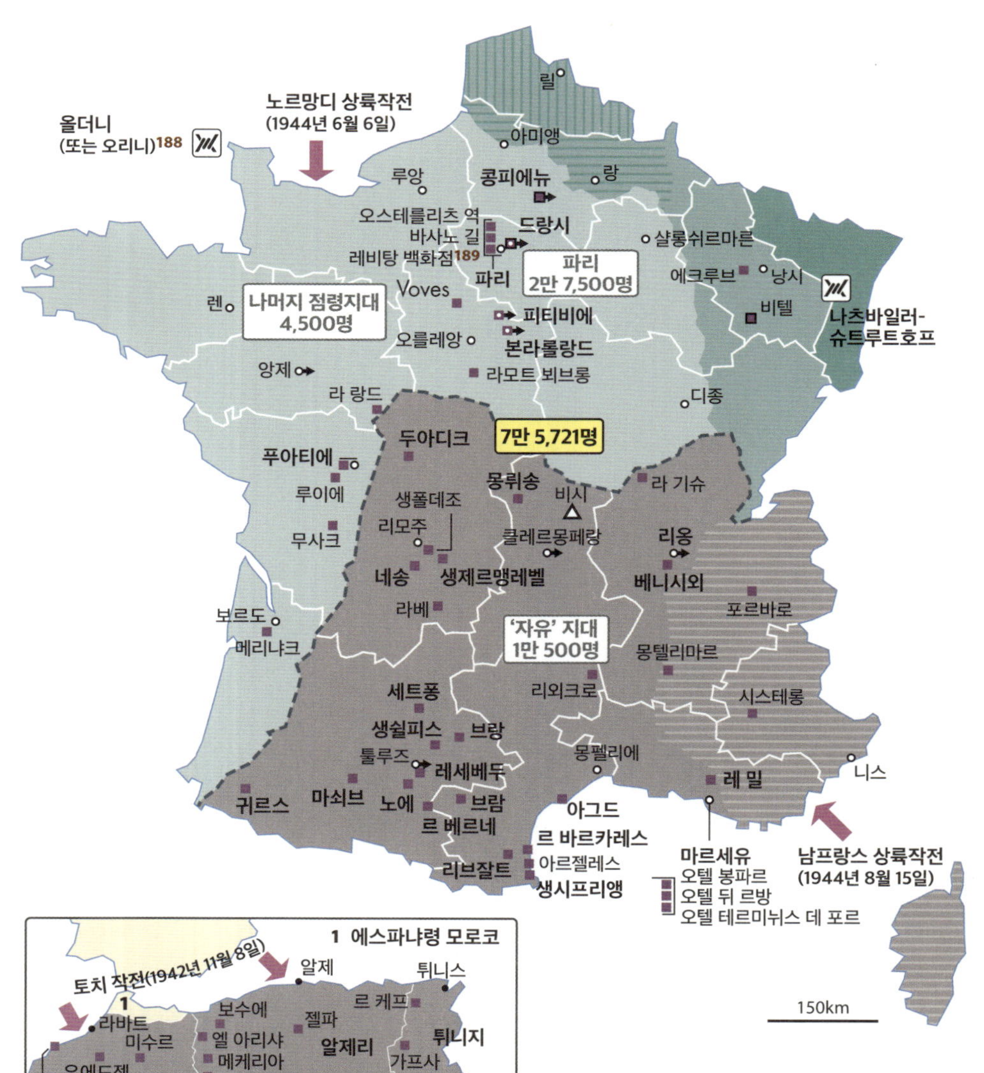

프랑스의 북부와 서부는 다양한 방식으로 나치 독일이 점령한 지역을 이루었다. 남부는 '자유 지역'이라고 불리며, 페탱 원수가 관리하는 곳이었다. 이 지역에서는 국가 혁명이 공화 이념을 대체하며, 나치 독일을 적극적으로 지지하는 협력 정책을 실시했다.

프랑스 전역에서 저항운동이 조직적으로 형성되었다. 그들은 정보 수집, 선전, 가짜 신분증 제작, 파괴 활동, 암살을 수행했다. 런던에서도 샤를 드골을 중심으로 저항운동이 결성되었으며, 그의 지도 아래 자유 프랑스군은 연합군과 힘을 합쳐 싸우게 되었다. 드골은 장 물랭의 활동 덕분에 저항운동들을 통합했다.

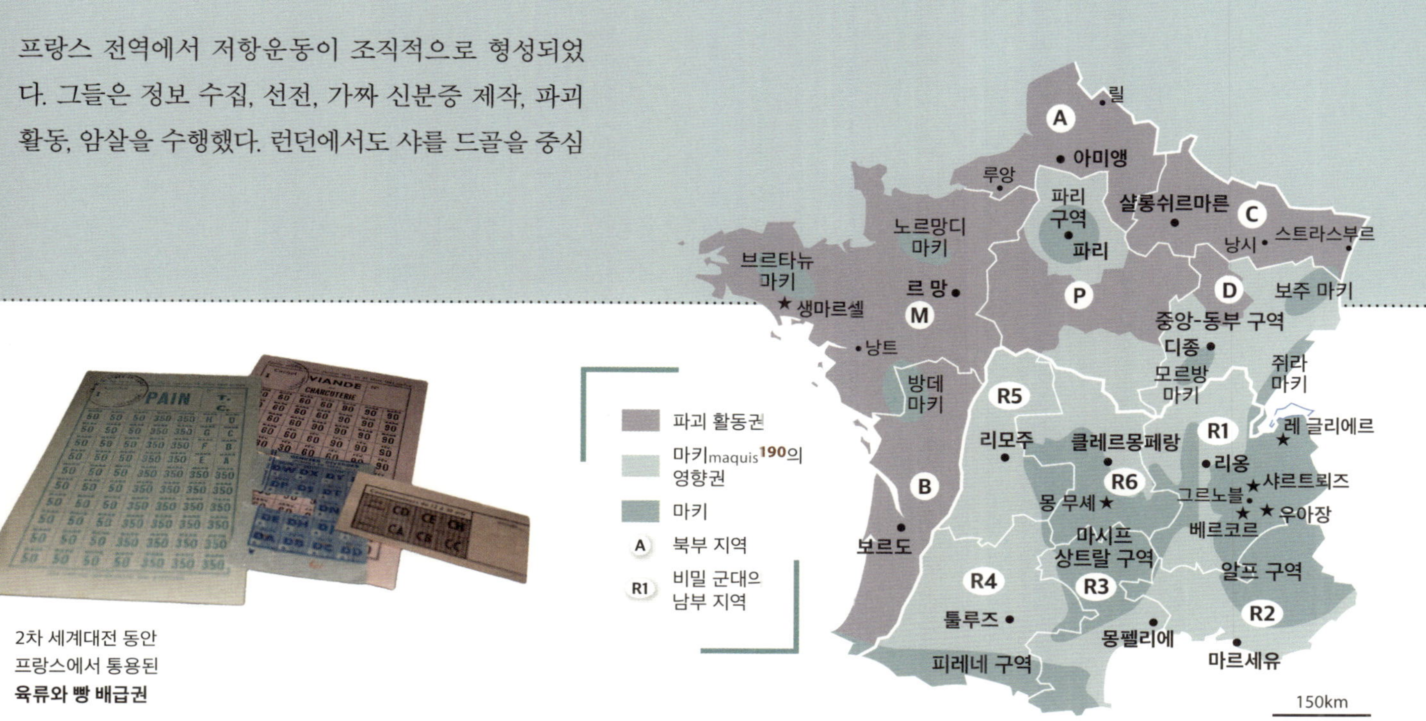

2차 세계대전 동안 프랑스에서 통용된 **육류와 빵 배급권**

▼ 자유 프랑스

1940년 6월 18일 드골 장군이 연설을 발표하자 수천 명의 프랑스인들이 런던과 여러 식민지 지역에서 모였다. 이들은 자유 프랑스군의 기초를 이루었으며, 이후 자유 프랑스군은 1945년 연합군이 나치 독일에 승리하는 데 중요한 역할을 했다.

▲ 국내의 저항

독일군과 비시 정권에 맞서 프랑스 전역 곳곳의 마키에서 저항운동가들이 조직되었으며, 이들은 연합군을 위한 파괴 활동과 정보 활동을 수행했다.

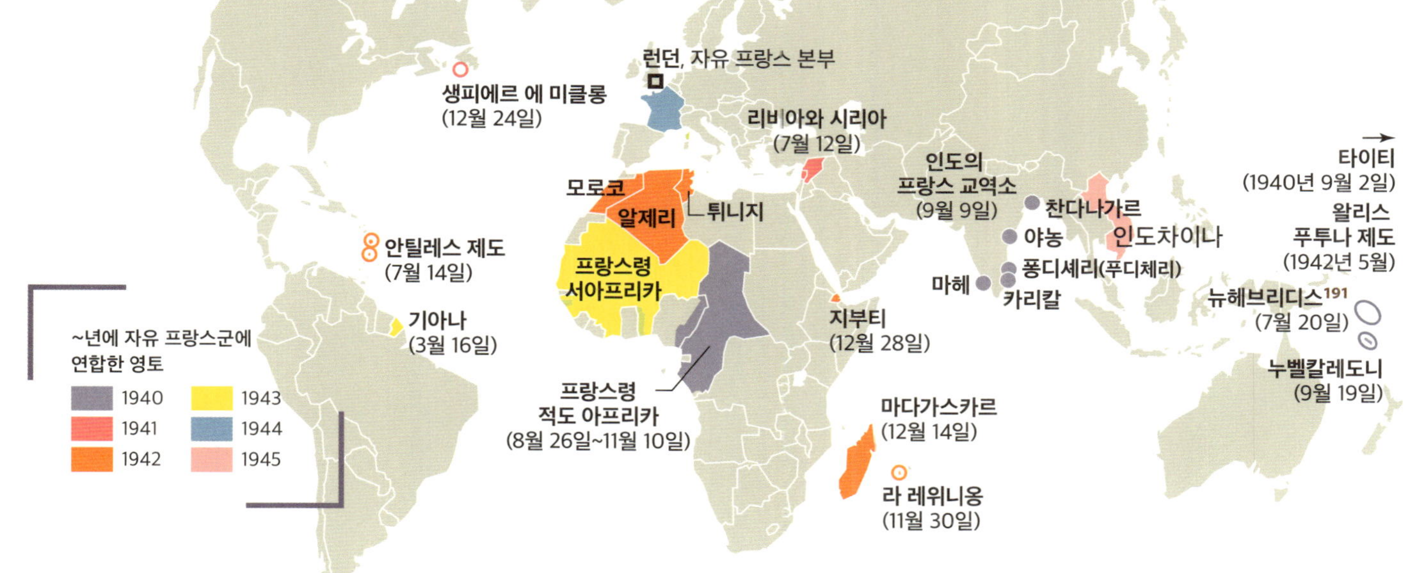

냉전기의 세계

1947년부터 1991년 사이에 소련과 미국을 중심으로 두 개의 거대한 정치적·경제적·군사적 '블록'[진영]이 형성되었다.[192] 이 두 강대국은 그 기간 내내 간접적으로 또는 동맹국들을 통해 서로 대립했다.

1 북한
2 남한
3 파키스탄
4 이란
5 터키
6 이라크*

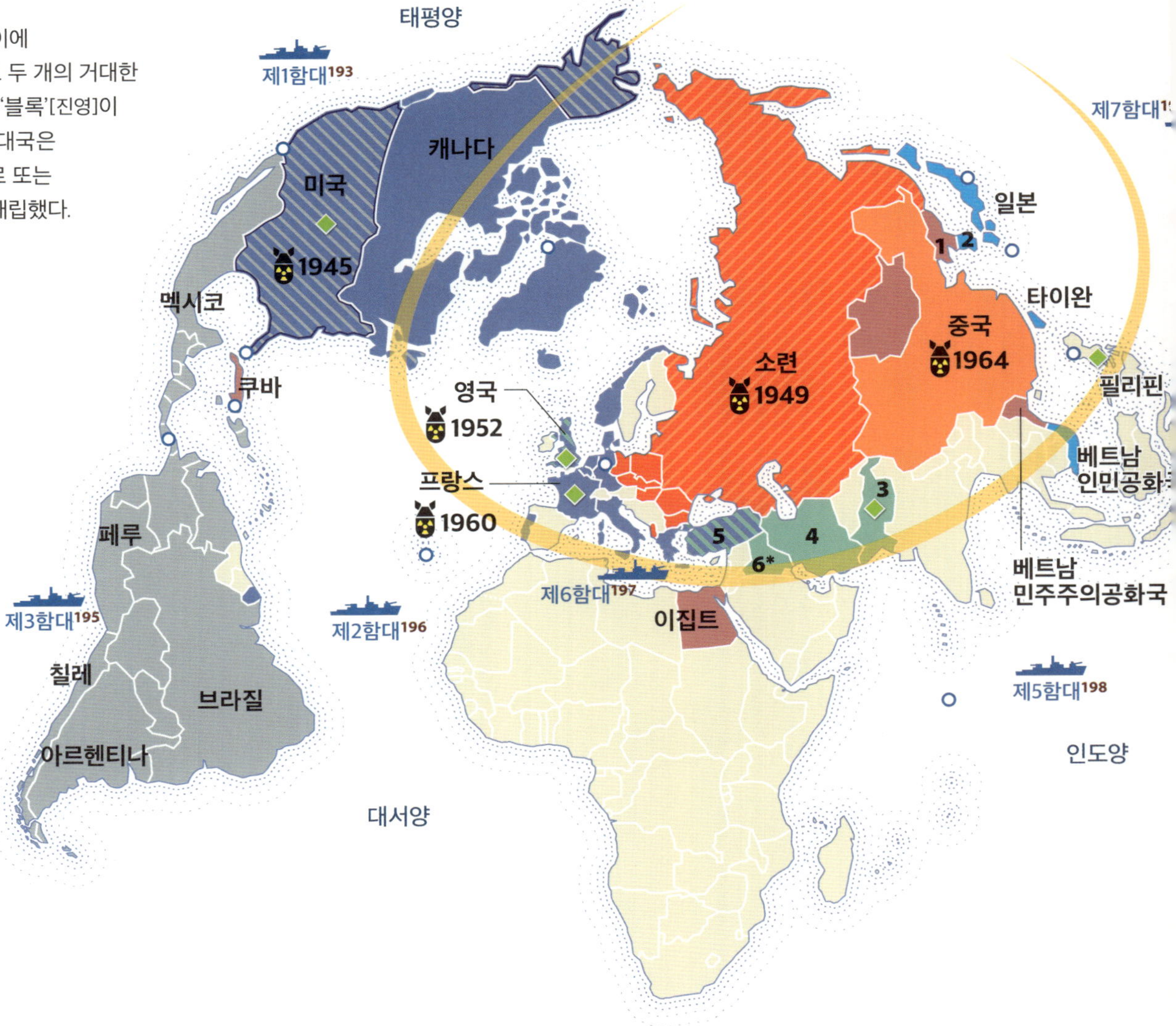

냉전의 중심에 있는 베를린

2차 세계대전 후 연합군에 점령되었던 베를린은 냉전의 동서 갈등에서 중심 도시가 되었다. 그곳에서 여러 위기가 발생했으며, 베를린 장벽은 이 시기의 상징이 되었다.

베를린의 분할 점령지
- 소련
- 프랑스
- 미국
- 영국
- 특별관리구역: 프랑스 점령(자르) 또는 국제적 통제(루르)
- 베를린 장벽 (1961~1989년)

공중 다리[200]
- 소련이 교통로를 차단
- 공항[비행장]
- 주요 비행 경로

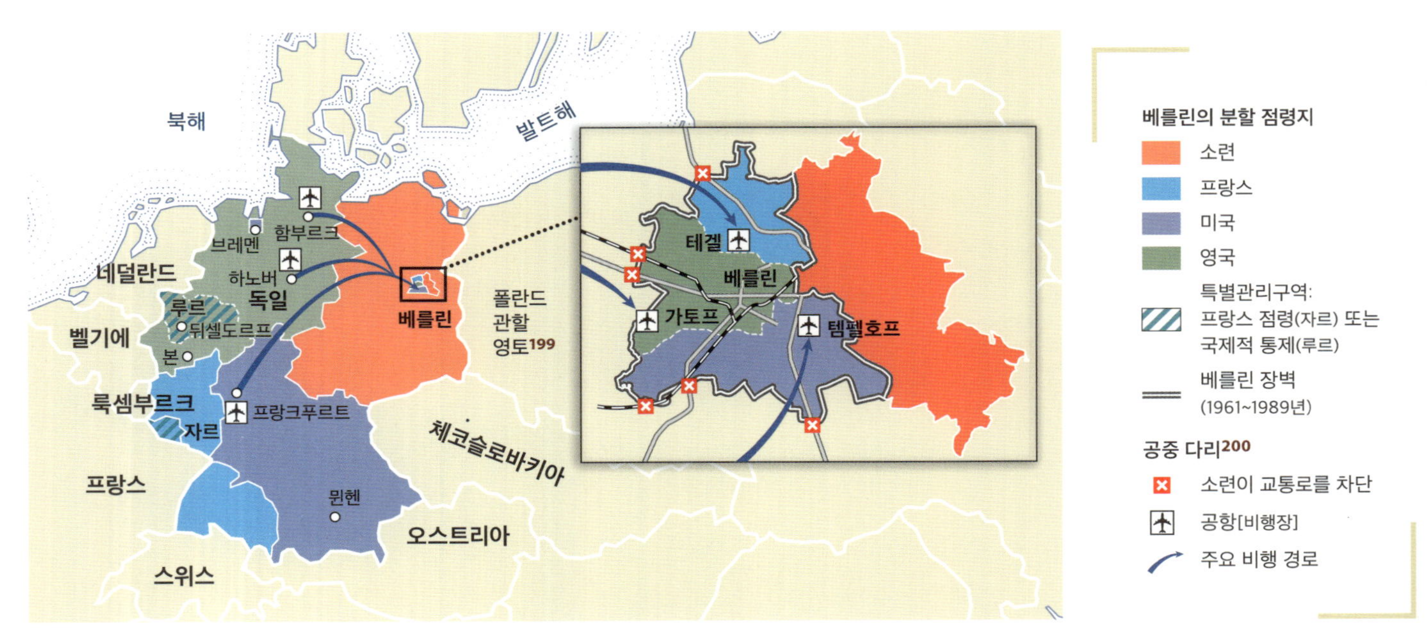

▼ 1962년 쿠바 미사일 위기

미국이 자국의 영토 바로 앞[쿠바]에 핵미사일을 설치하려는 소련의
의도를 파악했을 때, 정치적 대립이 극한으로 치달은 정치적 위기가 왔다.
그러나 두 진영의 군사적 '대립'이 없이 협상으로
이 위기를 해소한 것은 상징적인 사건이었다.

1945년부터 1989년까지의 세계 지정학[208]

2차 세계대전 후, 전쟁의 승리자였던 옛 연합국들
사이에 긴장이 폭발했다. 세계는 서방 진영의 지도
자인 미국과 동구권 진영을 이끄는 소련으로 양분
되는 한편, 식민지에서는 독립운동이 일어나 차례
로 독립했다. 이를 탈식민지화라고 한다.

2차 세계대전이 끝난 1945년부터 1947년 사이에 두
강대국, 즉 미국과 소련이 동맹국들을 통해 간접적으
로 대립하는 양극 세계가 탄생했다. 두 진영은 자유
주의 대 공산주의라는 이념적 충돌뿐만 아니라 소련
이 붕괴할 때까지 전 세계에 영향을 미친 군사적·기
술적·문화적·스포츠 분야에서도 충돌했다. 쿠바, 한
국, 그리고 무엇보다 이 전쟁으로 둘로 나뉜 독일에
서 주요 위기가 발생했다.

20세기 후반의 특징으로 탈식민지화를 꼽을 수 있
다. 주로 아프리카와 아시아에서 독립운동이 일어나,
그 결과 유럽의 제국들은 해체되었다. 식민지는 협상
을 통해 분리 독립을 이끌어내기도 하고, 알제리나
인도네시아에서처럼 특히 격렬한 충돌로 이어지기도
했다.

1954년부터 1962년까지
프랑스군에 맞서 싸운
'민족해방전선FLN'의 독립 영웅들을
기념하는 알제리 지폐.

▼ 6개국의 유럽에서 27개국의 유럽으로[209]

2차 세계대전 이후 유럽의 국가들은 경제와 정치의 통합을 향한 창의적인 정책을 실현하기 시작했다.
1957년에 6개국에서 출발한 유럽연합EU은 2025년에 27개국으로 끊임없이 성장했다.
그러나 2020년에 영국이 탈퇴했다.[210]

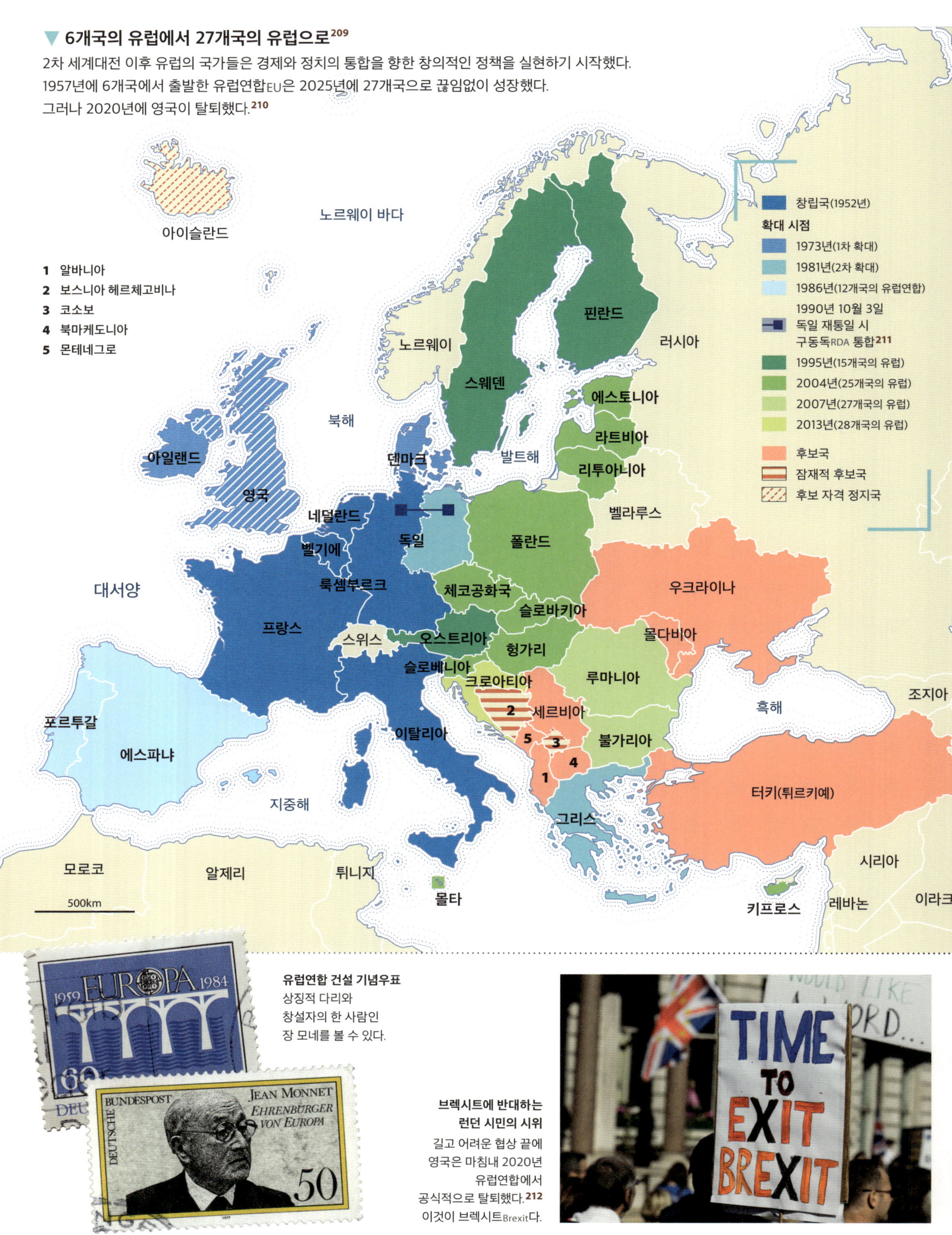

유럽연합 건설 기념우표
상징적 다리와
창설자의 한 사람인
장 모네를 볼 수 있다.

**브렉시트에 반대하는
런던 시민의 시위**
길고 어려운 협상 끝에
영국은 마침내 2020년
유럽연합에서
공식적으로 탈퇴했다.[212]
이것이 브렉시트Brexit다.

▼ 경제와 정치의 건설

유럽연합은 단일한 공간 속에서 모든 사람이 자유롭게 통행하는 동시에
공통의 정치 생활이 끊임없이 강화되는 세계였다. 여러 번 위기가 발생했지만,
민주화된 공간 속에서 모든 시민의 권리가 강화되었다.

1950

- **1951 파리 조약**
  프랑스, 서독, 이탈리아, 벨기에, 네덜란드,
  룩셈부르크의 6개국이 유럽의 석탄과 철강을
  공동 관리하는 공동체를 창설했다.[213]

1955

- **1957 로마 조약**
  유럽경제공동체CEE와 유럽원자력공동체Euratom를
  창설해 회원국들의 공동 시장을 구축하고
  경제적으로 하나로 만들었다.

1960

1965

1970

1975

1980

1985

- **1986 단일 유럽 의정서**
  1993년 시행을 목표로 한 유럽 단일 시장 구축과
  유럽의회의 권한을 강화했다.

1990

- **1992 마스트리히트 조약**
  유럽연합 창설과 회원국 거주민을 위한 유럽
  시민권 도입. 단일 통화(유로) 도입과 외교 안보 정책
  문제로 영역을 확대했다.

1995

- **1997 암스테르담 조약**
  유럽의회의 권한을 강화하고 사회 정책도 강화했다.

2000

- **2002 유로화 통용 시작**
  유로가 12개국에서 공식 통화가 되었다.

2005

- **2007 리스본 조약**
  제도 개혁: 유럽이사회 상임 의장직 신설,
  유럽의회의 역할 강화, 시민 발의제 도입.

2010

2015

- **2016 브렉시트 국민투표**
  영국이 유럽연합 탈퇴 문제로 국민투표를
  실시했다(이는 2020년에 발효되었다).

2020

유럽의 건설

2차 세계대전 후, 유럽에서는 새로운 정치·경제 프
로젝트가 등장했다. 그것은 대륙의 평화를 실현하
고 번영을 보장하기 위한 국가 연합이었다. 유럽경
제공동체부터 유럽연합에 이르기까지 유럽 대륙의
새로운 역사를 써나갔다.

1951년에 여섯 개 국가가 두 차례의 세계대전으로
상처받은 유럽 대륙에 평화로운 미래를 보장하고자
유럽석탄철강공동체를 창설했다. 이들은 생산량을
공동으로 관리해 재건을 보장하고, 냉전 상황에서
공산주의 위협에 맞서 연합하려는 목표를 갖고 있었
다. 1957년(로마 조약)에 유럽경제공동체로 발전시켰
으며, 공동 정책과 기구를 도입해 정치 협력을 심화
했다. 이는 또한 이 공동체의 주민과 상품에 대한 국
경 개방을 더욱 확대하는 계기가 되었다.

1992년부터 유럽연합이 창설되었으며 단일 통화, 자
유 무역 지대, 유럽 시민권을 갖추게 되었다. 이와 동
시에 이 기구의 회원국은 6개국에서 27개국으로 늘
어났다.

유럽연합 회원국들의 국기
프랑스 스트라스부르에 있는
유럽의회 본부 앞에 게양되어 있다.

2004년 미국 병사들이
이라크의 팔루자[214]
시내를 걸어간다.

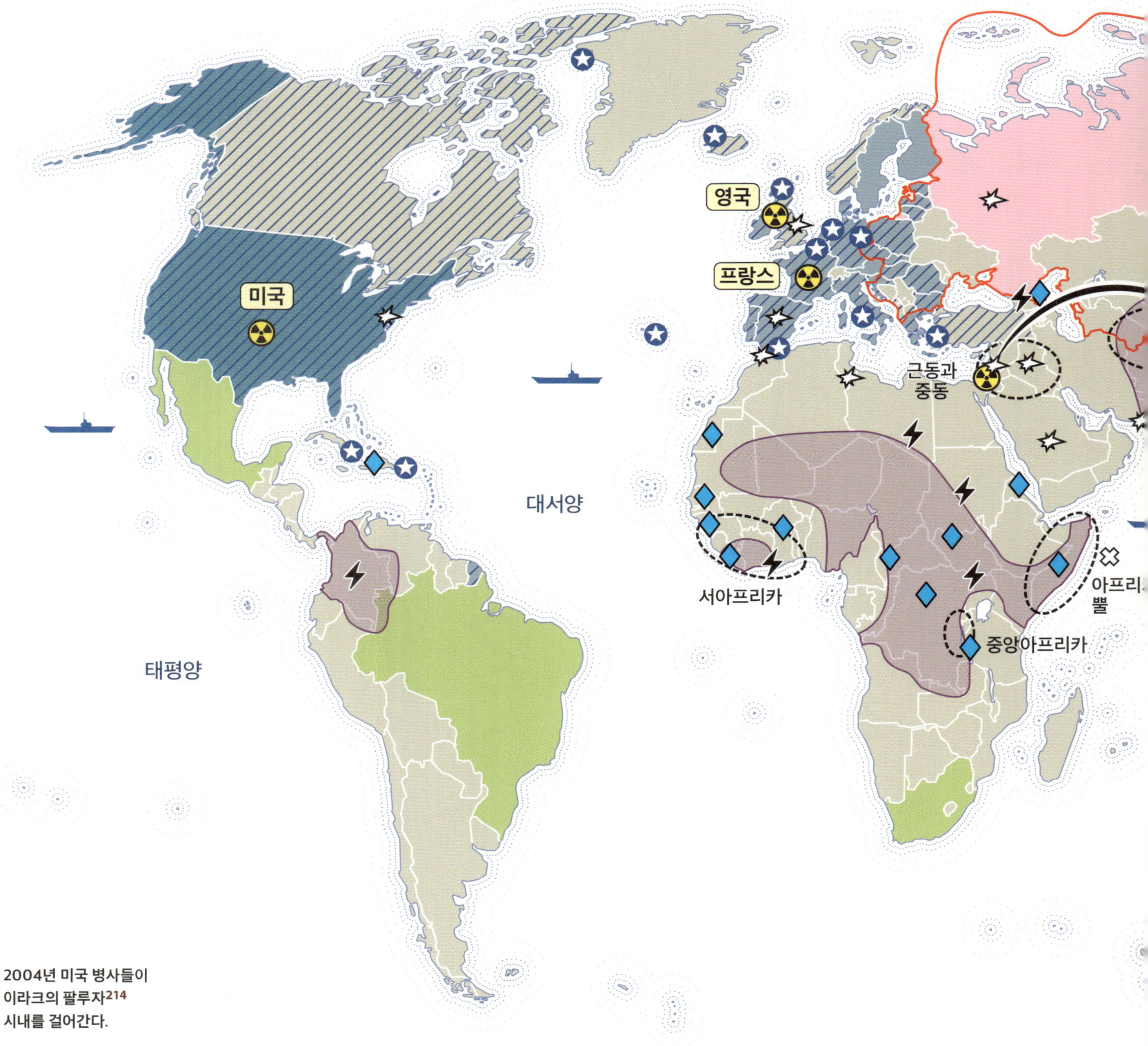

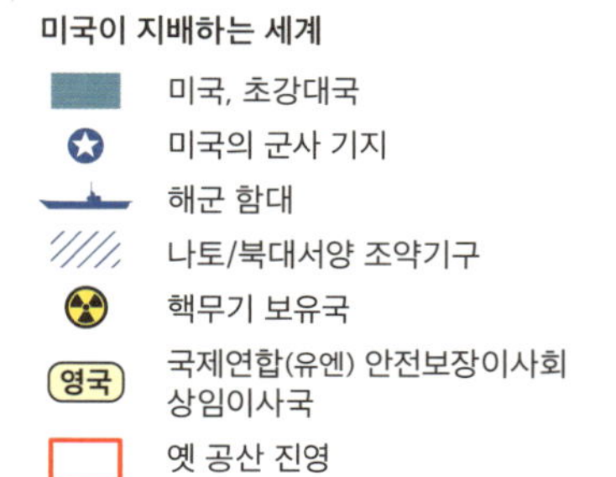

미국이 지배하는 세계 (1991~2011년)

냉전이 끝난 후, 세계에서 가장 강력한 정치적·군사적·경제적·문화적 힘을 가진 미국은 당분간 유일하게 '세계의 경찰'이 되었다. 또 바로 이 시기에 이슬람의 테러 행위를 중심으로 새로운 긴장이 고조되기도 했다.

미국은 더욱 강력한 경제력과 세계에 두루 영향을 끼치는 문화 상품을 가지고 20세기 말까지 어떠한 도전도 받지 않는 지위에 있었다. 그러나 핵이 확산되고 이슬람의 테러 행위가 세계 평화를 위협하는 수준에 도달했다.

2001년 9·11 테러는 세계 지정학에 깊은 단층을 만들었다. 미국은 1941년 진주만 이후 처음으로 본토에서 직접 공격을 받았다. 미국은 이에 대응해 '악의 축'을 상대로 아프가니스탄과 이라크에서 두 차례의 전쟁을 일으켰다. 미국은 군사적 승리를 거두었지만, 심각한 정치적 어려움을 겪게 되었다. 미국의 적대국들은 이 기회를 틈타 미국의 약점을 노리게 되었으며, 세계는 새로운 시대로 진입하게 되었다.

세계의 전쟁과 긴장

⌒ 분쟁 지역(세계의 화약고)
🟣 지역 안보 불안
⬭ 주요 분쟁 지역
⚡ 내전
✶ 테러 행위
✗ 해적 행위
🔷 국제연합의 평화유지 활동

뉴욕의 9·11 기념관
2001년 9월 11일에 이슬람 테러리스트들이 파괴한 세계무역센터의 쌍둥이 빌딩을 상징하는 빛줄기.

▲ 프랑스의 수도 파리

공화국의 주요 기관들인 엘리제 궁전[대통령 집무실과 관저],
장관들의 집무실 또는 상하 양원이 파리에 있다.

▲ 제5공화국 대통령의 임기와 출생지

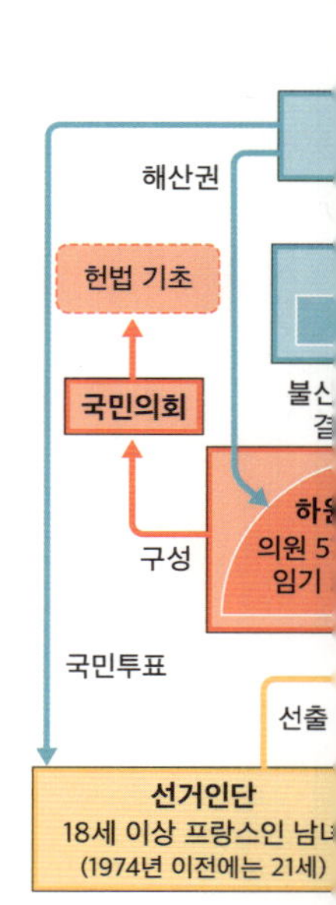

공화국 대통령들이 결정하고 ▶
개관한 파리의 주요 건축 프로젝트

▼ 제4공화국과 제5공화국의 헌법

1946년 공화정의 복귀는 의회가 행정부를 통제하는
정부 체제의 수립을 의미했다.

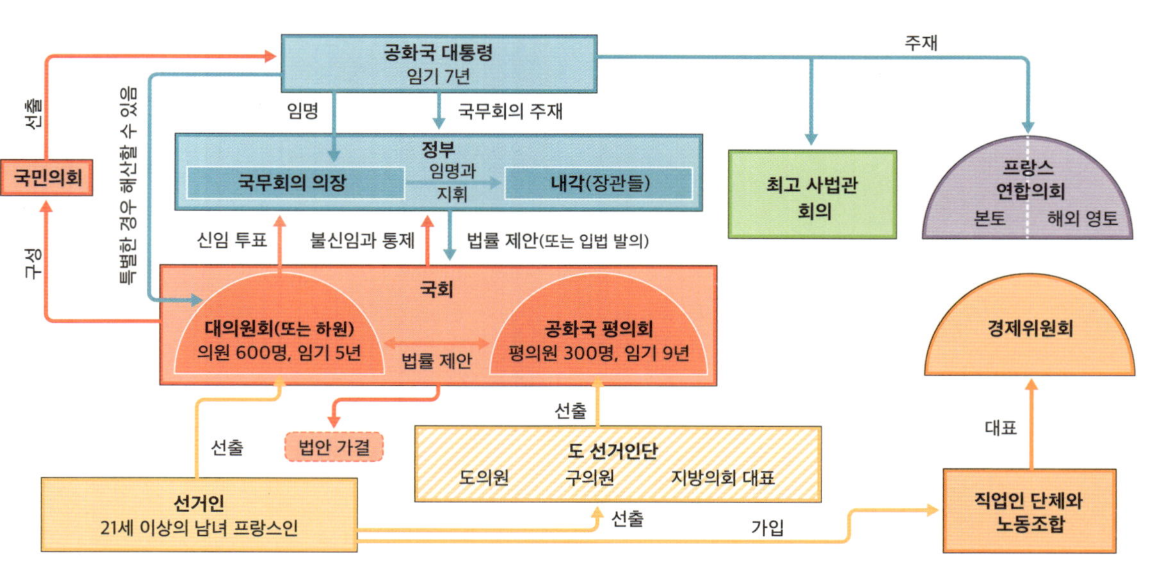

**풍피두 센터와
루브르 박물관의
피라미드**

프랑스의 예술과 관광의
명소 두 곳은 공화국
대통령들의 의지로
건설되었다.[215]

드골 장군이 원했던 1958년의 제5공화국 헌법은
공화국의 행정부와 대통령의 권한을 강화했다.

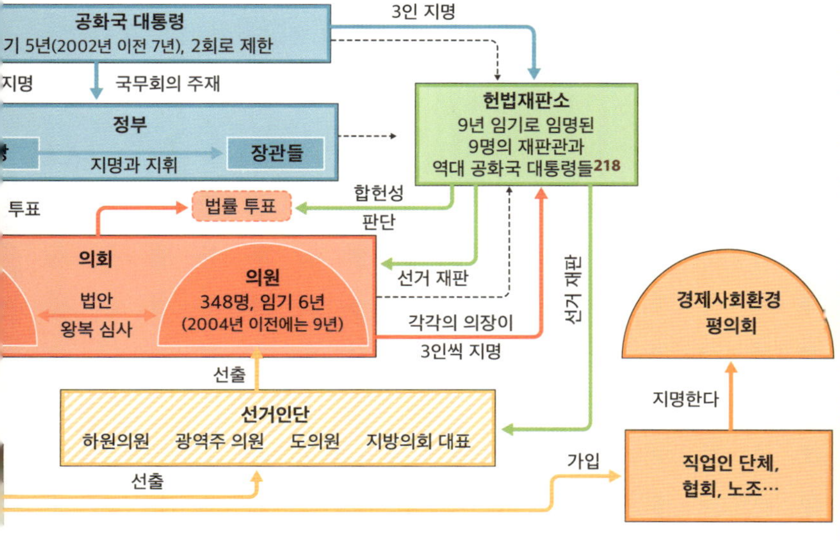

해방과 함께 공화정이 부활했고, 드골 장군의 주도로 1958년에 변모했다. 공화정은 정치적 교체를 보장하면서도 재건, 탈식민지화, 청년들의 반란, 경제적·사회적 위기 등 수많은 위기에 직면했다.

1946년에 2차 세계대전의 잿더미 위에서 제4공화국이 탄생했다. 프랑스는 페탱 원수의 권위주의적 일탈에서 벗어나 민주주의를 정치의 중심에 두는 공화정을 세웠다. 민주주의는 크게 발전했다. 1944년부터 여성이 투표권을 갖게 되었고, 같은 해 사회보장제도의 도입과 함께 프랑스인들의 사회적 권리가 강화되었다.

제5공화국은 1958년 알제리 탈식민지화 위기와 드골의 집권이라는 격렬한 정치적 위기의 순간에 태어났다. 이는 대통령의 역할에 더욱 중심을 두는 정치 체제를 확립했으며, 대통령의 권한이 증대되었고 1962년부터는 보통선거로 선출되었다.

1958년 9월 4일
파리의 콩코르드 광장에서
드골이 제5공화국 헌법을 발표했다.

▶ 프랑스에 거주하는 외국인들
20세기 프랑스 인구에서 외국인 유입은 중요한 현상이었다.
(프랑스 국적을 취득한) 귀화 외국인은 처음에는 국경 지대에 집중되어 있다가
프랑스 전체로 골고루 퍼져나갔다.

▼ 20세기 프랑스 영토의 인구 분포
20세기 프랑스 인구의 변화는 경제적·사회적 변모를 명확히 보여준다.
프랑스 동부의 산업화된 지역에 유리했던 '영광의 30년' [219] 시대와,
남부와 서부 지역에 더 유리한 현대의 세계화 시대를 비교할 수 있다. 또한 이 기간 내내
'마시프 상트랄 Massif central'[중앙 산악 지대]의 인구통계학적 어려움도 확인할 수 있다.

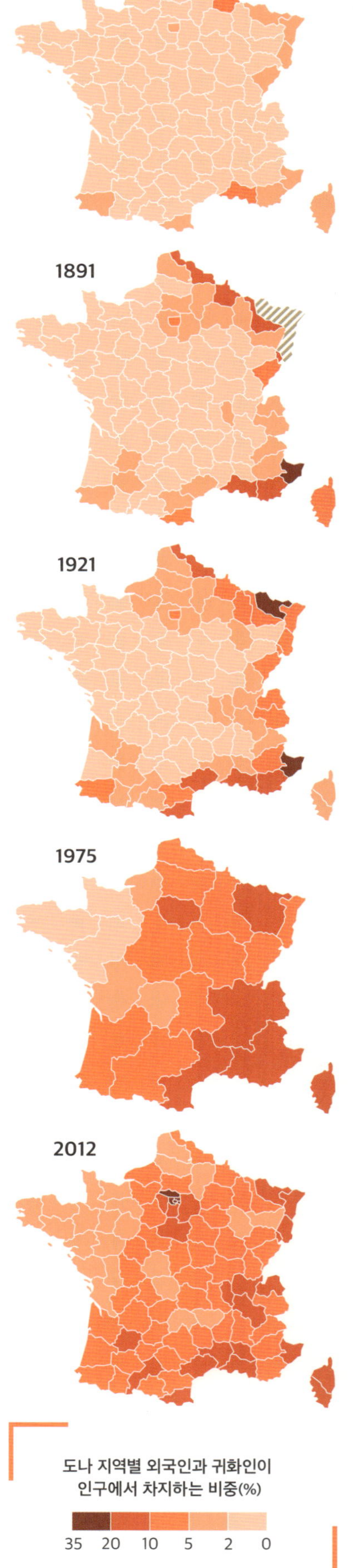

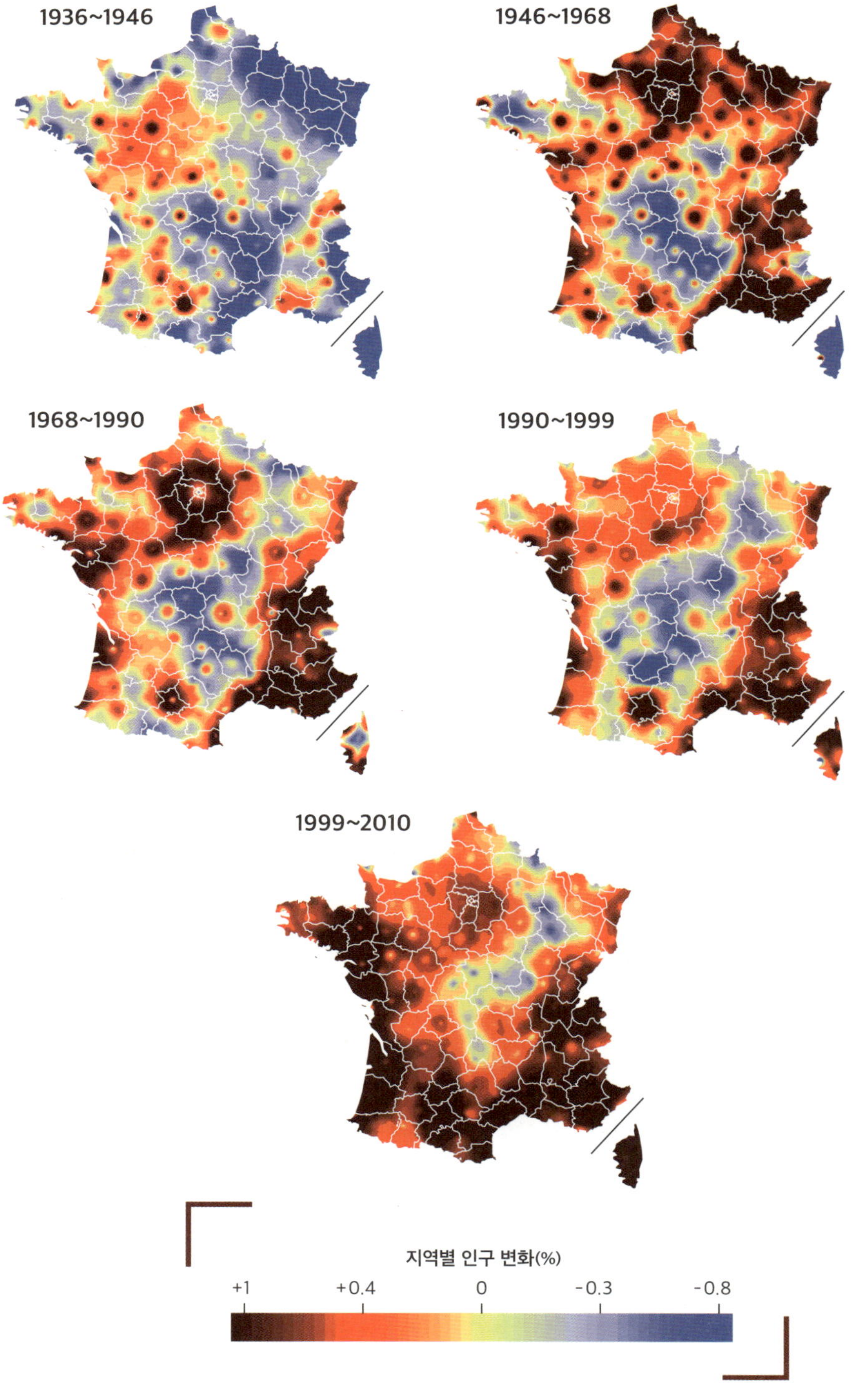

1936~1946
1946~1968
1968~1990
1990~1999
1999~2010

지역별 인구 변화(%)
+1   +0.4   0   -0.3   -0.8

1861
1891
1921
1975
2012

도나 지역별 외국인과 귀화인이
인구에서 차지하는 비중(%)
35   20   10   5   2   0

1945년 이후 프랑스 사회

프랑스 사회는 1945년 이후 많이 변했다. 가족의 구성과 종교적 실천이 변했으며, 청년층은 더욱 자유를 갈망하면서 사회를 근본적으로 바꿔놓았다.[224]

20세기 후반은 1970년대까지 지속적으로 경제 성장을 경험한 후 경제 위기로 이어졌다. 이 시기 내내, 대부분의 사회는 꾸준한 생활 수준의 향상을 경험했다. 가사를 편리하게 해주는 물건의 보급률이 증가한 덕분에 삶이 더 편안해지고 여가 활동에 더 전념할 수 있었다.

여성은 노동 분야, 사회적 권리, 가족생활의 영역에서 남성과 동등한 권리(평등)를 주장한다. '임신의 자발적 중단에 대한 권리'나 특정 직업에 대한 접근성 개선에서 이러한 진전을 볼 수 있다.

더 강력한 집단 정체성을 표명한 것 역시 청년층이었다. 전쟁 후에 태어난 베이비붐 세대는 더 많은 자유와 권리를 요구했고, 이는 1968년 봄 시위의 요구 사항에 반영되었다. 그 결과, 성인 연령을 18세로 낮추게 되었다.[225]

▼ 여성 활동 인구[220]

두 지도를 비교해 볼 때, 노동 시장(활동 인구)에서 여성의 지위가 진전되었으며, 특히 대도시에서 뚜렷한 현상이 되었음을 명확히 볼 수 있다.

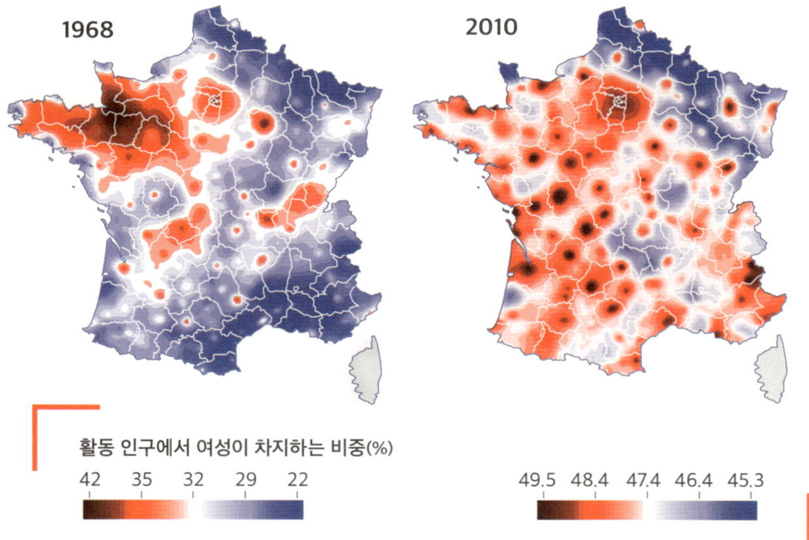

2022년 낭트에서 열린 게이 프라이드 또는 프라이드 행진[221]
성 소수자들의 권리를 주장하는 것을 목표로 하는 연례 축제 행사다.

▼ 1999년부터 2016년까지 결혼과 PACS의 변화[222](단위: 1,000건)

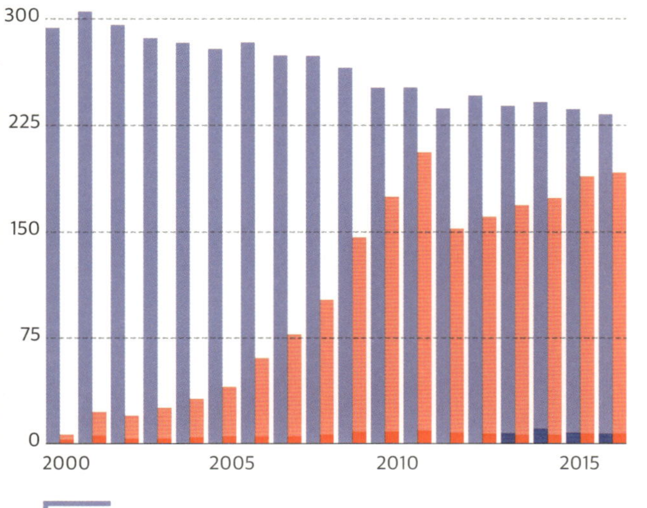

1970년대 두 자녀를 데리고 있는 젊은 어머니.[223]

지리

세계를 어떻게 표현할 것인가?

지구는 구형이다. 따라서 이를 '평면'으로 표현하려고 할 때 필연적으로 몇 가지 문제가 발생한다. 이 문제를 해결하기 위해 지도 제작자들은 지도 투영법을 발명했다. 이것은 3차원 표면(지구본)을 2차원(지도)으로 표현하기 위해 그 표면을 변형시키는 기술이다. 많은 종류가 있으며, 다음은 그 사례다.

▼ 스필하우스 투영법

이 지도는 바다의 시점에서 본 세계 지도다! 바다가 세계 지도의 중심에 표현되어 있으며, 대륙들이 변형되었다. 이 투영법은 우리가 '푸른 행성'에 살고 있음을 상기시킨다.

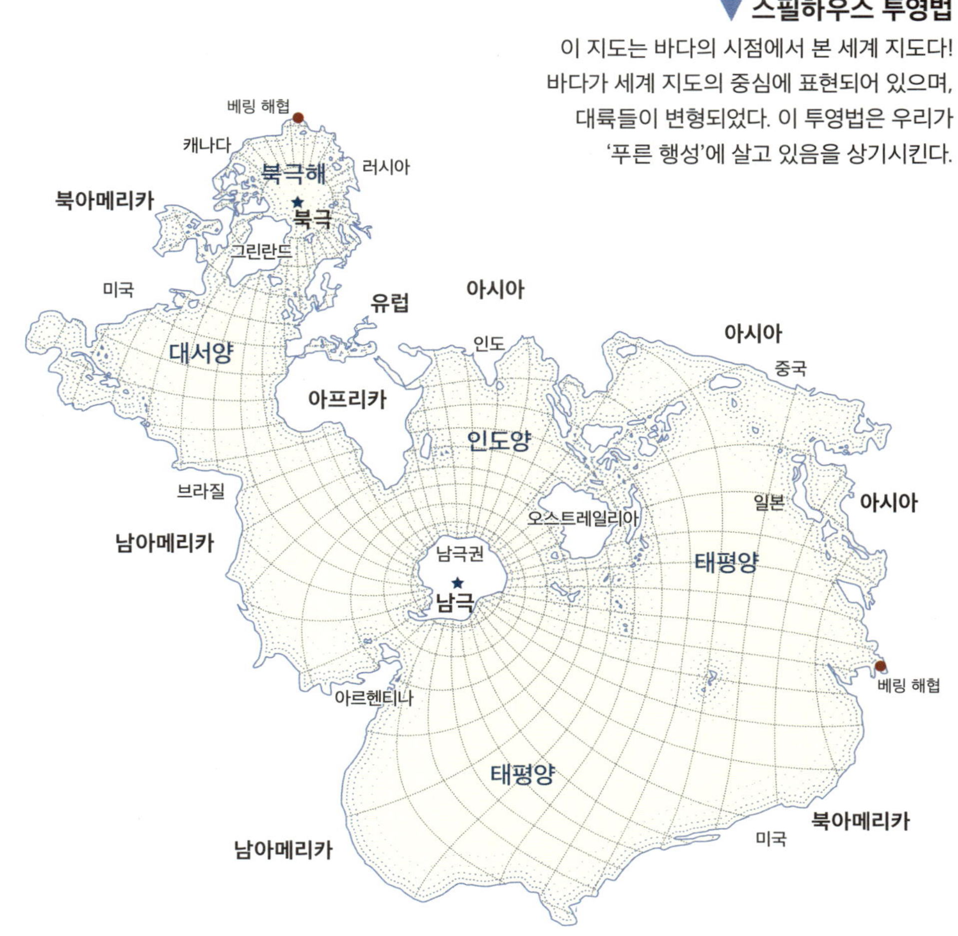

▼ 맥아더 투영법(오스트레일리아)

오스트레일리아 사람들은 세상을 어떻게 보았을까? 1979년에 제작된 이 유명한 지도는 다소 도발적인 방식으로 북극과 남극을 뒤집어서 이 문제에 대답했다. 이 지도는 투영법이 선택의 문제임을 보여준다.[1]

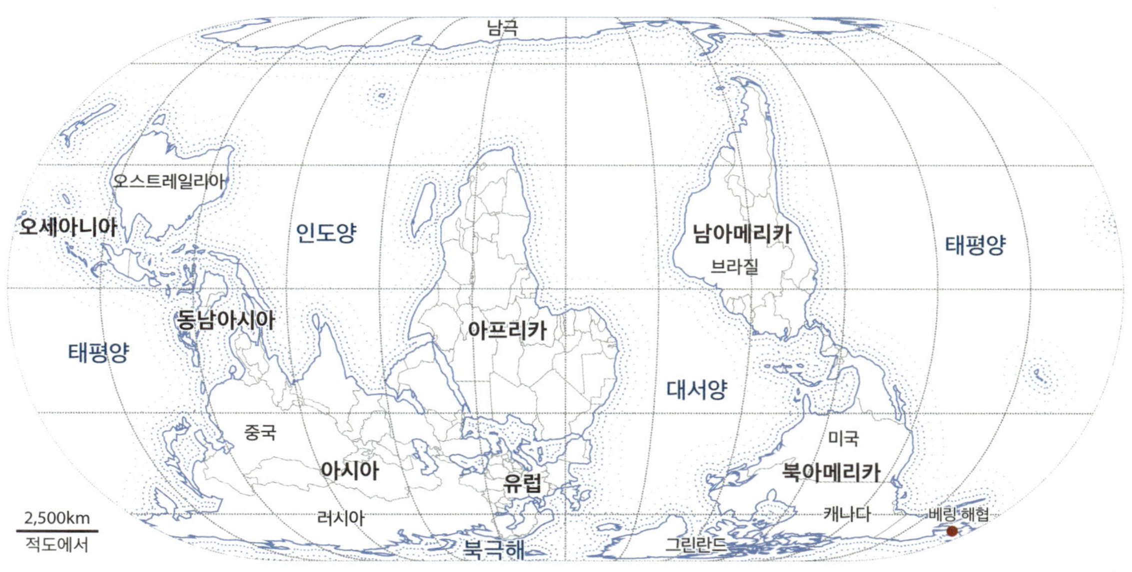

▼ 메르카토르 투영법[2]

이 투영법은 근대 이후 세계를 나타내는 데 가장 많이 이용되었다. 유럽에서 발명된 이 투영법은 극지방과 가까운 육지 공간을 왜곡한다는 단점이 있지만 널리 퍼졌다. 여기에서는 유럽 대륙이 세계의 중심에 있다.

◀ 하오 샤오광 투영법(중국)

이것은 2012년부터 중국에서 공식적으로 채택된 투영법이다. 이 투영법은 자국 영토와 더 넓게는 태평양과 인도양을 세계 지리의 중심에 배치하며, 동시에 북아메리카를 지도의 한쪽 구석으로 옮겨놓는다.

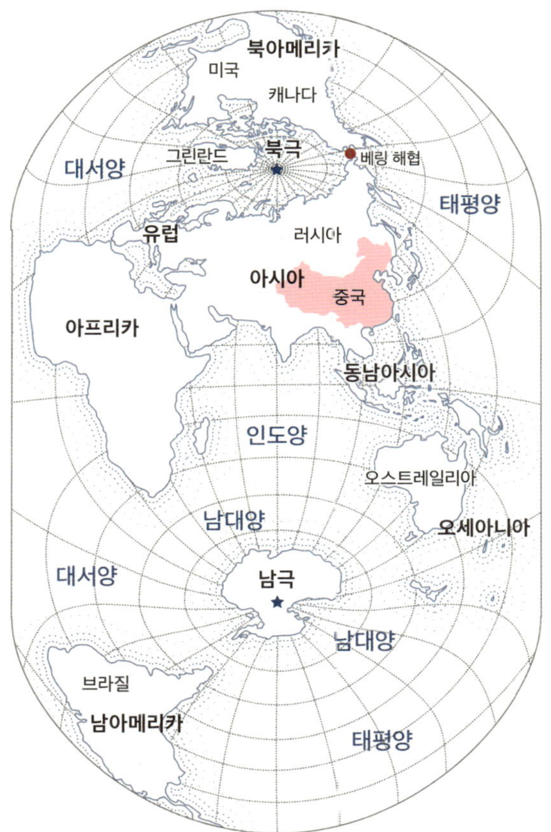

▼ 육상 생물군계[3]
지구상에는 기온과 강수량이 결합된 기후를 특징으로 하는 춥거나 온화하거나 더운 거대한 지역들이 존재하며,
이곳에서는 특유의 동식물상이 발달한다. 이것들을 생물군계(바이옴) 또는 생물기후대라고 한다.

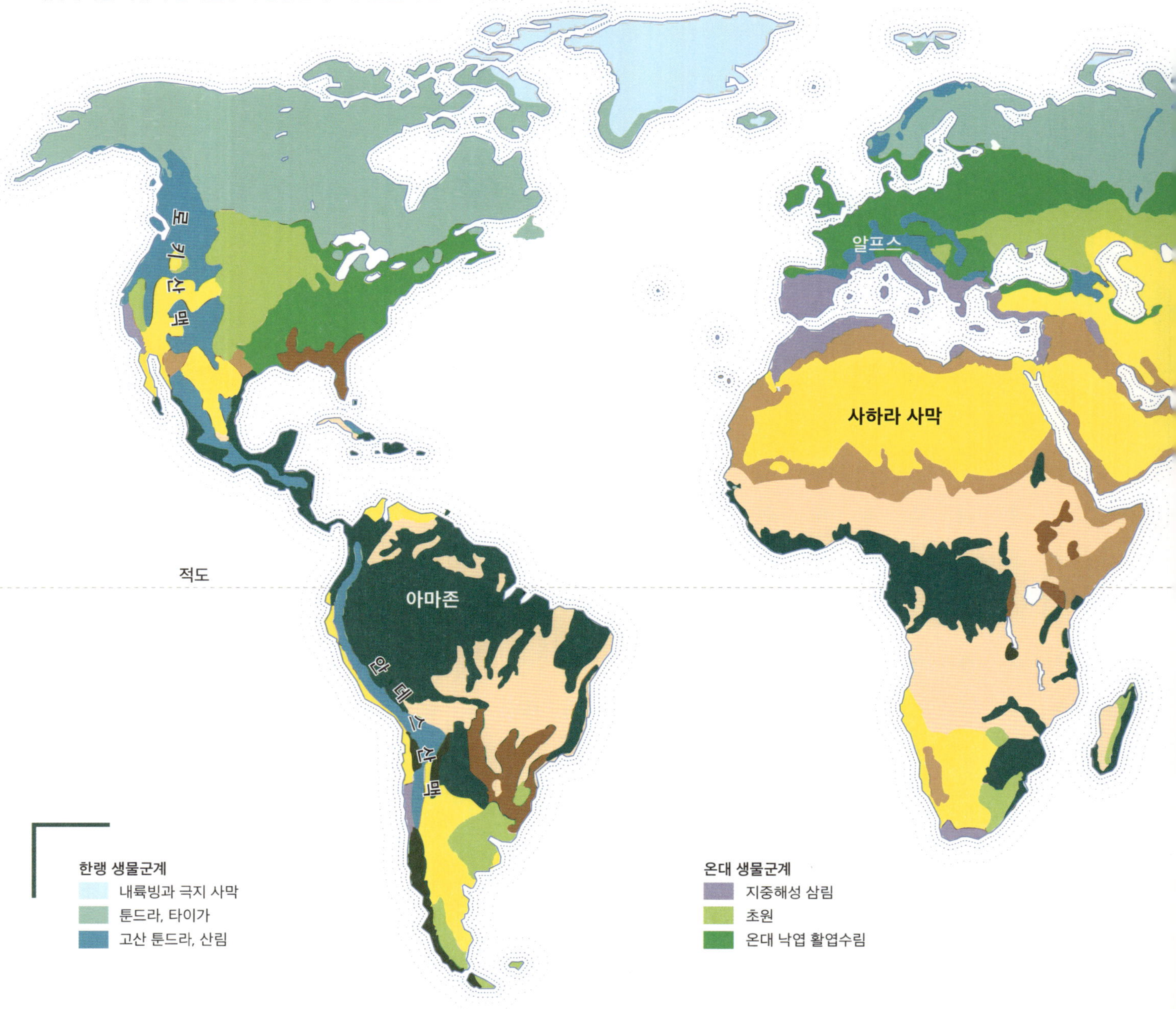

로키산맥

알프스

사하라 사막

적도

아마존

안데스산맥

한랭 생물군계
내륙빙과 극지 사막
툰드라, 타이가
고산 툰드라, 산림

온대 생물군계
지중해성 삼림
초원
온대 낙엽 활엽수림

세계의 주요 생물기후대

지구상에서 인간이 거주하는 공간은 평야부터 가장 높은 산맥까지 뻗어 있는 지형에 따라, 그리고 춥거나 온화하거나 더운 기후에 따라 매우 다양하다.

생물기후대는 지형과 기후로 결정되는 자연의 공간을 뜻한다.

지형을 몇 가지 유형으로 구분할 수 있다.
- 평원에서 완만하게 침식된 골짜기에 이르는 지형
- 더 깊이 침식된 골짜기를 가진 고원
- 경사가 다양하며 골짜기들이 가로지르는 산악 지대

기후대는 적도와 가깝거나 먼 위치뿐만 아니라 고도와 바다로부터의 거리와도 관계가 있다. 우리는 일반적으로 열대 기후, 온대 기후, 한랭 기후를 구분한다. 세 가지 기후의 특성, 즉 기온과 강수량은 1년 내내 변화하며, 이것이 곧 계절이다.

**극지 사막, 툰드라,
열대우림, 지중해성 삼림,
사하라 사막,
사바나, 고산림**
서로 매우 다른 이 지형들을
생물군계라고 부른다.

시베리아

히말라야

열대/아열대 생물군계

사바나와 희소림
열대우림
몬순(계절풍) 지역 숲
반건조 사막, 사막, 건조한 스텝
아열대림

▼ 아마존, 탐욕의 대상이 된 숲

세계에서 가장 광활한 이 숲은 나무가 빽빽하게 자라는 밀림으로 몹시 접근하기 힘든 공간이다.
이곳의 원주민들은 경제적 개발을 꾀하는 시도에 직면하고 있다. 개발은 막대한 환경 파괴와 사회적 피해를 가져올 것이다.

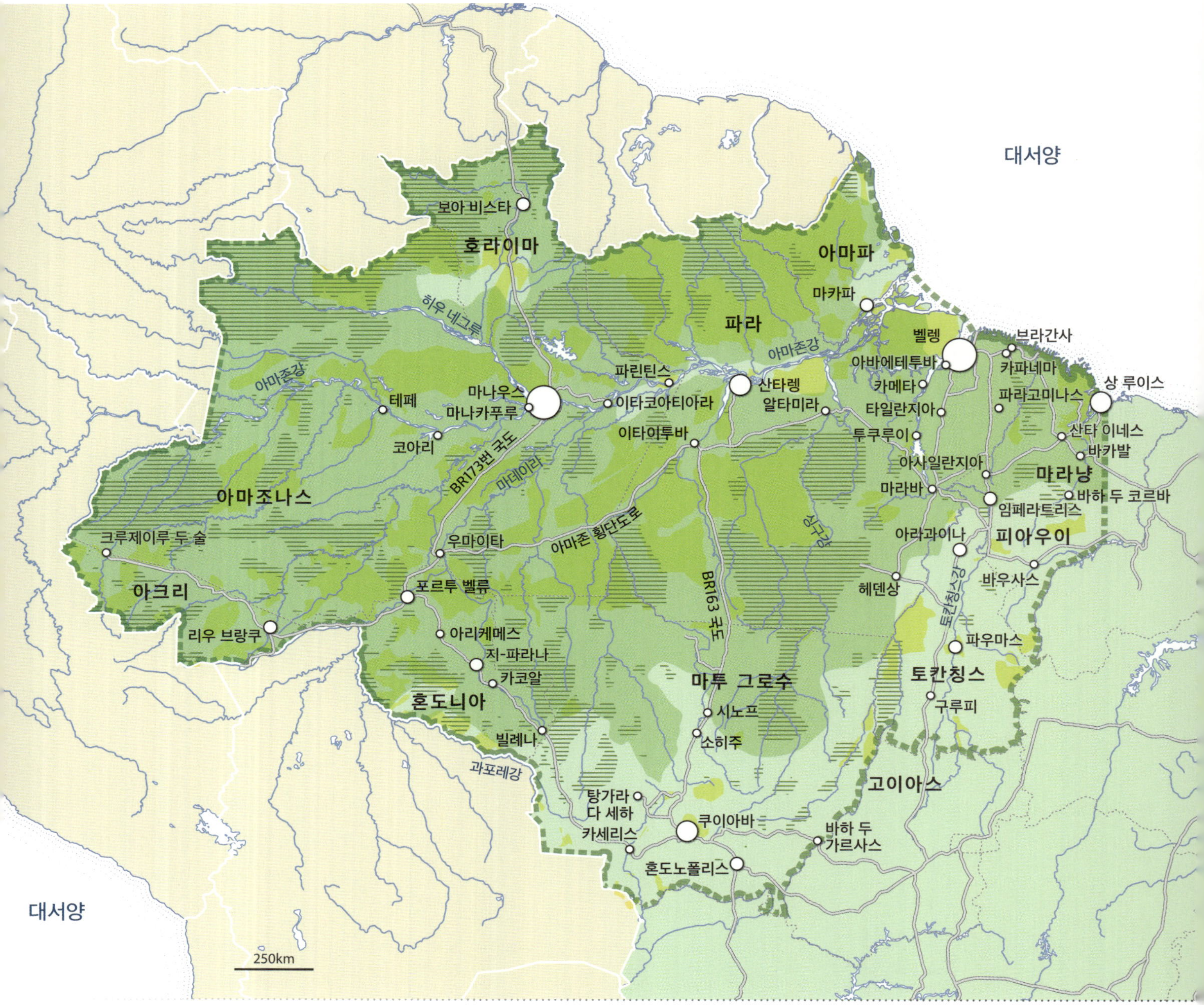

범례

- 법적 아마존[4]
- 숲
- 기타 식물
- 주요 도로

보호구역
- 자연보존지
- 원주민의 땅

주요 도시
2010년 주민 수
- ◯ 100만 이상
- ◯ 50만~100만
- ○ 10만~50만
- ∘ 10만 미만

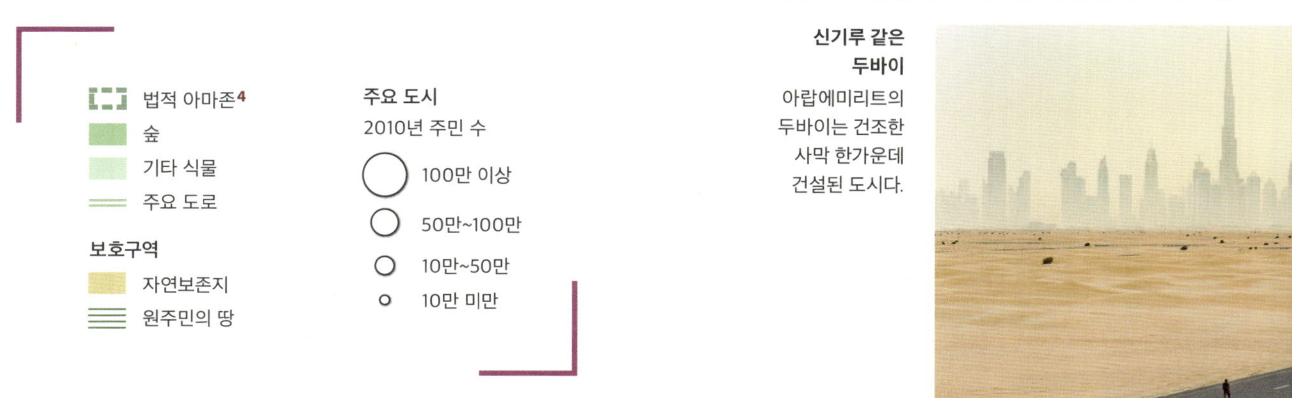

신기루 같은 두바이

아랍에미리트의 두바이는 건조한 사막 한가운데 건설된 도시다.

■ 행정 중심지, 옛 관광 거점
■ 보라보라 지자체를 이루는 마을

교통 시설
✛ 소형 비행장
═ 주요 도로
⛴ 선착장(공항, 마우피티섬, 호텔 또는 모투5로 가는 왕복 보트)

방문지
▢ 라군(석호)
● 문화 유적지 (마라에6, 미국 대포)와 자연 유산

⚓ 정박지
◆ 공공 해변
○ 스쿠버 다이빙 장소

관광 기반시설
■ 호텔 리조트7
⭕ 중심 거점 역할을 하는 호텔 리조트
■ 호텔 전용 해변
◆ 쇼핑 시설
● '호텔 바깥의' 식당8

▼ 보라보라 제도, 태평양 속의 고립된 영토

태평양의 수많은 섬처럼 보라보라 제도도 지리적으로 매우 외딴 곳에 있다. 그러나 이 섬은 적절한 교통편과 관광객 수용 시설을 갖추고 해변 관광과 관련된 활동을 개발하고 있다.

하늘에서 본 보라보라
보라보라섬의 아름다운 경치는 태평양의 외딴 섬을 관광의 천국으로 만들었다.

자연의 심한 제약을 받는 공간에 살기

세계의 일부는 자연적으로 심한 제약이 따르는 공간들을 품고 있다. 하지만 사람들은 환경에 적응하고, 자신들의 영역을 거주 가능하게 개발하고 정비하면서 살아가고 있다.

남극 대륙을 제외하고, 인류는 지구상의 모든 지리적 환경에 거주한다. 하지만 어떤 자연환경은 특히 제약이 많은 특성을 갖고 있다. 지구 표면적의 25퍼센트는 전 세계 인구의 2퍼센트 미만을 수용하고 있다. 제약 요인으로는 기후와 관련된 것(한랭 사막과 건조 사막)이 있다. 또한 높은 산악 지대의 지형 조건(경사)에 따른 제약도 있다. 나무가 빽빽한 밀림도 인구가 희박한 지역이다.

이들 지역 대부분은 농업 활동을 발전시키는 데 따르는 어려움 외에도 교통망이 제대로 형성되지 못했기 때문에 고립 상태에 놓여 있다. 그럼에도 인류는 주거 형태, 경제 활동, 교통망을 환경에 맞게 조정해 왔다.

후지산(일본)
후지산은 일본에서 제일 높은 산이며 일본의 상징이다. 중요한 도시들이 그 옆에 자리 잡고 있다.

▼ 태평양: 생물 다양성의 보고

광활한 제도들로 이루어진 태평양의 섬들은 매우 높은 해양·육상 생물 다양성을 품고 있는 영토다.
이 생물 다양성은 기후변화와 인간 활동 때문에 수많은 위험에 직면해 있다.

보호

유네스코 세계문화유산 목록에 오른 재산

- 🔴 문화재
- 🟢 자연유산
- 🔴 복합유산
- 🟠 무형문화재

- 태평양의 대규모 해양 보호구역
- 오스트레일리아와 뉴질랜드의 국립공원
- 오스트레일리아 고래 보호구역
- 남극해 보호구역의 북쪽 경계

훼손된 환경

- 대규모 산림 훼손
- 태평양 부유 쓰레기 지대

초국가적 노력

그린피스가 최소한 해양의 30퍼센트를 보호구역으로 지정하자고 제안한 지역

4 바누아투
5 피지
6 통가

1,000km

산호

자연의 경이로움인 산호는 불행하게도 기후변화와 대규모 관광으로 위협받고 있다.

크레이들 마운틴 세인트 클레어 호수 국립공원(태즈메이니아)

유네스코는 이 공원을 보호하기 위해 세계유산에 등재했다.

세계의 생물 다양성

생물 다양성은 한 지역에 존재하는 동식물 종의 풍부함과 다양성을 의미한다. 현재 인간 활동과 기후 조건의 변화로 다양한 생태계가 위협받고 있으며, 이는 생물권의 붕괴로 이어질 수 있다.

푸른 행성[지구]은 또한 녹색 행성[13]이기도 하며, 태양계에서 생명을 품고 있는 유일한 곳이다. 지역에 따라 생물의 다양성이나 풍부함의 정도가 다르지만, 생물 다양성의 구성요소인 인류는 지구 전체와 경쟁하고 위협하는 존재가 되었다.

생물 다양성을 위협하는 것은 수없이 많다. 첫째는 인구가 급격히 늘어나면서 거주 공간이 계속해서 확장되고, 그만큼 자연을 위한 공간이 줄어들었다. 둘째는 자원의 남획과 각종 오염이 생물 다양성을 위험에 빠뜨리고 있다.

그 결과, 인류도 다양한 영향을 받게 되었다. 무엇보다도 기후 온난화는 결국 일부 지역을 사람이 살 수 없게 만들 뿐 아니라 농업 생산에도 영향을 미칠 수 있다.

모몬강(페루)은 아마존 열대우림을 관통한다.
아마존은 세계에서 가장 큰 생물 다양성의 보고인데, 기후변화와 산림 파괴로 심각하게 위협받고 있다.

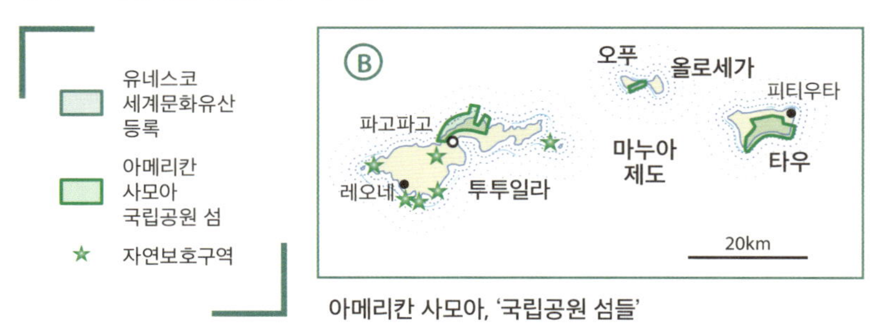

유네스코에 등재된 누벨칼레도니 라군

아메리칸 사모아, '국립공원 섬들'

지구 환경의 전반적 변화와 지리적 효과

전 지구적 변화는 인간 활동과 관련된 지구 대기의 기후 조건 변화를 의미한다. 그 지리적 영향은 우리의 생활 방식에도 심각한 변화를 초래해 미래를 걱정해야 할 만큼 광범위하다.

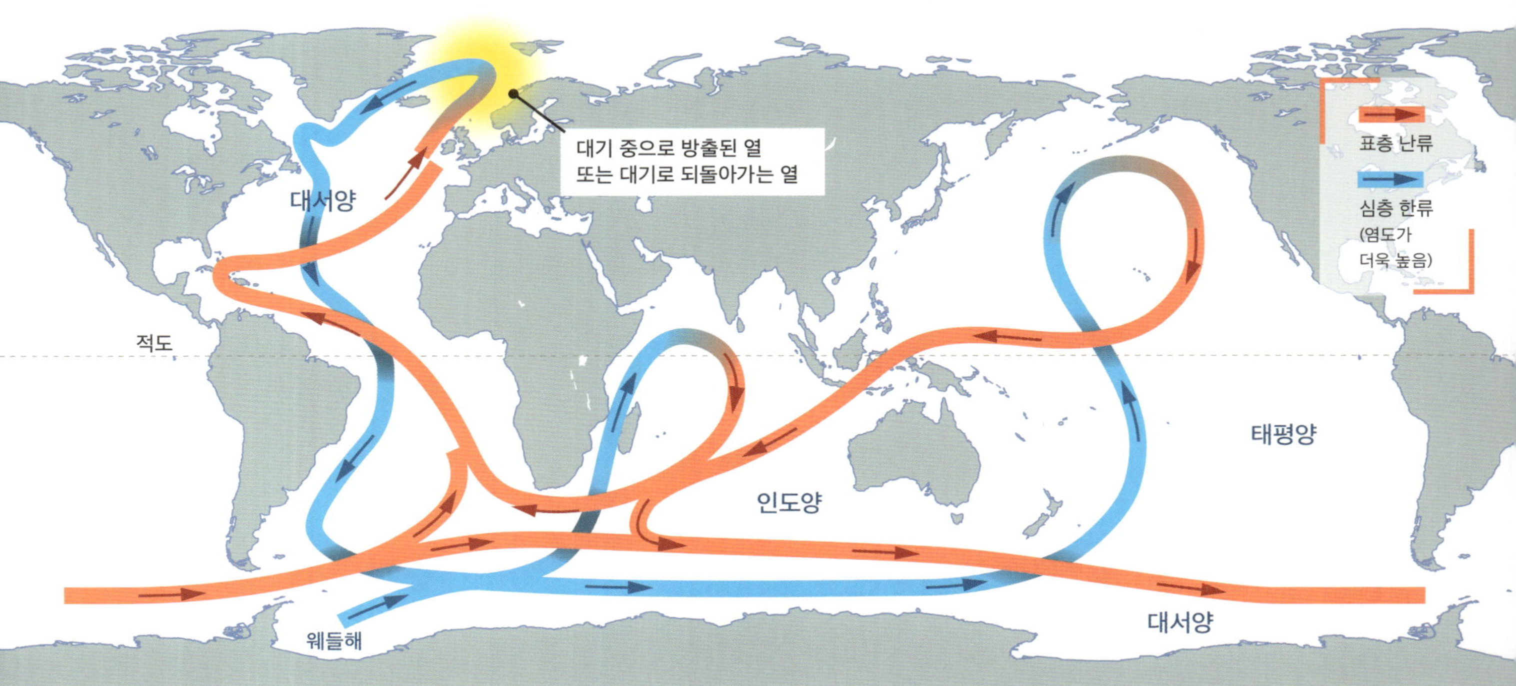

▲ **해양 해류**

기후대는 해양 해류와 특히 밀접하게 연관되어 있다.
하지만 기후변화가 이러한 해양 순환에 점점 더 큰 영향을 미치고 있다.

**해빙(남극),
아랄해(카자흐스탄과
우즈베키스탄)**
해빙은 위협받고 있다.
1994년 이후
2만 8,000톤 이상의
얼음이 사라졌다.
50년 전만 해도 아랄해는
지구상에서 네 번째로
큰 호수였다. 오늘날 이
분지는 거의 말라버렸다.

캘리포니아 해안을 휩쓴 초대형 산불
'메가파이어'[초대형 산불]는 특히 격렬하고 빈번하며 진화하기 어려운 산불로, 기후변화의 직접적인 결과다.

산업 시대부터(심지어 일부 역사학자들에 따르면 그 이전부터) 인류와 그들의 활동은 자연환경에 변화를 일으켜왔다. 20세기 이래로 이러한 변화는 가속화되었고, 지구의 생존환경을 매우 뚜렷하게 바꾸기 시작했다. 이를 인류세[14]라고 부른다.

전 지구적 변화에서 가장 눈에 띄는 측면 중 하나는 기후변화이며, 이는 무엇보다도 전 세계 평균 기온 상승으로 나타난다. 이는 자연재해의 증가와 그 강도의 심화를 초래한다.

전 지구적 변화로 말미암아 인간은 다른 환경을 찾아 더욱 많이 이동하게 되었다. '기후난민'이라 불리는 사람들이 살 수 없게 된 지역을 떠나는 사례가 점점 늘어나고 있다. 이러한 변화 때문에 물, 에너지, 식량 자원을 확보하는 일도 몹시 어려워진다.

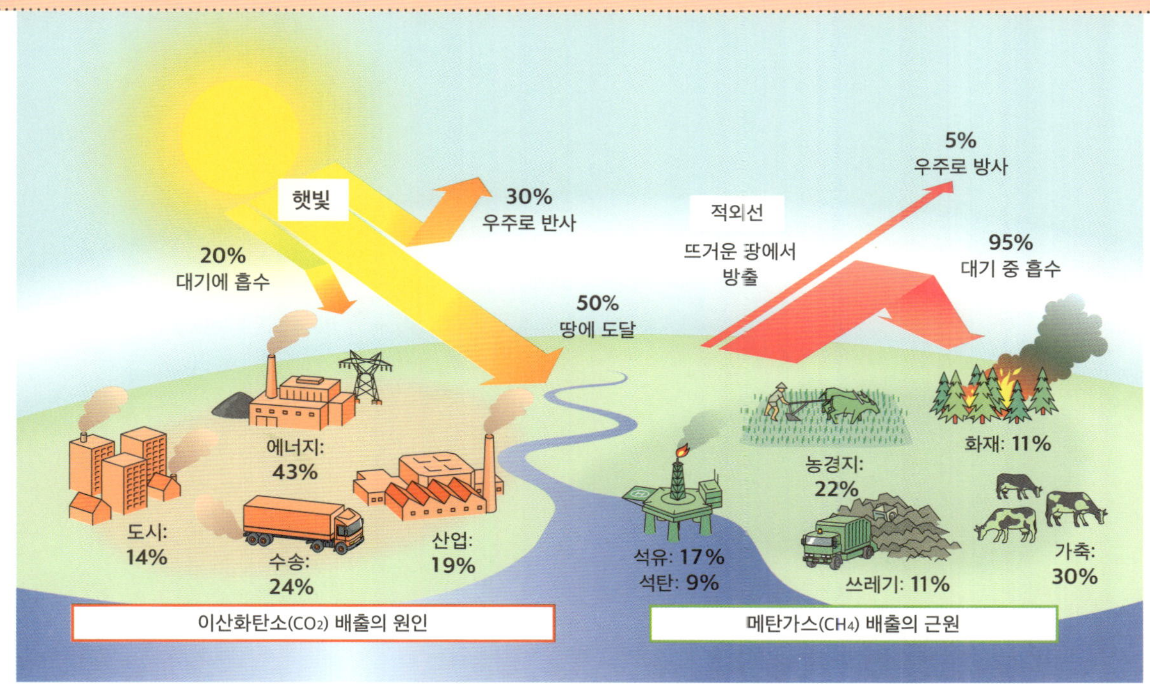

◀ 지구 환경 변화의 요인인 인류
산업, 교통, 주거 또는 농업과 관련된 인간 활동은 기후 온난화를 심화시킨다.[15]

▲ 기후 온난화

1950년 이래로 기후 온난화는 전 지구적 변화의 주요 원인이 되었으며, 특히 양극(남극과 북극) 지역에서 그렇다.

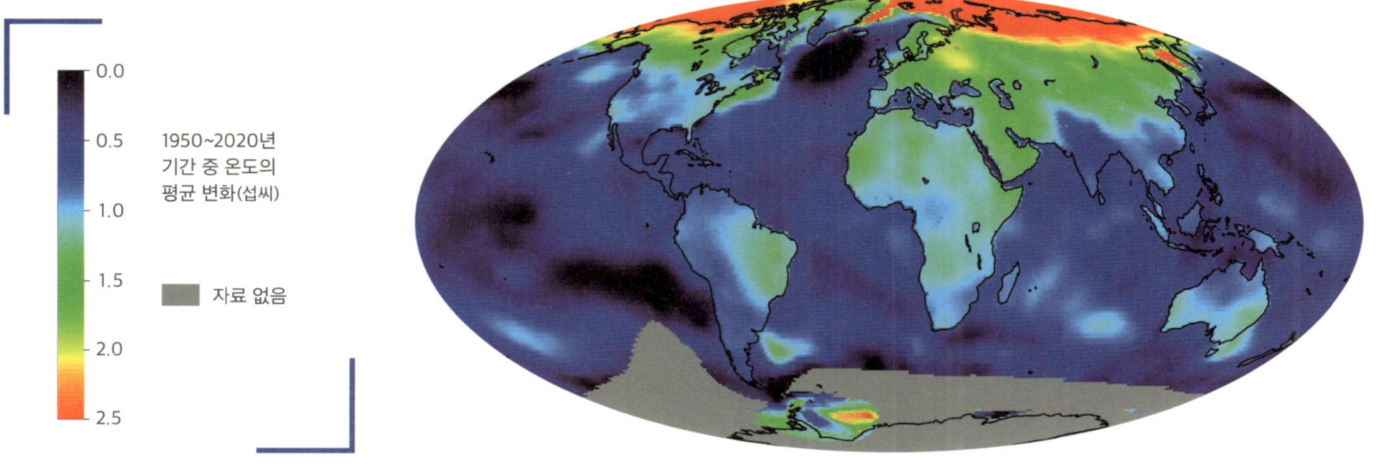

▼ 자연환경이 몹시 위험해진 지역

세계의 수많은 지역이 자연재해 위험에 노출되어 자칫 대형 재해를 맞이할 수 있다.
특히 아메리카 대륙, 지중해 연안, 남아시아처럼 인구 밀도가 높은 일부 도시와 지역이 더욱 위험하다.

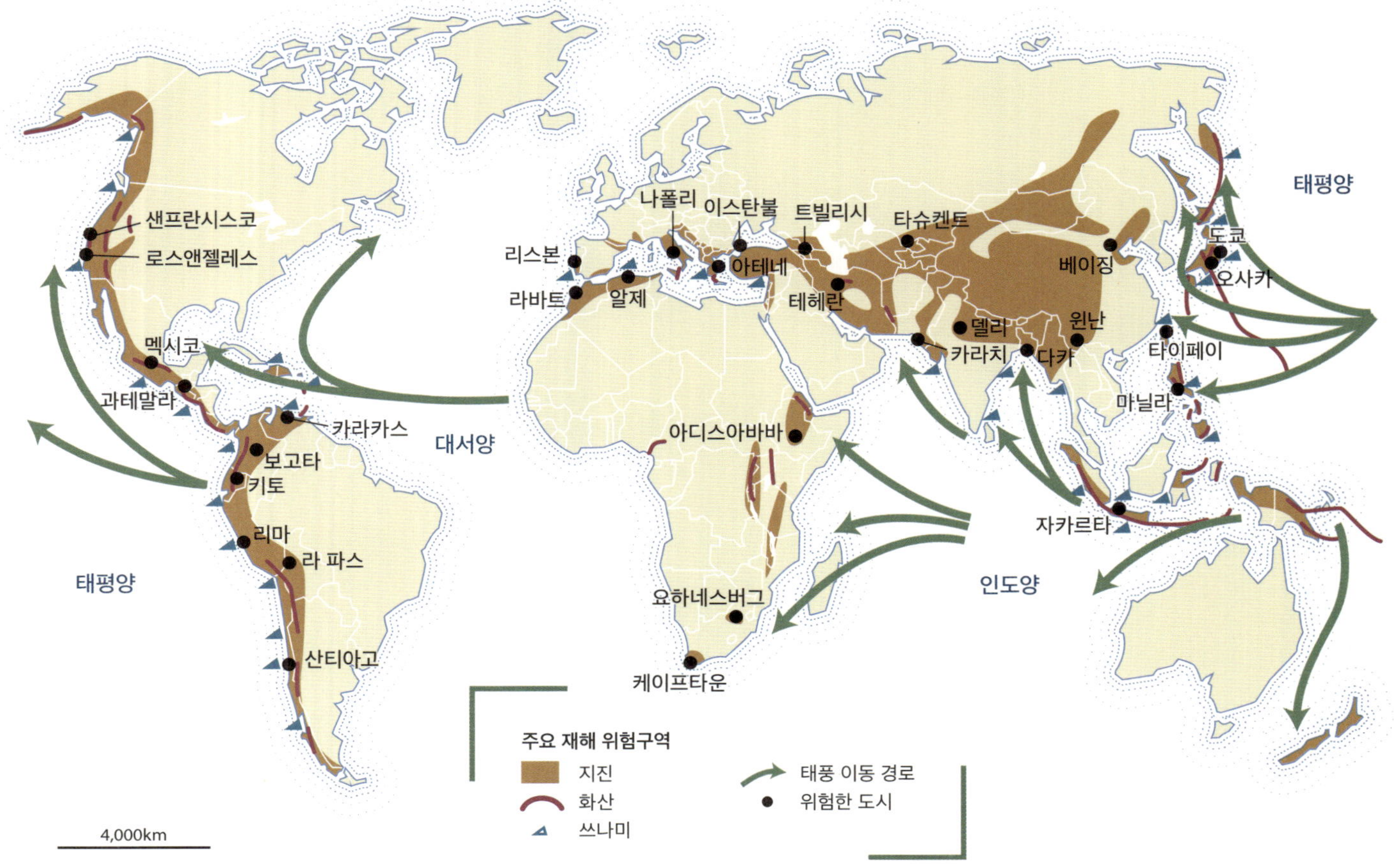

▼ 레위니옹섬, 자연재해 위험이 높은 섬

인도양의 프랑스령 레위니옹섬에서는 자연재해가 많으며, 재난이 정기적으로 발생한다.

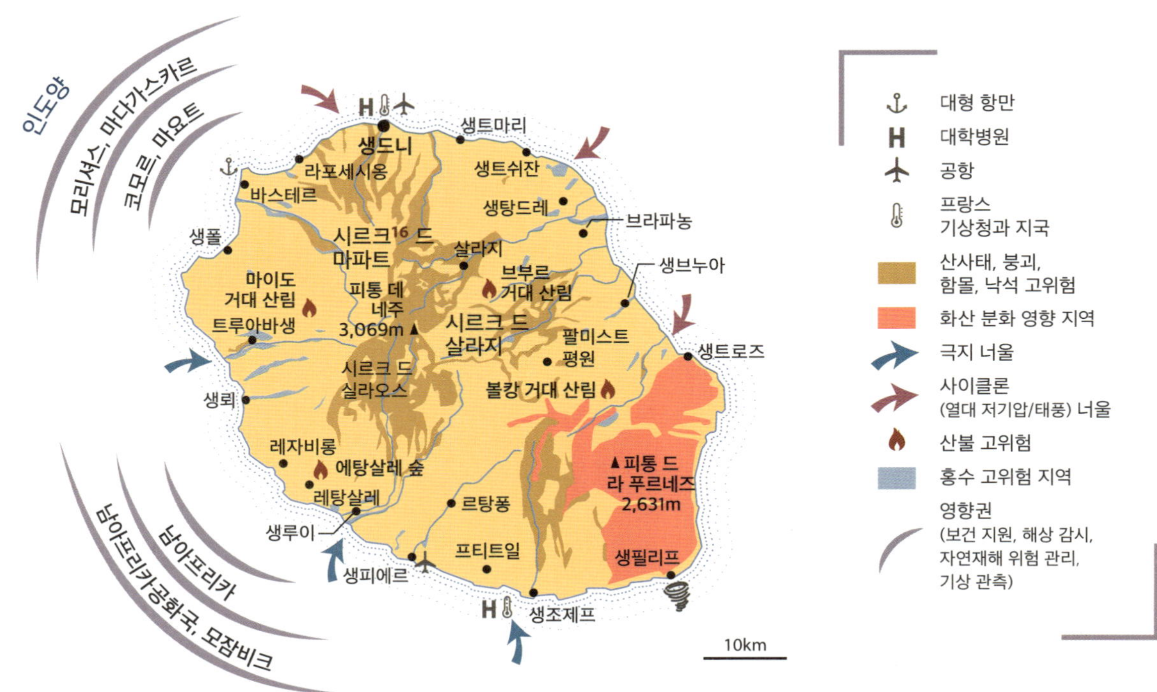

침수로 심각한 위협을 받고 있는 **인도네시아의 수도 자카르타** 약 1,100만 명의 인구가 거주하는 이 도시는 기반시설과 과잉 인구의 무게 때문에 가라앉고 있으며, 곧 완전히 물에 잠길 수도 있다.

▼ **스펀지 도시[17], 홍수의 해결책일까?**
건축가들은 특히 강변 도시와 해안 도시를 강타하는 홍수 문제를 해결하기 위해 노력하고 있다. 수위가 상승해도 그 영향을 최소로 줄이는 방법으로 건물을 개조하고 있다.

❶ 식물을 심은 지붕에 저장된 빗물
❷ 빗물 정원으로 흘린 물
❸ 잔디 블록으로 물을 흡수하게 만든 주차장
❹ 보기 흉하지 않은 도랑으로 스며들게 만든 물
❺ 물을 모았다가 흘리는 장치
❻ 오염 감소
❼ 홍수 위험 감소
❽ 지하수층으로 스며드는 물

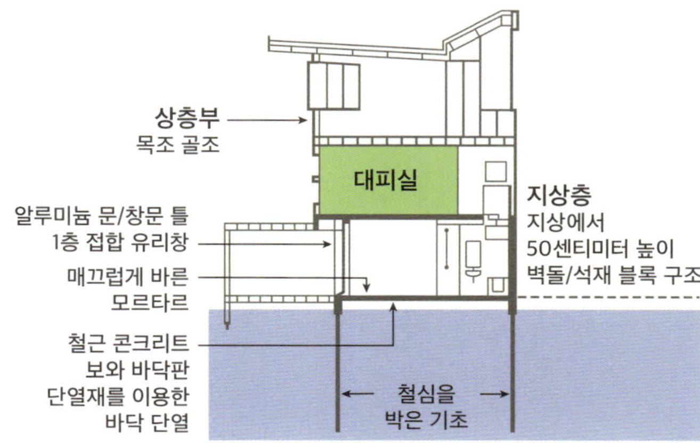

세계의 자연재해 위험

인류 사회의 수많은 위험 가운데 자연적인 원인에서 비롯된 위험이 있다. 이러한 위험은 재난을 촉발할 수 있지만, 각 사회의 발전 정도에 따라 끼치는 영향은 다르다.

자연적 위험은 우선 자연재해 위험 요인과 관련된다. 이 위험 요소들이 인류 사회에 영향을 미칠 수 있을 때 우리는 그것을 '위험'이라고 부르며, 파괴를 가져올 때는 '재난'이라고 부른다.

기후와 관련한 자연적 위험으로는 가뭄, 폭풍, 홍수를 들 수 있다. 산악 지대에서는 지진, 화산 폭발, 산사태(낙석)와 눈사태를 자연재해로 꼽을 수 있다.

선진국은 위험을 더 많이 예방하고, 이에 더 잘 대처할 수 있는 기반시설을 보유하고 있다. 그곳에서는 재난이 일어나도 덜 파괴적일 수 있다. 자연적 위험은 2011년 일본의 후쿠시마처럼 기술적 위험과 결합될 수도 있다. 당시 강력한 지진이 쓰나미를 일으켰고, 이는 핵발전소 폭발로 이어졌다.

에트나 화산(이탈리아의 시칠리아)
에트나는 세계에서 가장 왕성하게 활동하는 화산에 속한다. 그러나 사람들이 그 활동을 가장 철저하게 감시하는 화산이기도 하다.

세계의 수자원

푸른 행성(지구)에서 물의 오직 2.6퍼센트만이 담수이며 즉시 마실 수 있다. 그리고 이 물의 0.014퍼센트만을 쉽게 얻을 수 있다(지표수). 이 자원은 인류에게 필수적이지만, 지구상에 매우 불균등하게 분포되어 있다. 그래서 일부 지역은 '물 부족 압박'을 받고 있다.

물은 닫힌 회로를 순환하면서 다시 사용 가능한 상태로 돌아오지만, 그 분포는 지역과 계절에 따라 불균등하다. 대략 육지의 20퍼센트는 건조 지대다.

도시화와 생활환경 개선에 따라 담수 소비가 증가하고 있으며, 특히 농업(관개), 산업, 관광 부문에서 두드러진다. 가정의 물 사용(마실 물, 음식 준비, 위생을 위한 직접 소비)은 전체 소비량의 8퍼센트만을 차지한다.[18]

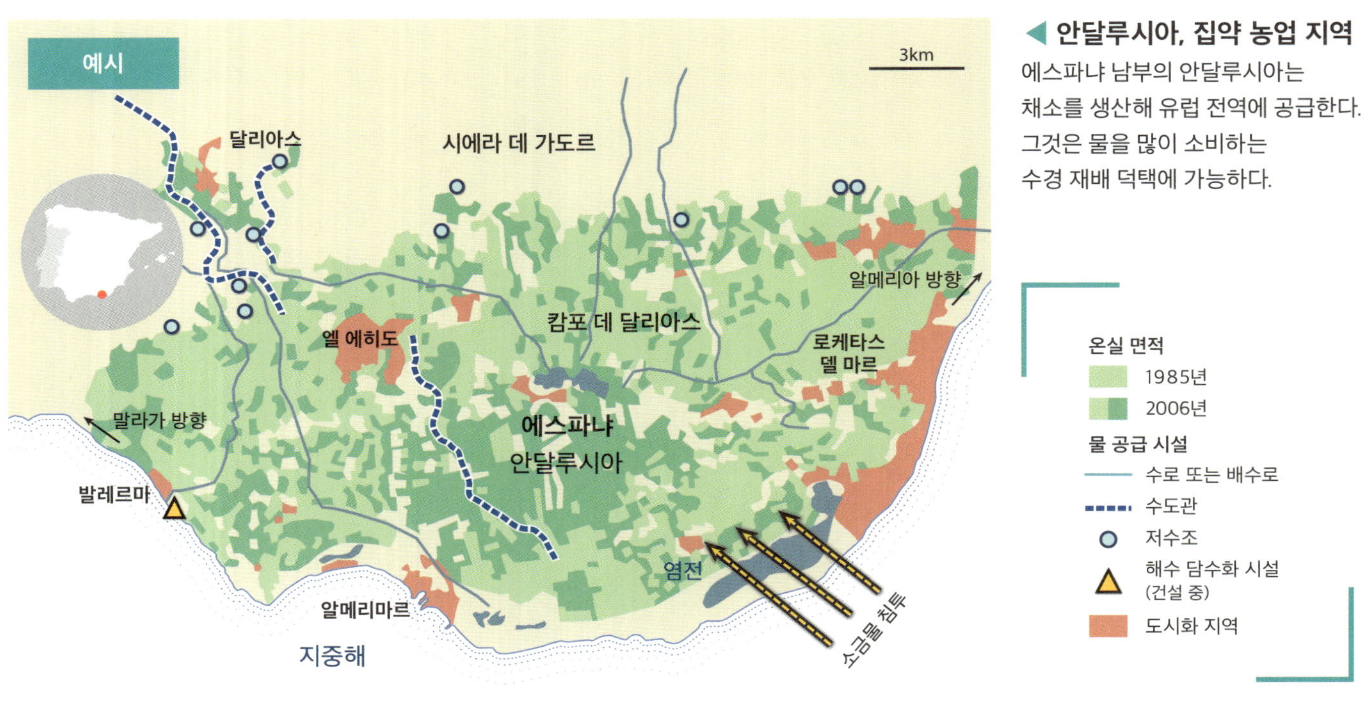

◀ **안달루시아, 집약 농업 지역**

에스파냐 남부의 안달루시아는 채소를 생산해 유럽 전역에 공급한다. 그것은 물을 많이 소비하는 수경 재배 덕택에 가능하다.

▼ **세계 강수량**

강수량의 분포는 세계의 지역과 기후에 따라 매우 불균등하다. 적도와 온대 지역 같은 일부 지역의 강수량은 매우 풍부하다.

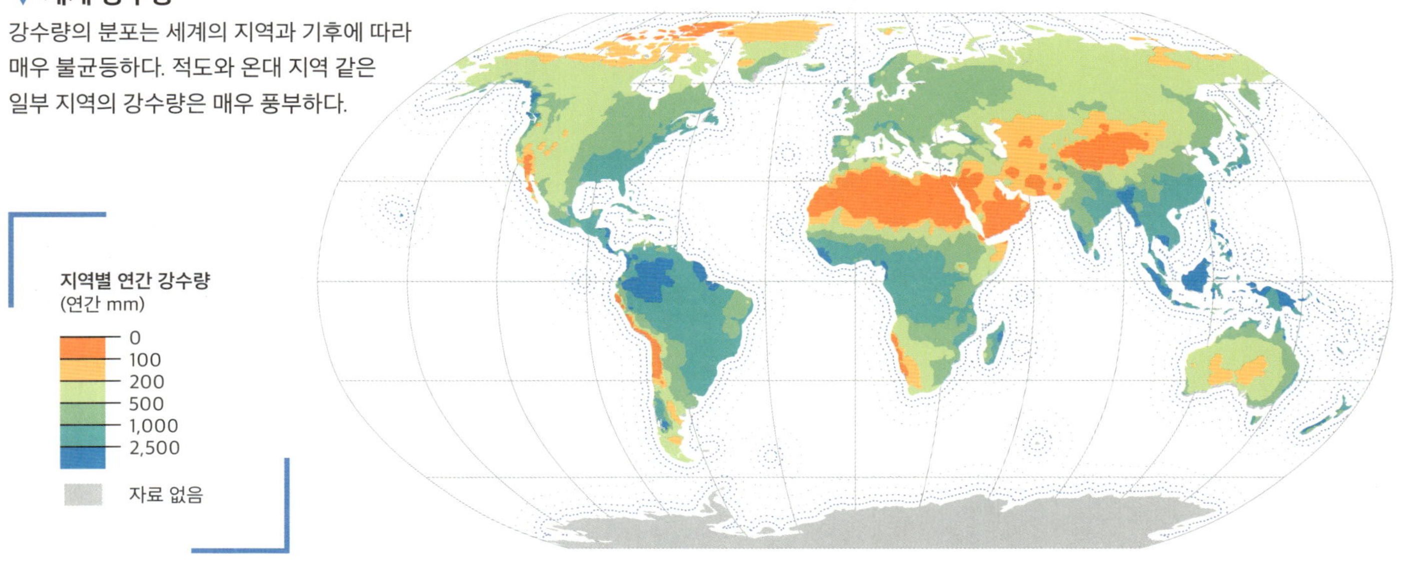

세계적으로 6억 명이 마실 물을 얻지 못하고 있으
며, 이 자원에 접근하기 위한 시설들이 늘어나고 있
다(관개, 댐, 해수 담수화 시설).

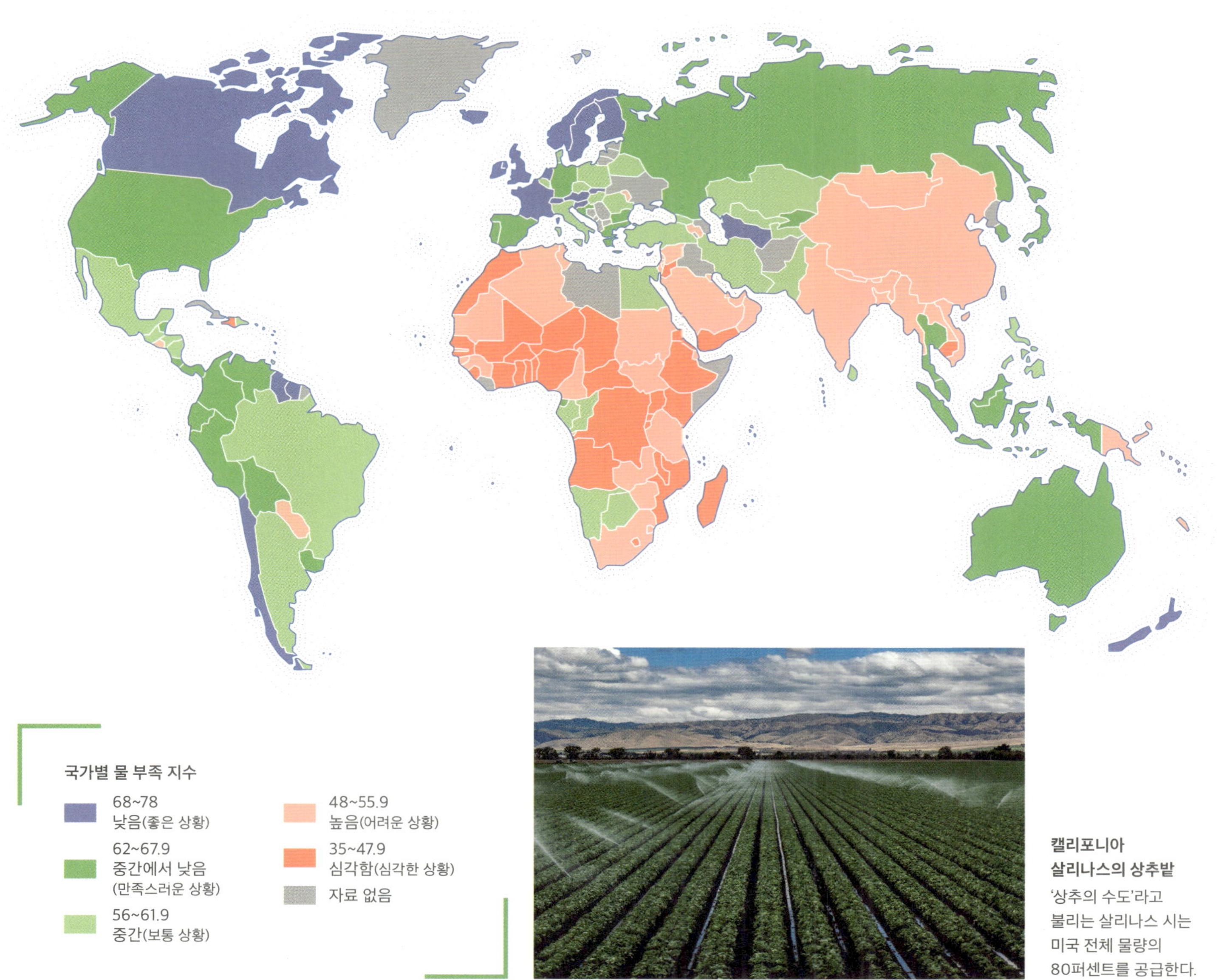

카체댐(레소토)
남아프리카공화국에
식수와 농업용수를
공급할 목적으로
1996년에
건설한 댐이다.

국가별 물 부족 지수

- 68~78
  낮음(좋은 상황)
- 62~67.9
  중간에서 낮음
  (만족스러운 상황)
- 56~61.9
  중간(보통 상황)
- 48~55.9
  높음(어려운 상황)
- 35~47.9
  심각함(심각한 상황)
- 자료 없음

**캘리포니아
살리나스의 상추밭**
'상추의 수도'라고
불리는 살리나스 시는
미국 전체 물량의
80퍼센트를 공급한다.

▲ **세계 수자원**

'물 부족 지수'는 인구가 이 필수 자원을 매우 불균등하게 이용하는 현실을 보여준다.
이 분포는 물을 더 쉽게 얻을 수 있게 만들거나 불가능하게 만드는 개발 조건에 따라 달라진다.

▼ 세계의 재생 불가능한 에너지 자원

에너지 자원에 대한 접근은 국가의 에너지 생산 독립에 반드시 필요하다.
이 자원들은 불균등하게 분포되어 있으며, 이는 수많은 거래뿐만 아니라 국제적 갈등의 원인이기도 하다.

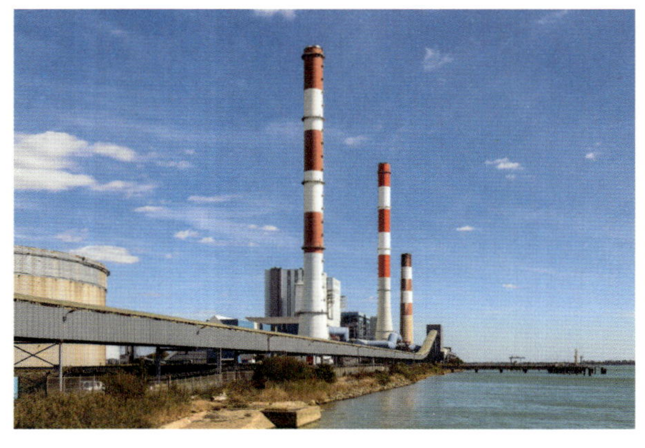

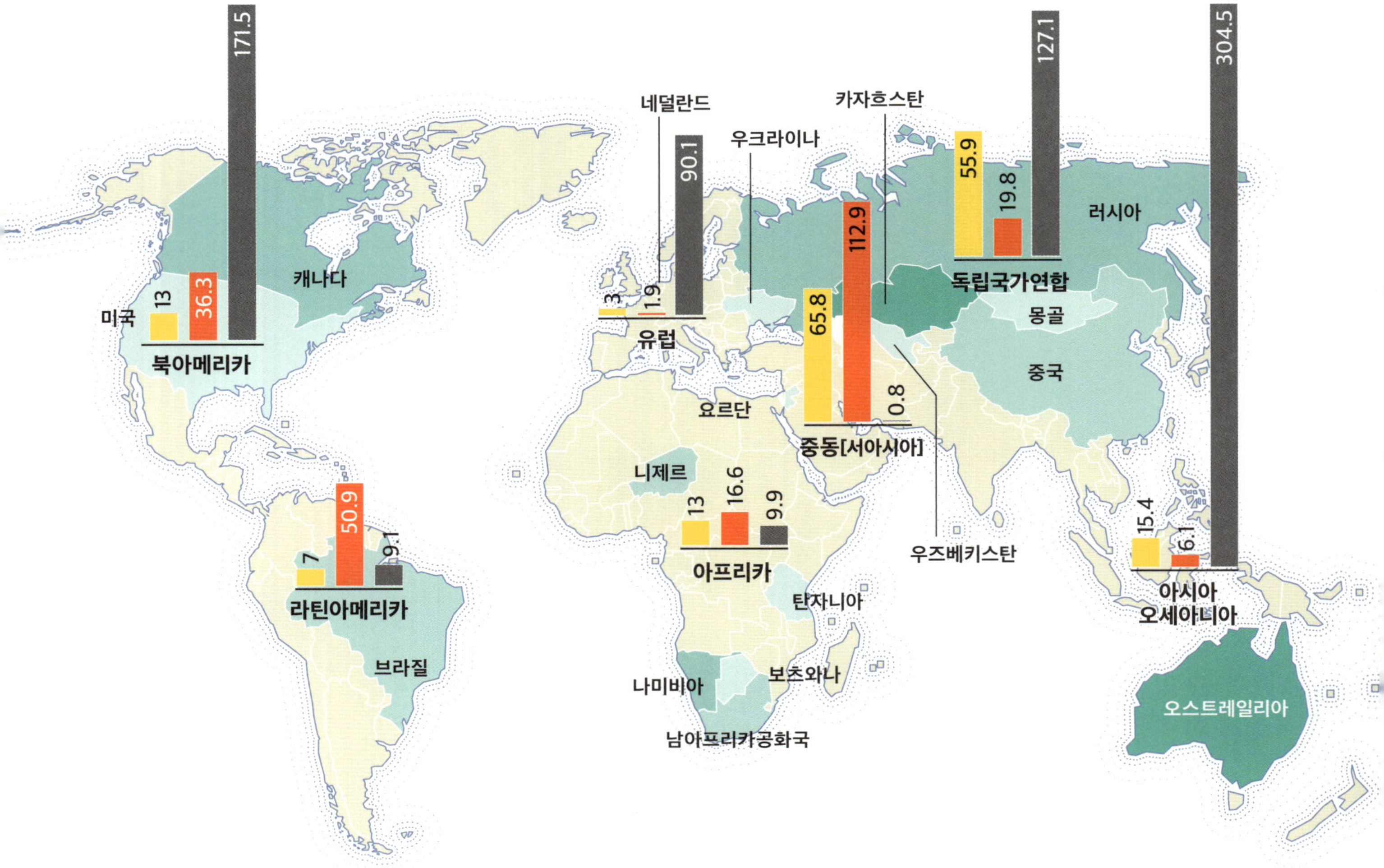

국가별 확인된 우라늄 자원
(세계 자원 대비 %)

- 15 이상
- 7~10
- 3~6
- 1~2
- 없음

세계 확인 매장량
(지역별 단위: 10억 텝[19])
2020년 1월 1일 기준

- 천연가스
- 원유
- 석탄

코르드메 발전소 (프랑스)

이 발전소는 석탄으로 가동되었지만, 오염 물질을 많이 배출하기 때문에 폐쇄하기로 결정했다.[20]

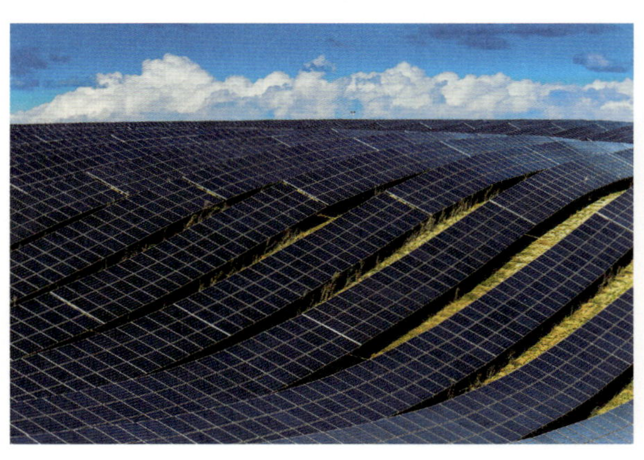

라 콜 데 메 태양광 발전 단지(프랑스)

프랑스 남동부의 200헥타르 단지이며, 국내 최대 규모다.

세계의 에너지 자원

사람들은 다양한 에너지 방식을 활용해 이동하고, 난방하고, 식량을 얻고, 빛을 얻는다. 에너지는 산업혁명 이후로 종류가 많아지고 다양해졌다. 하지만 사람들은 재생 에너지든 아니든, 에너지를 사용하는 문제를 다각도로 연구한다.

노르망디 풍력 터빈 단지
사람들은 바람의 기계적 에너지를 전기 에너지로 변환해 풍력 에너지를 생산한다. 풍력은 프랑스의 주요 재생 에너지원 중 하나다.

우리는 에너지 자원을 크게 두 범주로 분류한다.

재생 불가능한 에너지란 석유, 가스, 석탄처럼 매장량이 제한된 에너지원이다. 인간은 이 같은 자원을 1세기 이상 매우 광범위하게 개발해왔다. 그 결과, 대기 중에 이산화탄소를 배출하면서 기후변화를 가져왔다.

이와 반대로, 재생 에너지란 자원이 비교적 빠르게 재생되어 생산 주기에 다시 진입할 수 있는 에너지원을 말하며, 여기에는 물, 나무, 바이오매스[유기물 자원]뿐만 아니라 바람과 태양도 포함된다.

인간은 이 모든 에너지 자원을 활용해서 발전소를 가동하고, 이 발전소는 우리의 일상생활이나 운송 수단 같은 기계에 필요한 전기를 생산한다.

▼ 재생 에너지 생산

인류는 에너지 생산을 다양화하고, 외부 의존도를 줄이기 위해 태양, 물, 바람 같은 재생 에너지원을 적극적으로 활용한다.

태양광

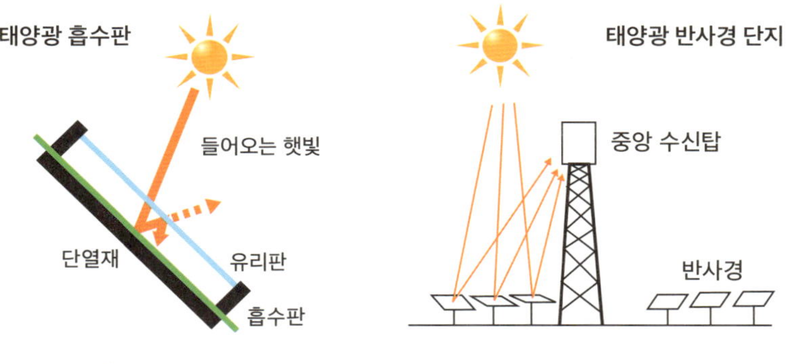

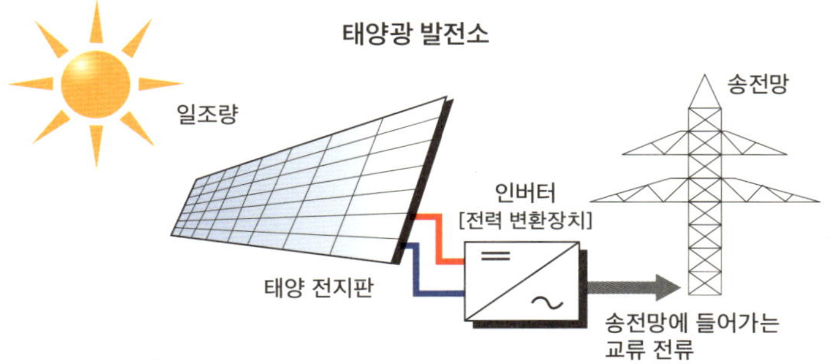

수력발전 댐

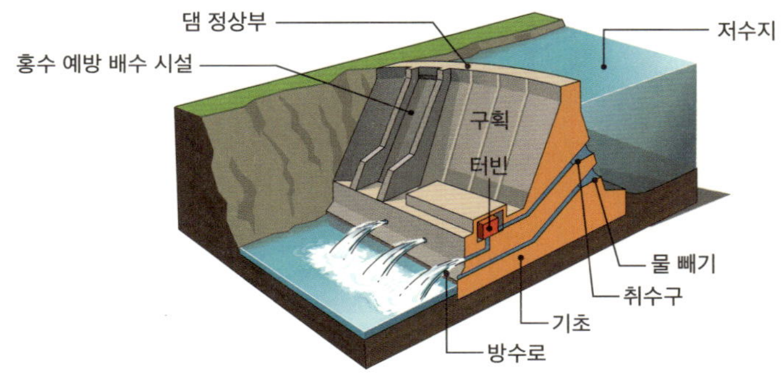

풍력

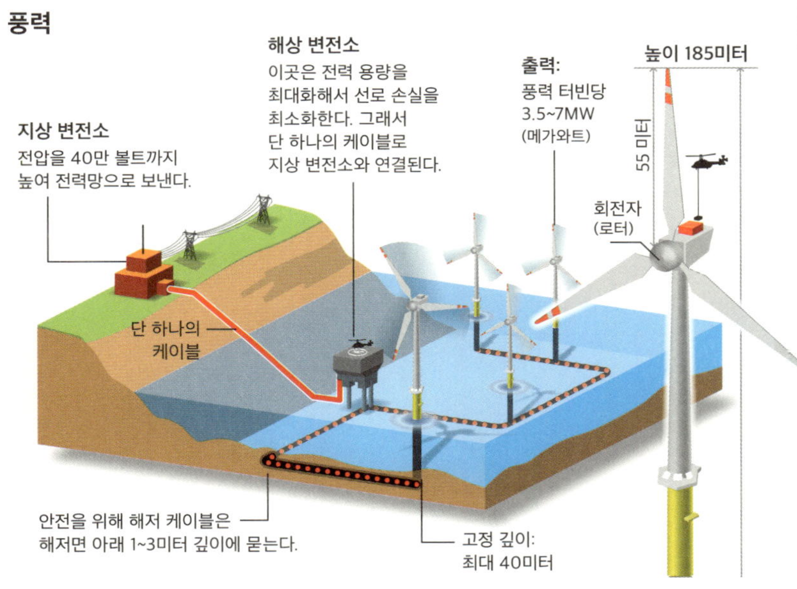

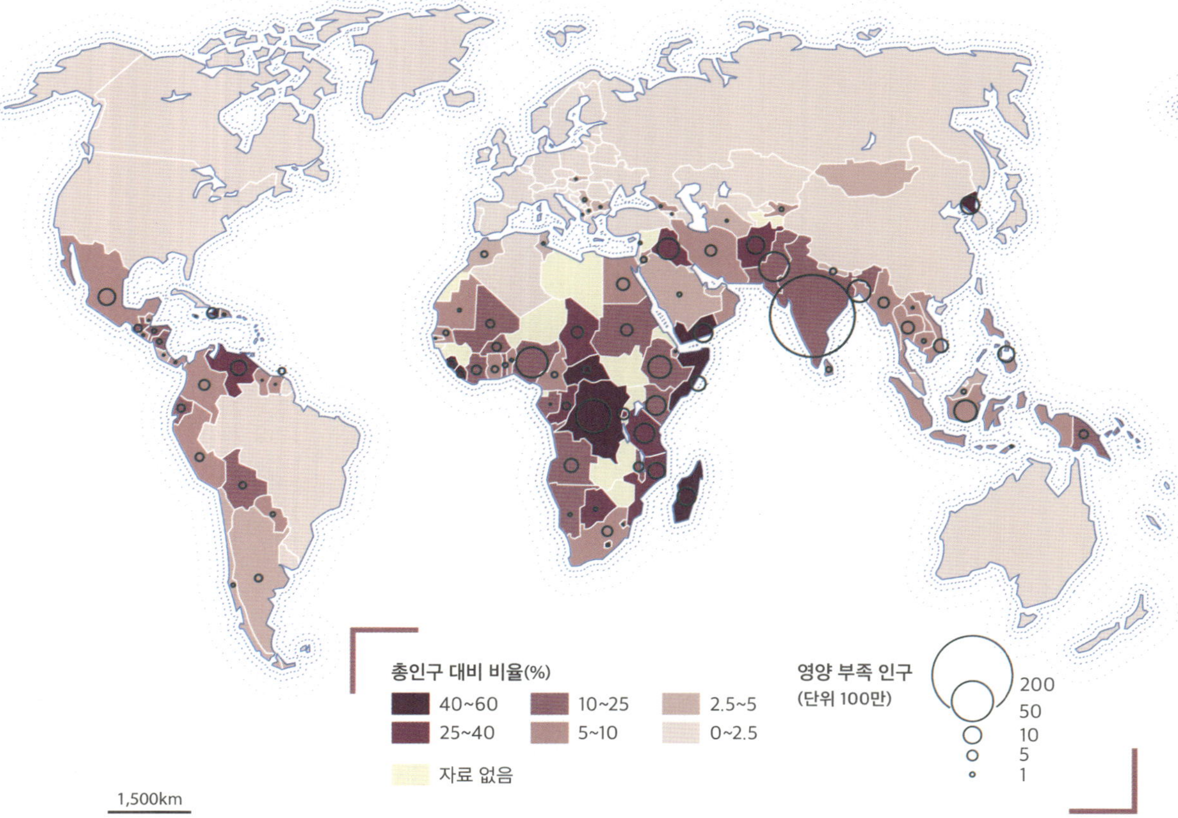

▲ **세계의 영양 부족**

세계 인구의 상당수는 경제력과 농업 자원도 부족해서 충분한 식량을 이용하지 못한다.
이러한 지역에서는 경제와 환경의 위기 때문에 식량이 더욱 부족해질 수 있다.

세계의 경작지 ▶

인류는 농업으로 식량을 공급받는다.
사람들은 지리적 제약(건조, 산악, 추위)이
많은 광대한 공간들을 경작하지 않는다.
가장 많이 경작하는 지역은 대개
생산성 높은 기계화 농업이 이루어지며
국제 무역과 통합된다.

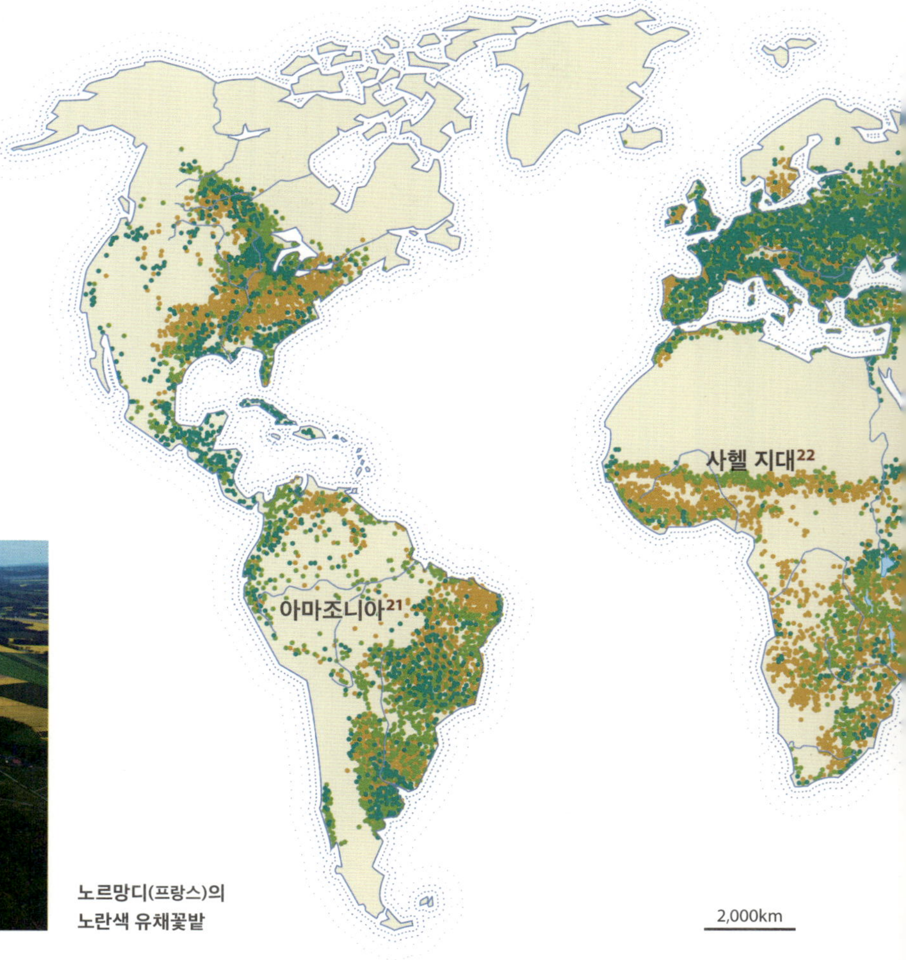

노르망디(프랑스)의
노란색 유채꽃밭

세계의 식량 자원

인류는 기본적으로 식량을 섭취해야 한다. 그러나 세계적으로 식량은 양과 질에서 매우 불균형하고, 항상 부족하다.

식량 안보란 충분하고 건강하고 영양이 풍부한 음식을 섭취하고, 각자 활기차게 활동할 수 있는 상태를 뜻한다. 이것은 세계 발전의 기본 특성에 속한다.

개인이 필요한 음식을 확보하지 못할 때, 식량의 취약성이나 영양 부족이라고 말한다. 2023년 세계 인구의 9퍼센트 남짓한 사람(모두 7억 3,500만 명)이 이러한 상태에 있고, 이 수는 코로나19 팬데믹 이후 늘어났다. 특히 아프리카, 라틴아메리카, 남아시아의 인구의 경우가 그렇다.

세계 인구의 일부는 다른 방식으로 영양의 불균형을 겪고 있다. 2019년 8억 명이 영양 과다이며, 특히 선진국에서 비만증 문제로 나타난다.

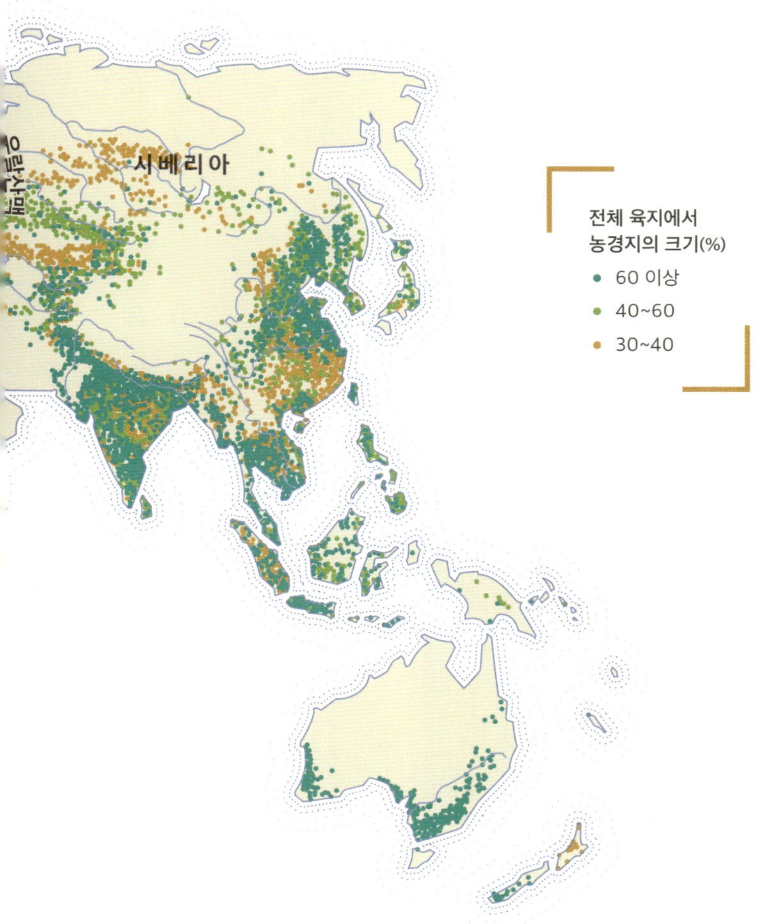

▲ 세계의 비만율

영양 부족과 반대로 비만은 필요 이상으로 너무 많은 음식물을 섭취하는 사람에게 일어나는 건강 장애다.

노르웨이 연어 양식장
노르웨이는 세계 주요 양식 연어 생산국으로서 해마다 100만 톤 이상 생산한다.

세계 인구 분포의 불균등

남극 대륙을 제외하고, 사람들은 모든 육지에 정착하고 있다. 하지만 인구 밀집 지역과 인구가 희박한 지역의 분포는 큰 차이가 있다.

❶ 뭄바이(인도)
거의 1,300만 명이 사는 뭄바이는 인도에서 가장 인구가 많은 도시다.

불균등하게 채워진 지구 ▶

인구 밀집 지역과 달리, 지리적 제약이 큰 공간들이 확연히 눈에 띈다.

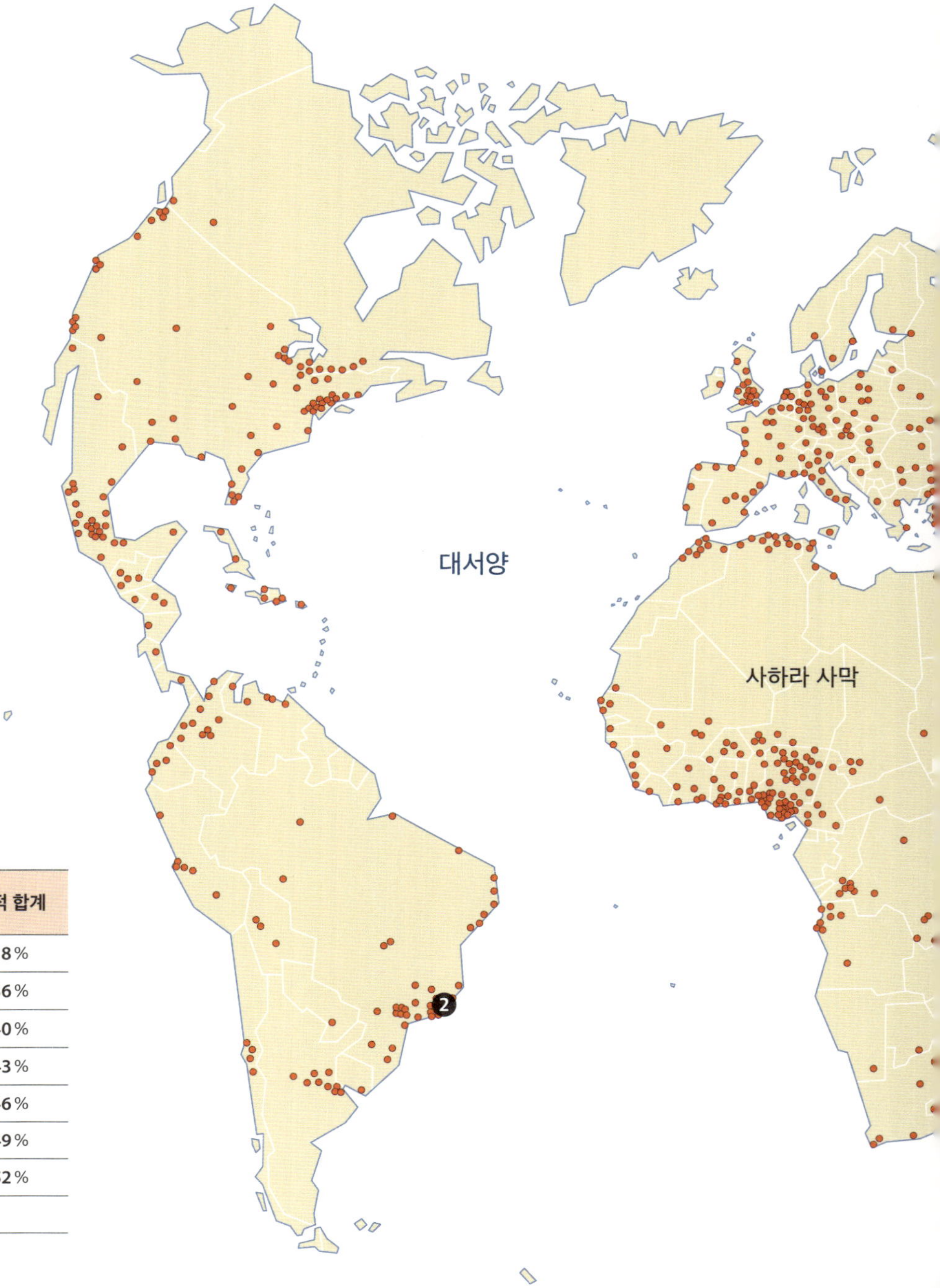

2022년 세계 인구의 절반 이상인 7개국

	인구 (단위: 100만 명)	세계 인구에서 차지하는 크기	누적 합계
중국	1,426	18 %	18 %
인도	1,417	18 %	36 %
미국	338	4 %	40 %
인도네시아	276	3 %	43 %
파키스탄	236	3 %	46 %
나이지리아	219	3 %	49 %
브라질	215	3 %	52 %
세계 인구	7,975		

평균 인구 밀도는 제곱킬로미터당 58명이다. 하지만 인구는 육지에 골고루 분포되지 않았다. 인구 밀도가 높은 밀집 지역이 있는 반면, 이와 반대로 인구가 매우 희박한 인간 사막도 있다.

4개의 주요 인구 밀집 지역(동아시아, 남아시아, 서유럽, 동남아시아)과 4개의 부차적 인구 밀집 지역이 세계 인구의 75퍼센트 남짓을 차지한다. 이와 반대로 사하라 사막이나 히말라야와 같이 사람이 거의 살지 않는 지역(인구 희박 지역)도 존재한다.

현재의 인구 분포는 과거 정착 역사의 영향을 크게 받았지만, 사람들은 기후 조건이나 지형 같은 요인들과 사회의 개발 능력으로도 그 이유를 설명한다.

❷ 파벨라는 언덕에 건설한 빈민촌이며, 도시 전체 인구의 23퍼센트에 가까운 150만 명이 살고 있다.

❸ 부시(오스트레일리아)
오스트레일리아의 부시는 약 80만 제곱킬로미터나 되며, 세상과 단절된 매우 고립된 지역이다.

❹ 호치민 시(베트남)
베트남에서 가장 중요한 도시이며, 약 900만 명이 살고 있다.

▼ 세계의 도시 인구

세계 모든 곳에서 도시화가 일어나지만, 그 수준은 불평등하다. 미국과 유럽의 나라들에서는 도시 인구가 대다수를 차지한다.
아프리카 국가들은 별로 도시화하지 못했음에도, 도시 인구는 폭발적으로 늘었다.

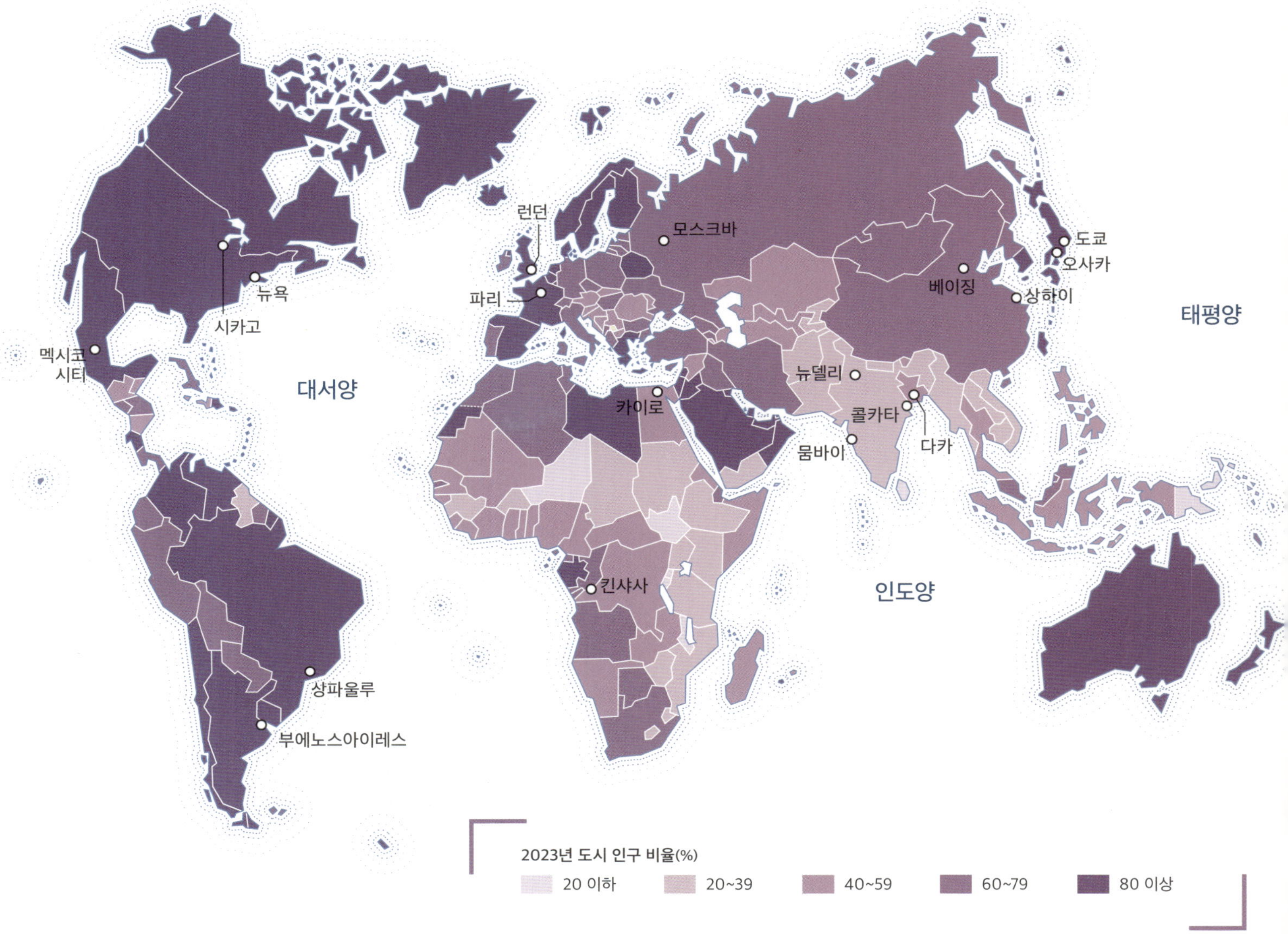

뭄바이의 아파 파다 빈민가(인도)
이 판자촌의 거주민들은 매우 불안정한 환경 속에서 생활하고 있다.

메릴랜드 부촌의 대칭적인 거리(미국)
커다란 단독 주택들은 미국의 부유한 중산층의 대표적 주거 형태다.

세계에서 가장 인구가 많은 10대 도시의 변화(단위 100만 명)

1950년
뉴욕 12.3
도쿄 11.3
런던 8.4
파리 6.5
상하이 6.1
모스크바 5.4
부에노스아이레스 5.1
시카고 5.0
콜카타 4.5
베이징 4.3
2015년
도쿄 37.3
뉴델리 25.9
상하이 23.5
멕시코 21.3
상파울루 20.9
뭄바이 19.3
오사카 19.3
카이로 18.8
뉴욕 18.6
베이징 18.4
2035년*
뉴델리 43
도쿄 36
상하이 34
다카 31
카이로 29
뭄바이 27
킨샤사 27
멕시코 25
베이징 25
상파울루 24
* 예상 수치
북아메리카
라틴아메리카
아프리카
아시아
유럽

1900~2035년 세계 대도시의 증가

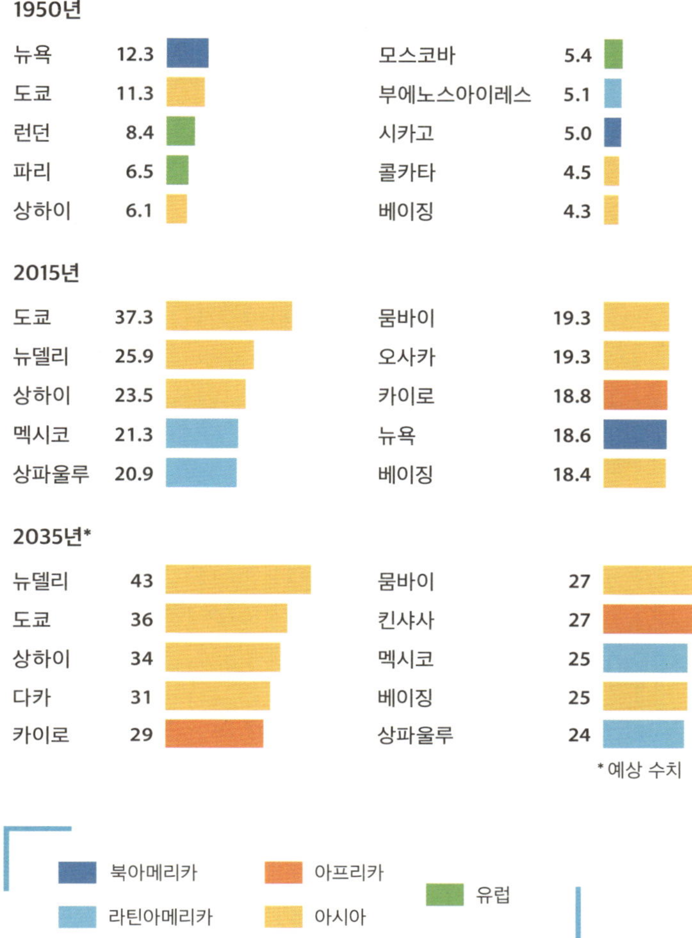

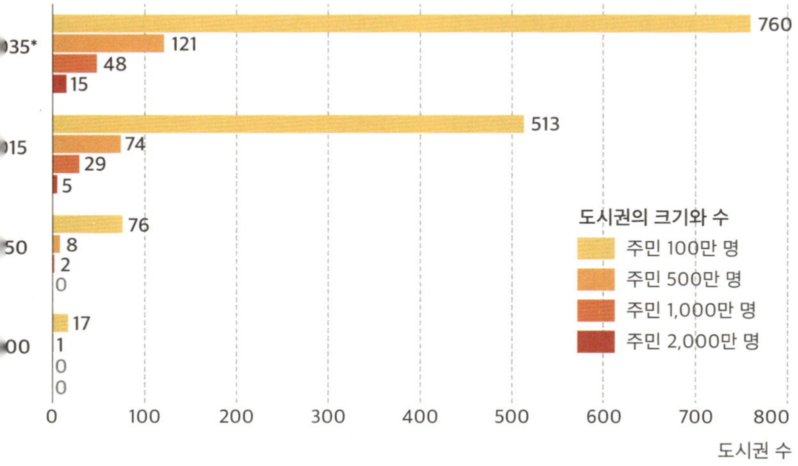

35*
760
121
48
15
15
513
74
29
5
50
76
8
2
0
00
17
1
0
0
0
100
200
300
400
500
600
700
800
도시권 수
도시권의 크기와 수
주민 100만 명
주민 500만 명
주민 1,000만 명
주민 2,000만 명

* 예상 수치

세계의 도시화

19세기부터 21세기 사이에 인구 100만 명 이상의 도시가 크게 늘어나면서 세계는 빠르게 도시화되었다. 2007년 이후로 세계의 도시 인구는 농촌 인구보다 더 많아졌으며, 현재 전체의 55퍼센트가 도시에 살고 있다.

도시화란 농촌이 도시로 변모하는 현상을 의미한다. 도시화는 세계적으로 증가하고 있지만, 그 정도가 불균등하다. 현재, 대규모 농촌 인구가 도시로 이주함으로써 도시 인구가 급증하고 있다. 특히 아프리카와 아시아와 같이 도시화율이 가장 낮은 지역에서도 이 같은 현상을 볼 수 있다.

도시는 나라마다 다른 모습이다. 원래 다양한 시대의 역사를 간직한 동네가 도심을 이루고, 그 곁에 북아메리카 모델을 기반으로 건설된 상업 지구가 건설되어 도시 권력의 상징이 되었다. 이러한 다양한 규모의 교외 중심가를 중심으로 심각한 사회경제적 불평등이 계속해서 커지고 있다. 북아메리카 모델의 교외 주택은 널리 퍼져 있지만, 저개발 국가에서는 거대한 판자촌도 있다.

도쿄의 신주쿠 구역
수많은 술집과 식당이 있어
항상 사람들이 붐비는 곳이다.

Yakult
DHC
たった
一滴で

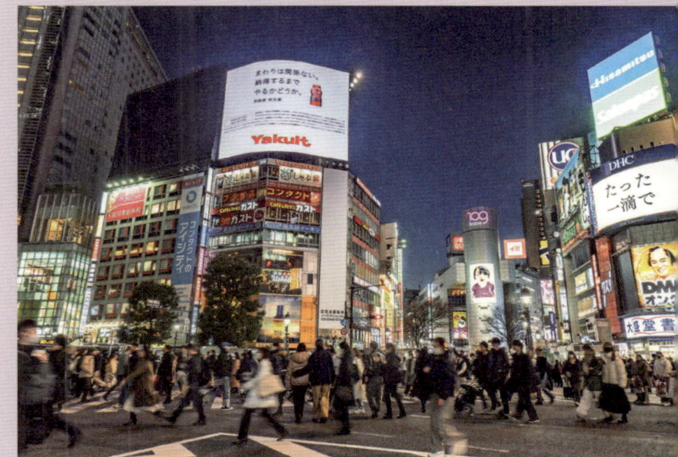

▼ 세계의 대도시들

경제뿐만 아니라 정치와 문화의 힘을 두루 갖추었기 때문에 세계적인 영향을 끼치는 도시가 있다.
그러한 도시들은 주로 아메리카, 유럽, 동아시아에 있다.

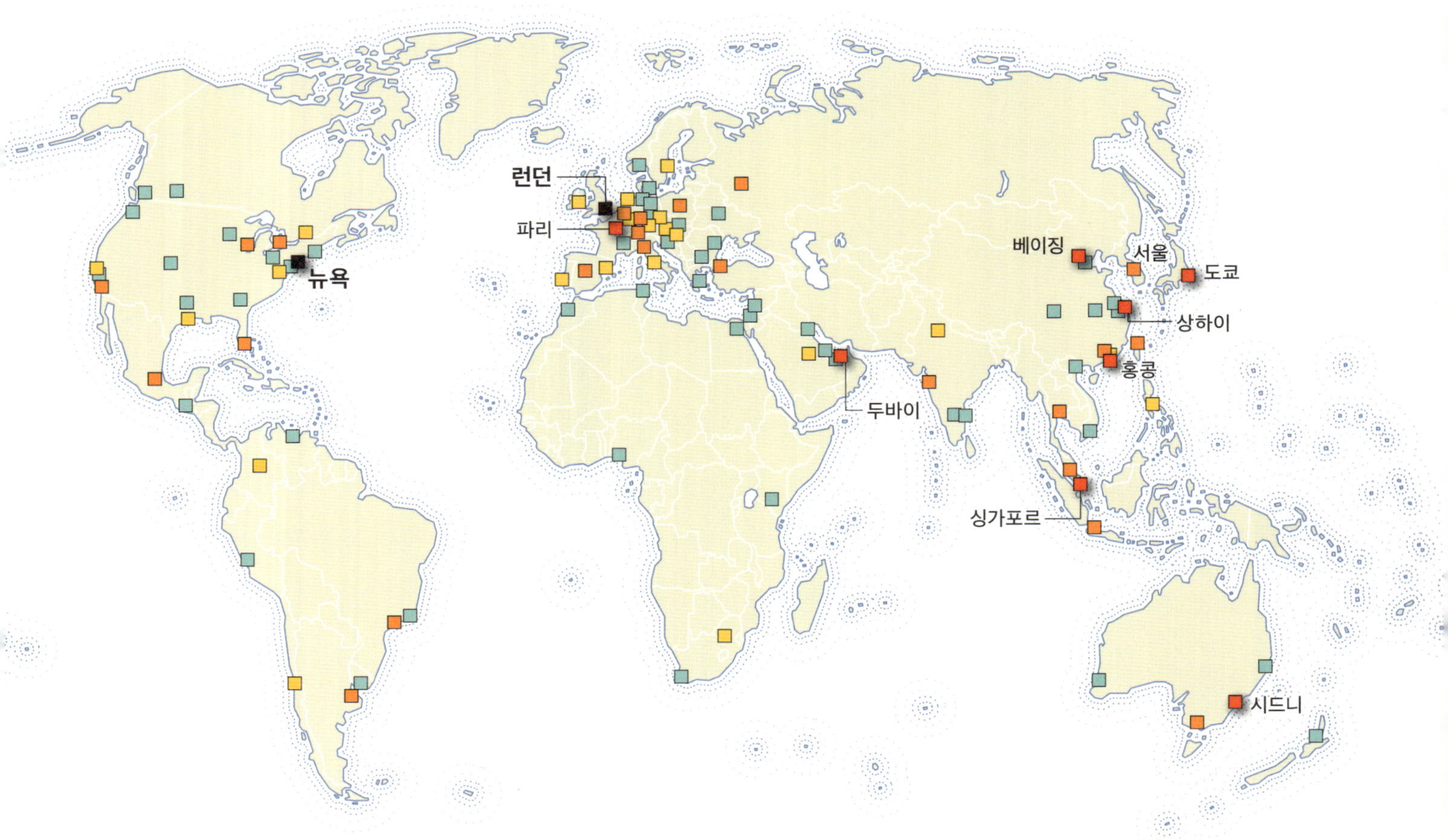

■ 알파++ : 가장 높은 수준의 세계적 영향력을 가진 도시
■ 알파+ : 강한 세계적 영향력을 가진 도시
■ 알파 : 세계 경제에서 주요한 역할을 하는 도시
■ 알파- : 세계 경제에서 주요한 역할을 하는 도시
■ 베타+, 베타 : 지역 환경에서 중요한 역할을 하는 도시

예시

세계의 두 대도시 ▶

사람들은 싱가포르와 킨샤사가 세계화에
통합된 정도와 경제 발전 수준에 따라
세계적 영향력을 다르게 행사한다는 것을 알 수 있다.

싱가포르
마리나 베이 구역의
마천루를 보면서
이 섬나라가 세계적인
금융 중심지임을
알 수 있다.

브라자빌
(콩고민주공화국)
브라자빌은 콩고강의
항해 가능 지역과
가깝기 때문에 상공업
도시로 발전할 수 있었다.

세계와 불균등하게 연결된 도시들

도시들은 자신들의 힘을 키우고 더 많은 인구와 기업을 유치하기 위해 세계적인 경쟁을 벌이고 있다. 이러한 세계적 대도시들은 마치 섬들의 무리처럼 연결되어 있다.

세계적 대도시들은 국제적인 매력을 확보하기 위해 다양한 노력을 기울인다. 이 도시들은 전 세계의 숙련된 인재와 학생들을 유치하고, 국제적인 기업을 끌어들이며, 세계적인 경제·스포츠·문화 행사를 개최하고, 나아가 자신들의 교통망을 발전시키려고 노력한다.

이 도시들은 마치 섬들의 무리인 '군도'를 형성하듯 서로 인구, 자본, 상품의 매우 많은 흐름을 바탕으로 특별한 관계를 발전시키고 있다.

사람들은 세계에서 가장 강력한 도시를 결정하기 위해 여러 가지 순위를 매긴다. 뉴욕, 런던, 파리, 도쿄가 주요 메트로폴리스[거대 중심 도시]에 속하고, 서울, 상하이, 두바이, 싱가포르 같은 도시들은 저마다의 매력을 발전시키고 있다.[24]

두바이(아랍에미리트)
두바이는 명품 쇼핑,
초현대적인 건축, 활기찬 밤 문화로 유명하다.
그리고 국제적인 부유층 손님을
적극적으로 유치하려고 노력한다.

싱가포르, 주민 600만 명의 세계적 대도시(위)

킨샤사, 주민 1,700만 명의 조각난 대도시(아래)

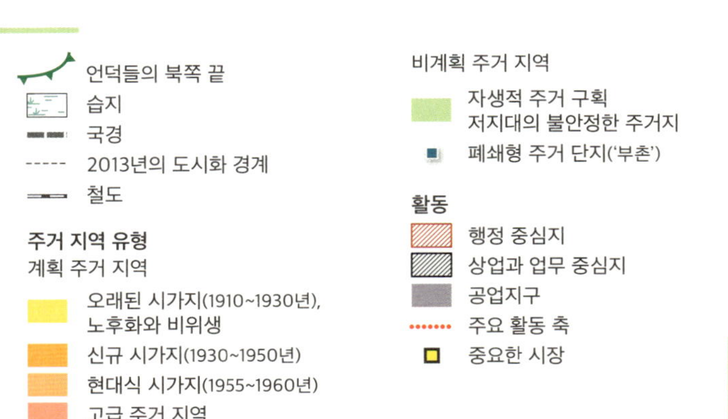

▼ 프랑스, 대규모로 도시화한 영토
프랑스는 대부분 도시가 지배하는 영토가 되었다.
중심에서 도시들을 연결하고 있는 파리는 세계적 대도시에 속한다.

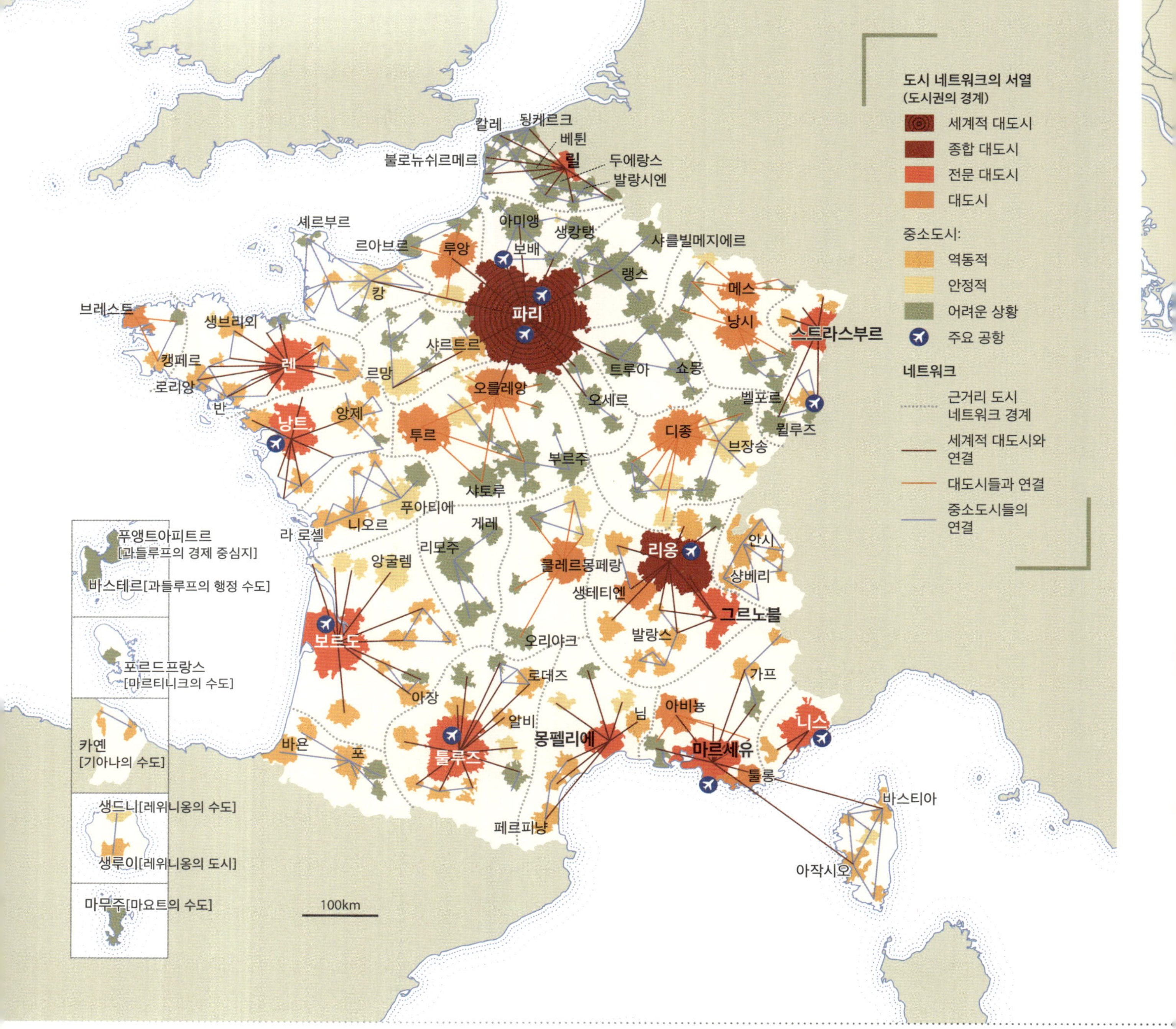

도시 네트워크의 서열
(도시권의 경계)
세계적 대도시
종합 대도시
전문 대도시
대도시
중소도시:
역동적
안정적
어려운 상황
주요 공항
네트워크
근거리 도시 네트워크 경계
세계적 대도시와 연결
대도시들과 연결
중소도시들의 연결

칼레
됭케르크
베튄
릴
두에랑스
발랑시엔
불로뉴쉬르메르
세르부르
아미앵
생캉탱
샤를빌메지에르
라아브르
보배
루앙
랭스
메스
낭시
스트라스부르
브레스트
생브리외
렌
캉
르망
샤르트르
오를레앙
트루아
쇼몽
벨포르
뮐루즈
캥페르
로리앙
반
낭트
앙제
투르
부르주
오세르
디종
브장송
라 로셀
니오르
샤토루
게레
푸아티에
안시
샹베리
앙굴렘
리모주
클레르몽페랑
리옹
보르도
생테티엔
그르노블
오리야크
발랑스
아장
로데즈
가프
바욘
포
알비
님
아비뇽
니스
몽펠리에
마르세유
툴루즈
툴롱
바스티아
페르피냥
아작시오

푸앵트아피트르
[과들루프의 경제 중심지]
바스테르[과들루프의 행정 수도]
포르드프랑스
[마르티니크의 수도]
카옌
[기아나의 수도]
생드니[레위니옹의 수도]
생루이[레위니옹의 도시]
마무주[마요트의 수도]

100km

▲ **마르세유, 지중해의 대도시**

지중해 연안의 마르세유는 중심부에 160만 명이 거주하는 대도시다.
이 도시는 종합적으로 활동을 집중시키는 한편, 광범위하게 단편화하고 있다.

리옹(왼쪽)

인구 53만 명인
리옹은 프랑스에서
세 번째로 큰 도시다

낭트

인구가 33만 명에
가까운 낭트는
프랑스에서 여섯 번째로
큰 도시이며, 서부에서
가장 큰 도시다.

프랑스의 도시

국립통계경제연구소INSEE는 프랑스 인구의 92퍼센트가 도시 중심부와 그 외곽으로 이루어진 도시 유인 지역에 거주한다고 발표했다. 도시들이 프랑스 영토를 지배하고 영향을 미치고 있는 것이다.

프랑스 영토는 매우 광범위하게 도시화되어 있으며, 대부분의 농촌 지역이 도시 중심부의 영향을 받고 있다. 도시 중심부에는 흔히 매우 오래된 역사 지구가 자리 잡고 있으며, 그 옆에는 다양한 수준의 서비스 활동을 모아놓은 하나 이상의 업무 지구가 있다. 그리고 사회경제적 불평등이 매우 심한 교외 지역이 이 중심부를 둘러싸고 있다. 이 도시 중심부를 넘어서는 외곽 지역이 농촌 지역으로 끊임없이 확장되고 있다.

프랑스 영토의 대부분은 대규모로 대도시화되었으며, 거대한 대도시들이 공간을 지배하고 있다. 이 중에서 파리는 국가적 범위를 훨씬 넘어서 세계적인 차원까지 영향을 미치고 있다. 파리 외에도 다른 대도시들(렌, 낭트, 보르도, 스트라스부르, 몽펠리에)은 적어도 지역적인 영향력을 행사하며, 리옹, 마르세유, 릴 같은 도시들은 유럽적 영향력까지 발휘하고 있다.

마르세유

광역 도시권을 제외한 단일 도시
기준으로 약 90만 명의 주민을
보유한 마르세유는 프랑스에서
두 번째로 인구가 많으며,
지중해 연안의 주요 도시다.

▼ 세계의 농업

옥수수, 밀, 쌀은 세계에서 생산되는 중요한 곡식이다.
그러나 생산 수준은 지역마다 다르다.

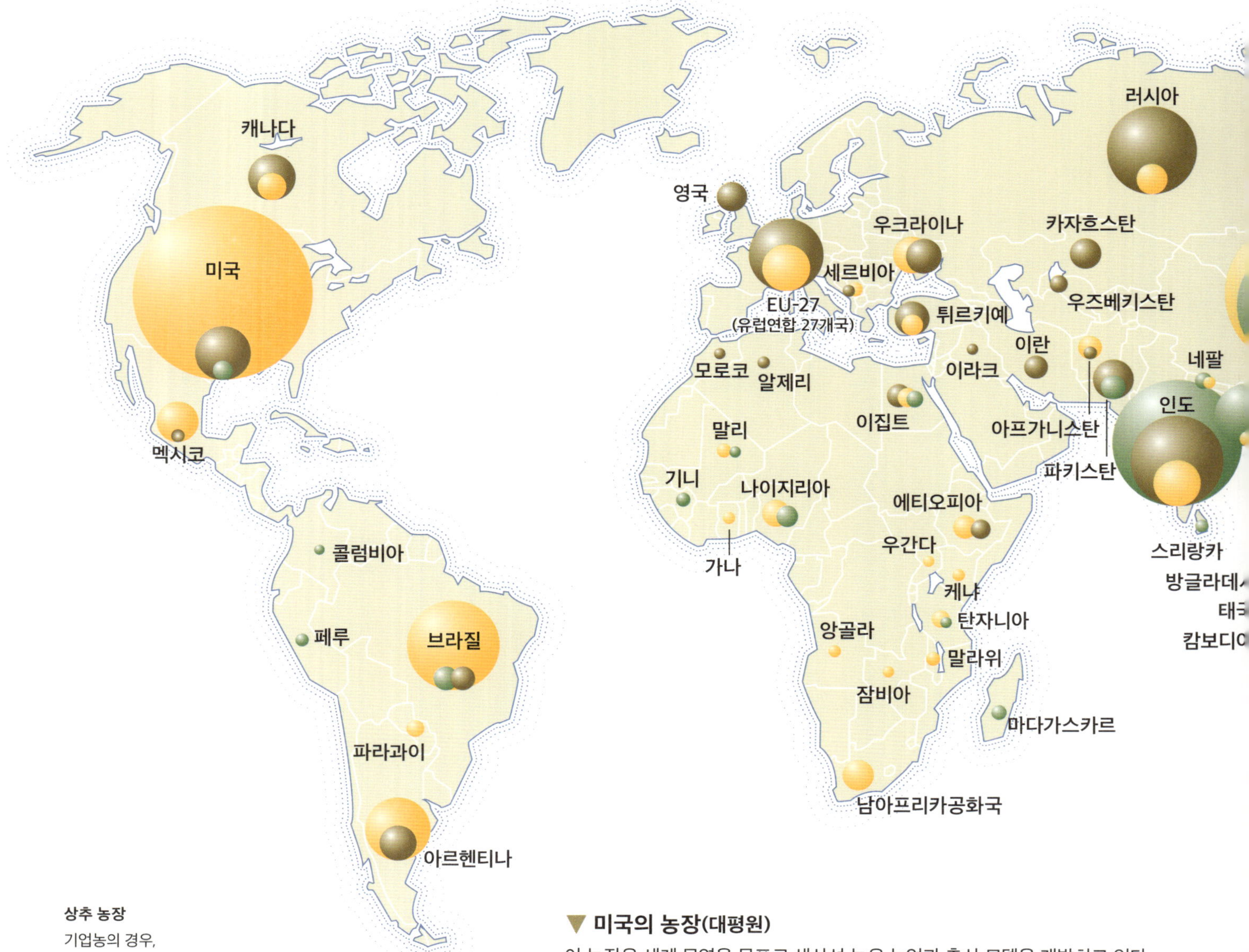

상추 농장

기업농의 경우,
대부분 기계의 힘을
활용하며, 농장마다
단일 작물을 기른다.

▼ 미국의 농장(대평원)

이 농장은 세계 무역을 목표로 생산성 높은 농업과 축산 모델을 개발하고 있다.
이곳에서는 광범위한 기계화와 관개 시스템을 발전시키고 있음을 볼 수 있다.

계단식 경작(베트남)
베트남인들은 쌀을 '계단식' 밭에서
경작한다. 경사지에 밭을
조성해 빗물이 토양 속으로
잘 스며들게 하고, 침식을 막고,
토양을 기름지게 만든다.

자바(인도네시아)의 밭
기계를 쓰지 않고
여성 홀로 밭에 손으로
비료를 뿌리고 있다.

자급자족 농사
자급자족 농사에서는
다양한 채소를 함께
기른다. 여기서는
옥수수, 감자, 호밀,
배추를 기른다.

세계의 다양한 농촌과 농사 환경

현재 30억 명이 농촌에 살고 있다. 세계적으로 도시 인구가 다수를 차지하고 있지만, 동남아시아와 아프리카에서 농촌 인구는 아주 많다.

세계 인구의 40퍼센트 남짓한 사람들이 농업에 종사한다. 사람들은 보통 상업적인 농업 공간과 자급자족을 위한 농사 공간을 구별한다.

첫 번째 유형인 기업농은 주로 가장 발달한 지역(북아메리카, 서유럽, 일본)에서 볼 수 있다. 이 지역들은 곡물 재배, 전문화된 작물 경작, 집약적인 축산과 연계된 농업으로 생산성을 증진한다.

소농업은 생산량이 높을 수 있다. 많은 사람을 먹여 살리는 중국의 벼농사가 좋은 예다. 반면에 인구 밀도가 낮은 지역(아마존, 북아프리카, 중앙아시아)의 생산량은 적다.

▼ 프랑스의 농촌 풍경과 보호 지역

프랑스는 본토와 해외 영토에 매우 다양하고 많은 농촌 지역을 보유하고 있다.
농업 활동은 농촌 풍경을 형성하며, 사람들은 이 풍경을 자연공원을 통해 보존하기도 한다.

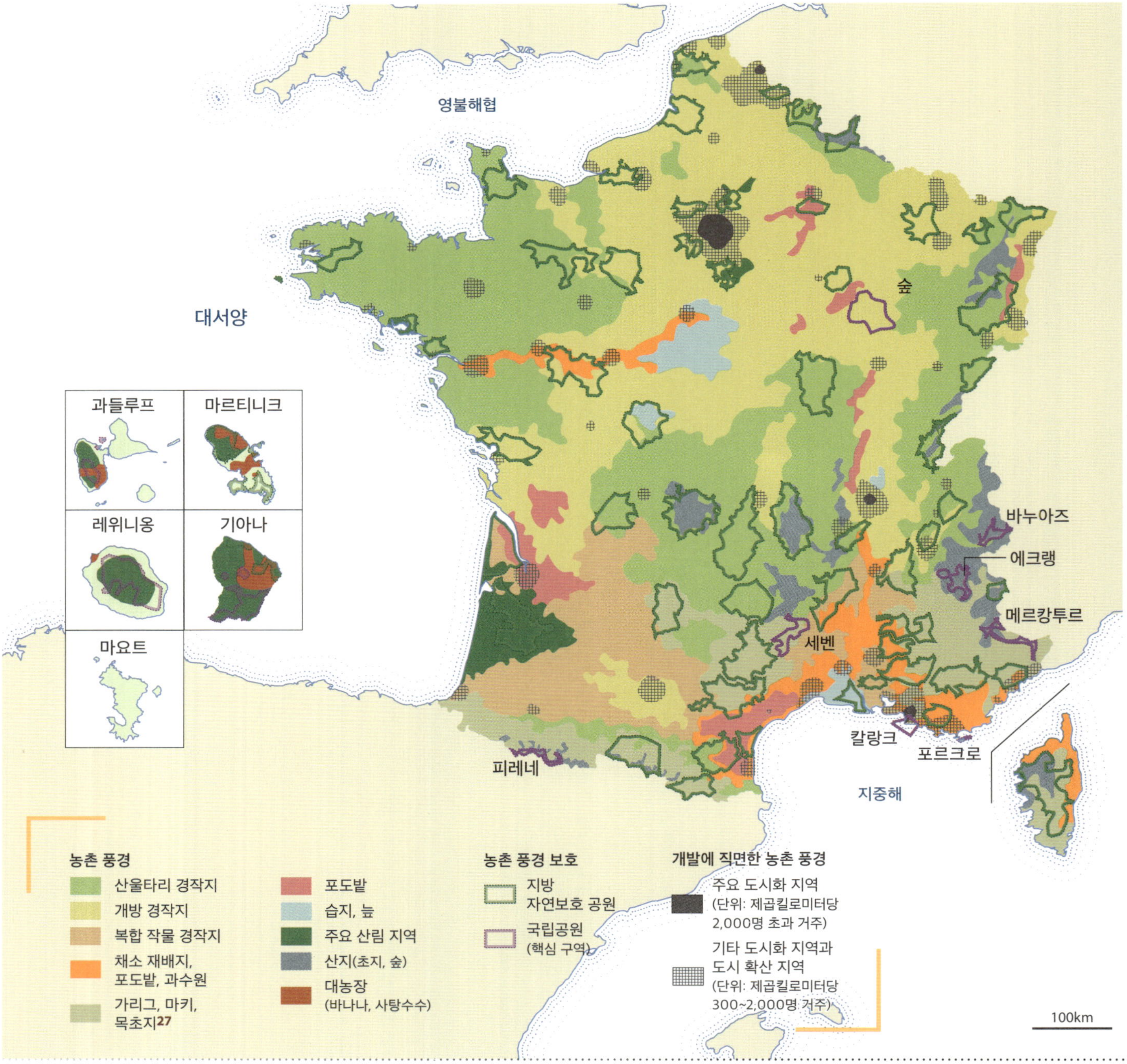
영불해협
대서양
숲
바누아즈
에크랭
메르캉투르
세벤
칼랑크
포르크로
피레네
지중해
과들루프
마르티니크
레위니옹
기아나
마요트
농촌 풍경
산울타리 경작지
개방 경작지
복합 작물 경작지
채소 재배지, 포도밭, 과수원
가리그, 마키, 목초지[27]
포도밭
습지, 늪
주요 산림 지역
산지(초지, 숲)
대농장 (바나나, 사탕수수)
농촌 풍경 보호
지방 자연보호 공원
국립공원 (핵심 구역)
개발에 직면한 농촌 풍경
주요 도시화 지역 (단위: 제곱킬로미터당 2,000명 초과 거주)
기타 도시화 지역과 도시 확산 지역 (단위: 제곱킬로미터당 300~2,000명 거주)
100km

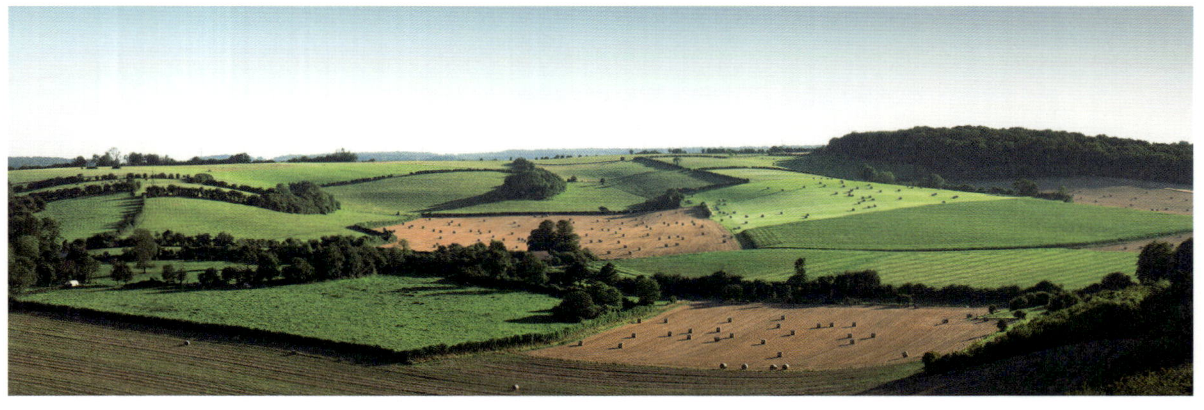

프랑스 북부 오팔의 곶과 늪지의 지방 자연보호 공원

프랑스 밭의
관개시설

▼ **브르타뉴의 농업**
이 농촌 풍경에서 농장과
도보 여행길, 관광의 흥미로운
중심지가 모여 있음을 볼 수 있다.

프랑스의
농업 공간

프랑스는 세계적으로 주요한 농업 강국이다. 유럽 최대의 생산국이자 세계 주요 농산물 수출국인 프랑스의 농업은 현재 여러 지역에서 전문화와 생산주의 모델에 대한 재평가 사이에서 깊은 변화를 겪고 있다.

파리 분지(바생 파리지앵)와 아키텐 분지의 넓은 평야 지대에서 곡물 경작을 하는 데서 보듯이, 프랑스의 일부 지역은 세계 수출을 목표로 전문적이고 집약적인 농산물 생산에 힘쓴다. 또한 지중해 연안과 강 유역에서는 수목 재배, 원예, 채소 재배, 포도 재배와 관련된 활동에 집중한다.

한편, 중산간 지역에서는 비교적 생산성이 낮은 복합 영농과 대규모 방목을 시행하고 있다.

오늘날 생산성만 강조하는 농업은 환경 문제와 기후 변화를 가져오기 때문에 이 모델을 재평가하고 있다. 그 영향으로 유기농업이 발전하고 있다.

옛 도시 돔Domme에서
본 도르도뉴 계곡

프랑스의 해외 영토

프랑스의 해외 영토는 모든 대양과 대륙에 존재한다. 이 영토들은 장점을 갖고 있지만, 지리적·사회적 제약이 발전을 가로막고 있다.

마르티니크의 바나나 농장

▼ 세계 속의 프랑스 해외 도(데파르트망)와 광역 행정구역(레지옹)

프랑스는 세계 모든 해양과 대륙에 영토를 가지고 있다. 해외 영토는 본국에서 멀리 떨어진 곳에 있거나 인구와 발전 수준에 차이가 있다.

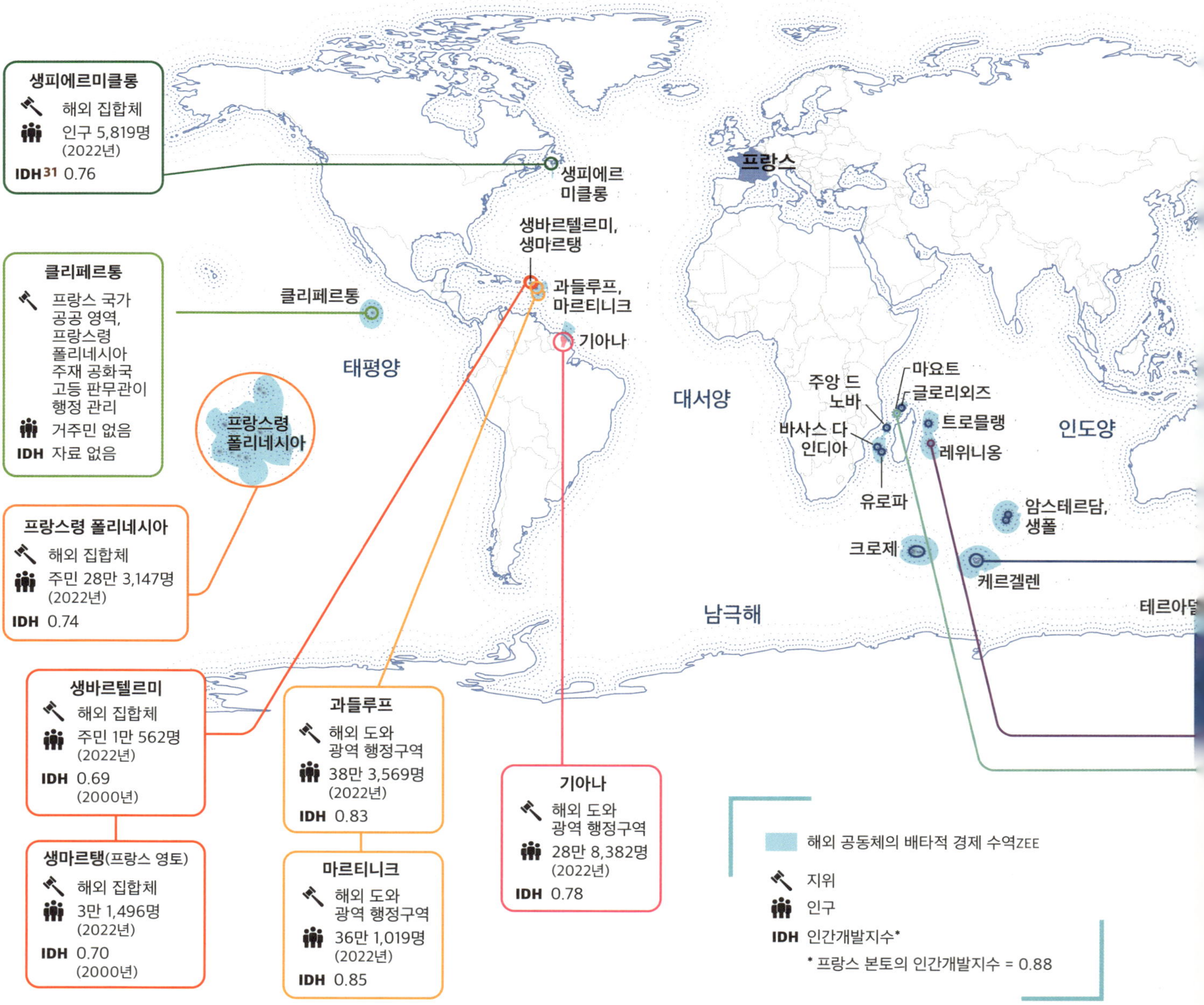

프랑스 사람들은 해외 도와 레지옹, 해외 집합체 또는 특별 지위를 가진 집합체 등 어떤 형태의 해외 영토라도 모두 본토에서 멀리 떨어져 있다는 사실을 알고 있다.

이 영토들은 지리적 제약이 많다. 주변 지역과 떨어져 있기 때문에 어려움을 겪는다. 섬이라는 특성, 열대 기후, 화산 활동 때문에 자연환경이 늘 우호적이지 않으며, 본토와 강하게 유대 관계를 맺고 있어서 이웃 국가들과 건설적인 관계로 나아가기 어렵다.

같은 해외 영토 안에서도 지역적 차이를 볼 수 있다. 해안 지역에는 경제 활동이 집중되어 있고 인구 밀도가 높으며 교통 접근성이 좋지만, 내륙 지역은 종종 육지로 둘러싸여 접근이 어렵고 주민과 활동이 적다.

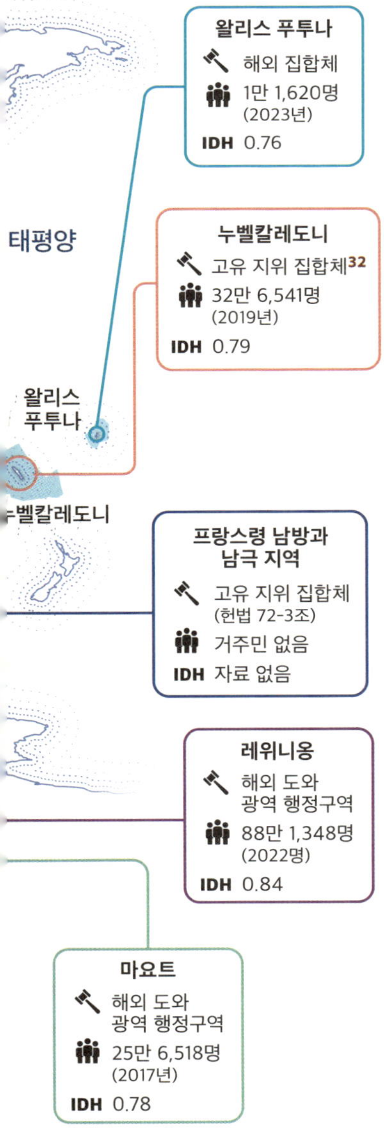

▼ 기아나, 해외 도

남아메리카의 기아나는 아마존 숲 때문에 지리적으로 큰 제약을 받는 영토다. 그래서 해안 지대에 인구와 경제 활동, 교통망이 집중되어 있다.

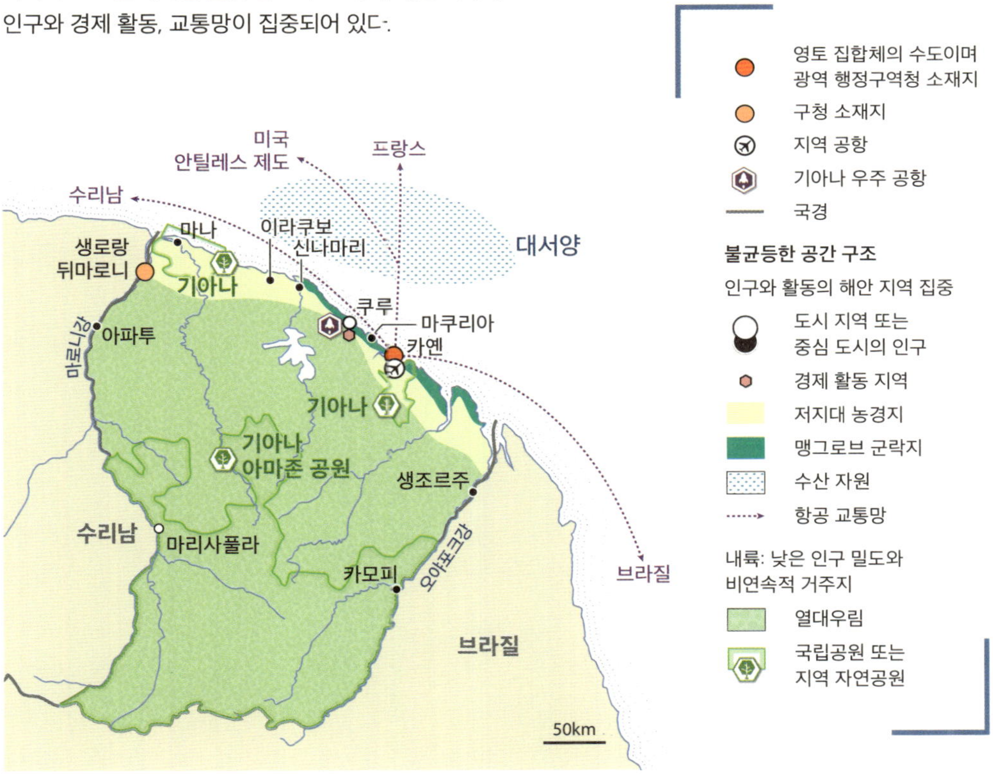

카옌
기아나의 수도

▼ 스트라스부르의 고속도로 계획

사람들은 고속도로 계획을 추진해 대도시들을 다른 대도시와 더 잘 연결하고,
도시권 내 구역 간의 이동을 쉽게 만들었다. 환경 보호를 중요하게 생각하는 시민들이
반대 운동을 벌였지만, 그 뜻을 이루지 못했다.

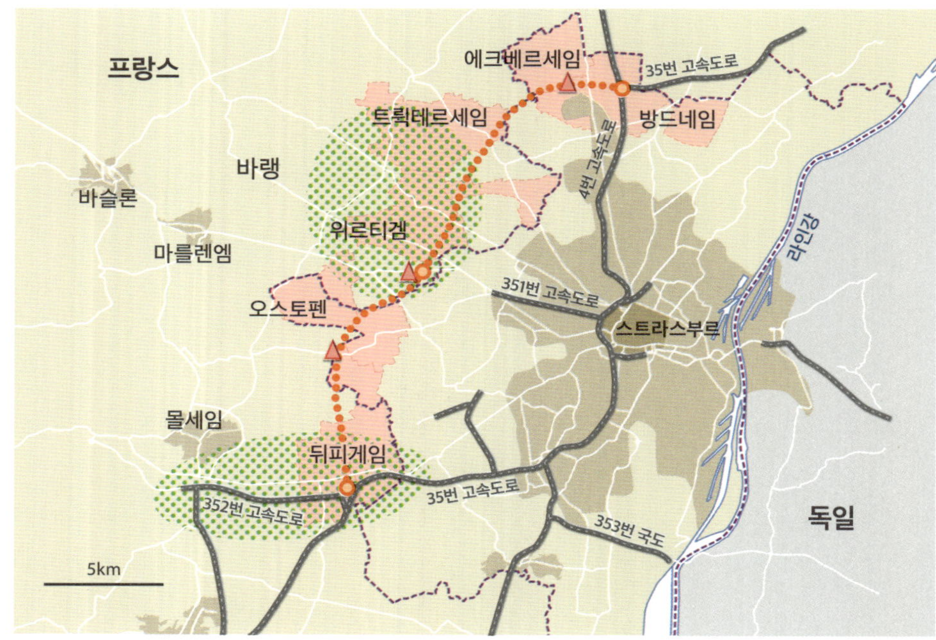

▼ 생드니 도시 정비사업

2024년 파리 올림픽 개최에 맞춰 생드니의 주거 환경, 접근성을 개선하고
지속 가능한 경제 활동을 발전시키기 위해 중요한 도시 정비사업을 추진했다.

프랑스 영토의 정비사업

프랑스에는 심각한 지역 불균형이 존재하며, 동시에 일부 지역은 경쟁력과 매력을 높이려 노력한다. 이 두 가지 상황에서 국토 정비를 통해 불균형한 공간을 재조정하거나 특정 공간의 가치를 높이는 목표를 추진한다.

미요교
이 교량 덕분에 아베롱 지방 사람들은
상업과 산업 활동을 발전시킬 수 있었다.

국토 정비는 공공 행위자(유럽연합, 국가, 지방 공동체)와 때로는 민간 행위자(기업)가 함께 추진하는 일련의 정책이며, 두 가지를 목표로 한다. 첫째, 지역 불균형을 줄이고, 둘째, 특정 지역의 개발을 가능하게 하면서 그 지역의 매력을 강화하는 것이다.

파리 지역과 주요 대도시 주변, 대서양과 지중해 연안 지역은 인구, 부, 교통망이 집중하는 곳이다. 이러한 현상에 따라 대도시들은 매력을 강화하려고 노력한다. 인구 밀도가 낮은 농촌 지역, 교외 지역, 산업 전환 중인 지역, 해외 영토도 자기 지역을 개발하고 매력을 키우려고 노력한다.

▼ 영토의 정비사업과 시민의 반대

시민들은 환경 정비사업에 시위로 반대 의사를 표현하고, 특정 지역을 지켜내기 위해 노력한다. 노트르담 데 랑드의 계획은 그렇게 실패로 끝났다.[33]

가르단의 바이오매스 발전소
원래 석탄 연료를 따던 화력 발전소였지만, 오늘날에는 바이오매스(동물, 식물, 박테리아, 곰팡이) 연료로 발전한다.

▼ 세계의 빈곤

하루 1.90유로를 빈곤의 기준으로 삼아 각국에서 주거, 의복, 식량 면에서
경제적으로 어려운 사람들의 비율을 계산한다.[34]

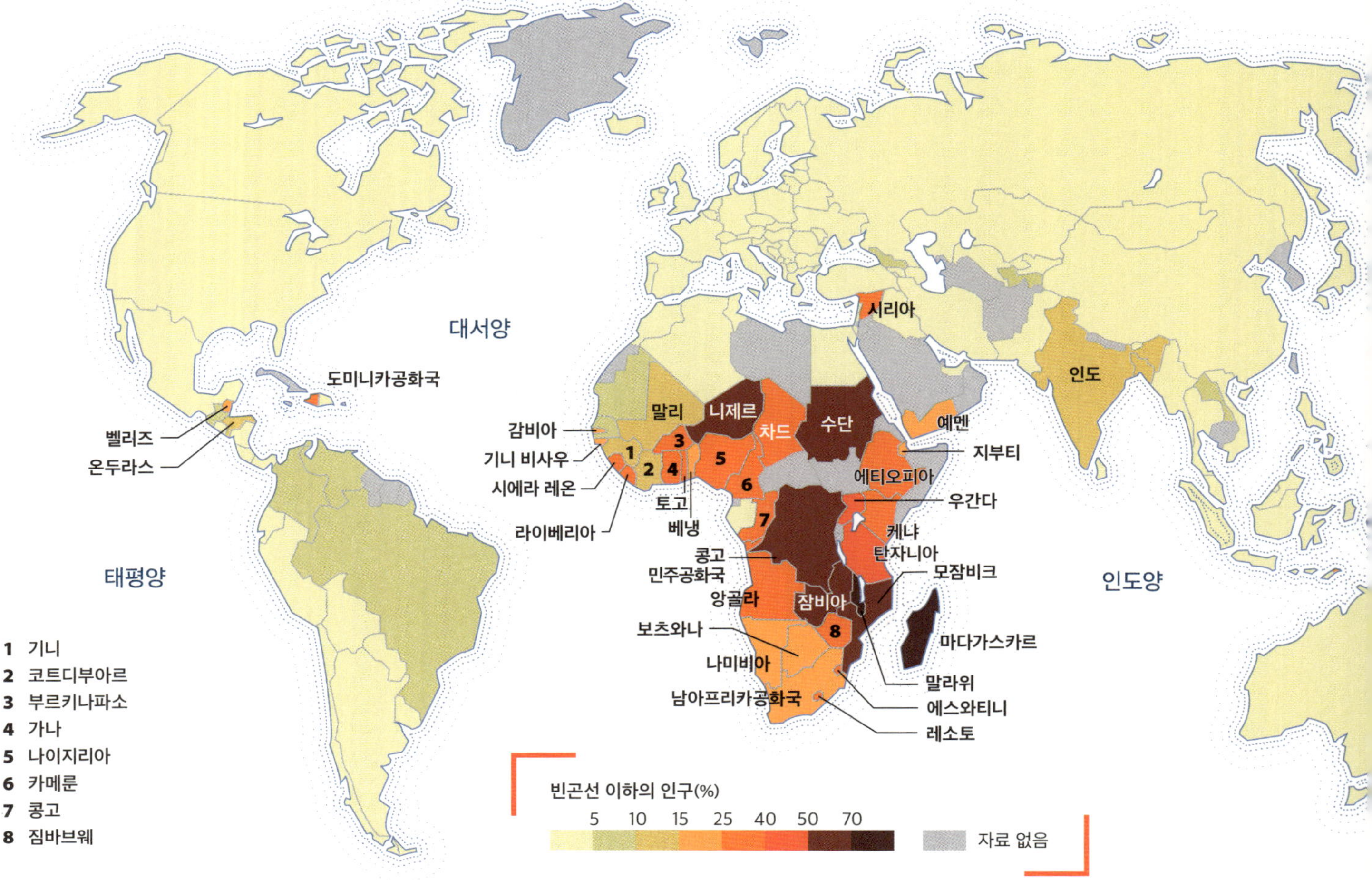

▼ 부와 지속 가능한 개발

이 그래프는 환경 영향이 국가들의 부와 밀접하게 연관되어 있다는 것을 보여준다. 우루과이처럼 극히 일부 국가만이 최소한의
지속 가능한 개발 목표를 달성한다. 이러한 국가들은 건전한 경제적·사회적 발전을 이루는 동시에 환경을 존중하는 조치를 취한다.

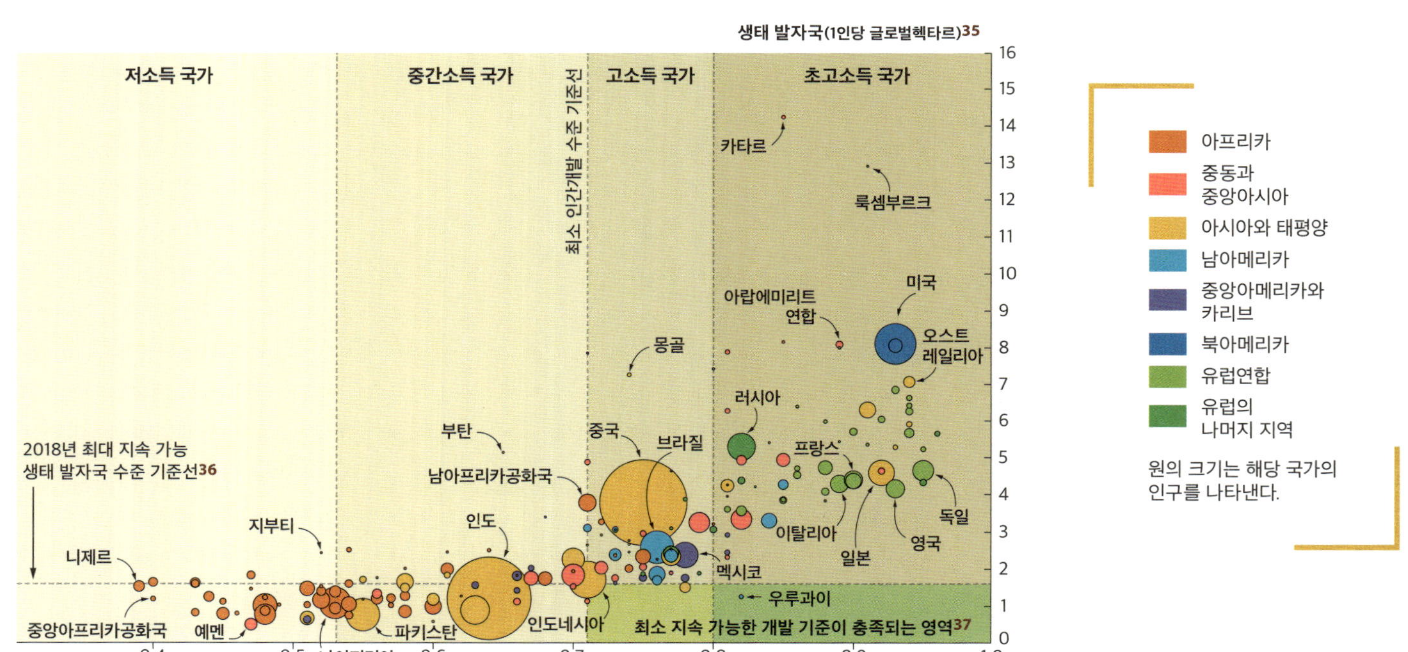

세계의 부와 가난

개발 격차는 엄청나게 크다. 이는 세계적 수준뿐만 아니라 국가 수준에서도 나타나며, 심지어는 지역 내부, 특히 대도시 안에서도 그 격차를 볼 수 있다.

개발 수준을 측정하는 국내총생산GDP이나 인간개발지수IDH는 지구상의 모든 차원에서 불평등한 현실을 보여준다. 세계적인 수준에서 북아메리카, 서유럽, 동아시아의 가장 발달한 나라들과, 주로 아프리카와 중앙아시아, 남아시아의 가장 발달이 더딘 나라들을 구별할 수 있다.

같은 나라에서도 도시와 대도시 지역들이 농촌 지역의 희생을 바탕으로 부를 축적한다. 지역 수준, 특히 대도시에서는 때때로 아주 가까운 동네에도 빈곤과 부가 함께 있다. 개발도상국의 도시에는 거대한 빈민가 한가운데에 부의 섬이 존재하지만, 가장 강력한 대도시에서도 매우 가난한 지역이 있다는 사실을 알 수 있다.

리우데자네이루 (브라질)
브라질에서 가장 큰 빈민가인 호시냐를 항공 사진으로 볼 수 있다. 이곳에서 아주 가까운 도시의 부유한 건물들과 극심하게 차이 나는 것을 아주 명확하게 볼 수 있다.

뭄바이(인도)
건설 중인 고층건물 가까이 있는 판자촌에서 인도의 빈부 격차가 얼마나 심한지 볼 수 있다.

태평양

▼ 프랑스의 빈곤
프랑스에서는 전체 인구 중 중위소득의 60퍼센트 이하일 때 빈곤하다고 정했으며, 이는 1인 가구의 경우 월소득 1,216유로에 해당한다. 프랑스 북부와 지중해 연안 전역에서 빈곤선 이하로 사는 사람들의 비율이 높다는 사실을 알 수 있다.

예시

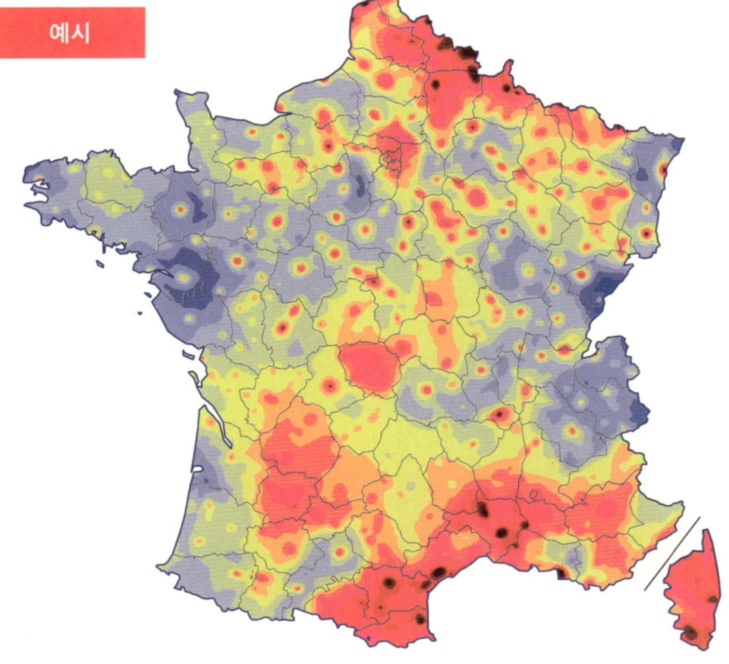

2019년 빈곤선(평균소득의 60퍼센트) 이하 주민의 비율(%)

상파울루(브라질)
이 지역 역시 도시 젠트리피케이션[38]의 증거를 보여준다. 부유층이 사는 고층건물들이 최빈층이 거주하는 판자촌과 곧바로 연결되어 있다.

레스보스섬(그리스)에
도착한 난민들(왼쪽)
지중해 섬들은
자국을 탈출하는
난민들이 도착하는
주요 거점이다.

베네수엘라 난민들
콜롬비아에
들어가기 위해
국경을 넘고 있다.

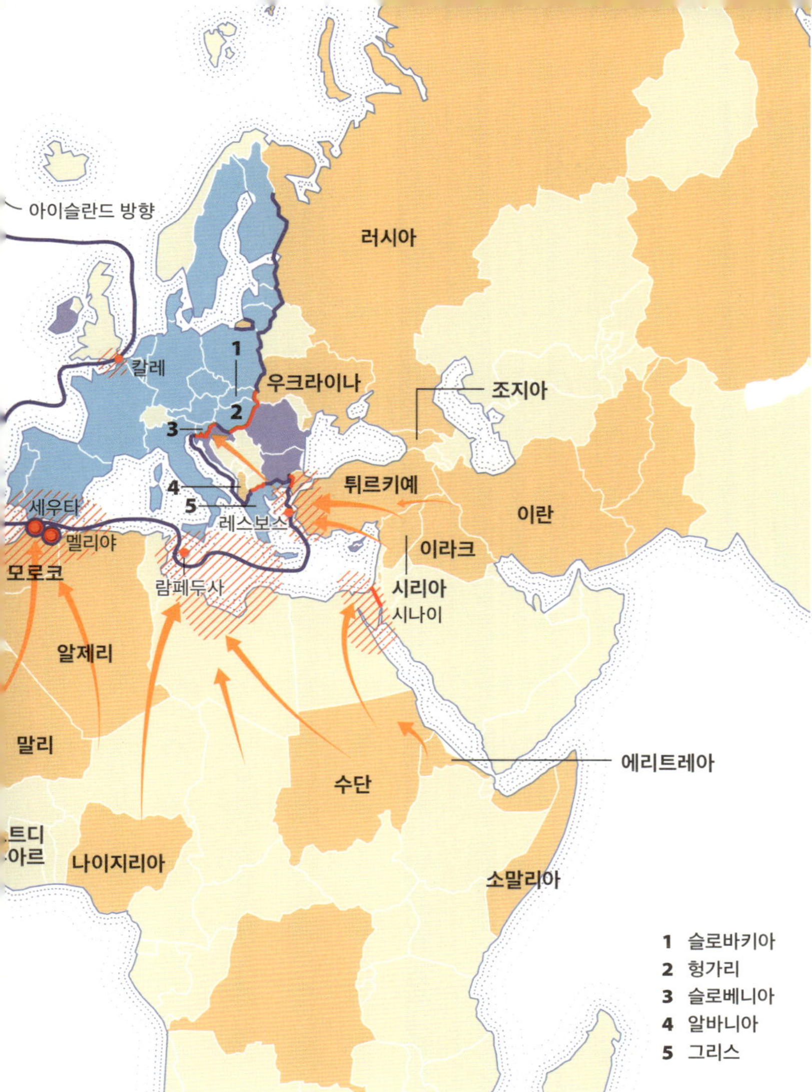

▼ 모로코와 접한 에스파냐 멜리야 국경

유럽으로 넘어오는 이주민을 막기 위해 지중해의 양쪽에
점점 더 많은 장벽을 세우고 있다. 세우타의 장벽은 이러한
안보 정책을 보여주는 사례다.

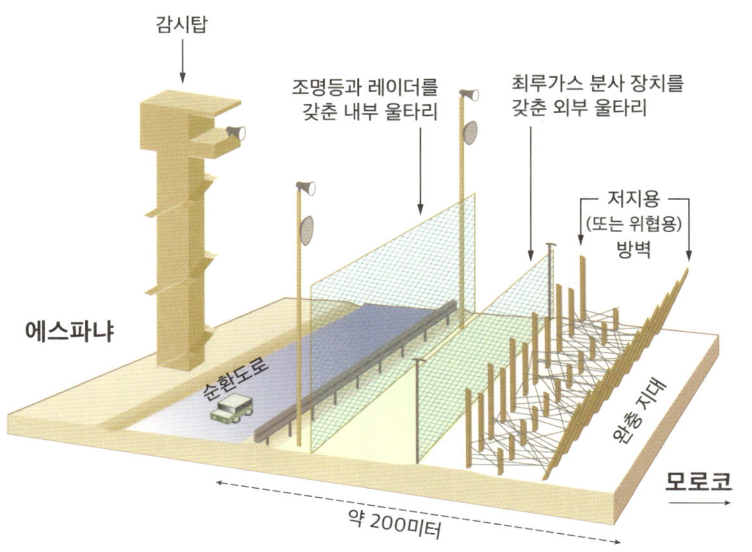

세계의
인구 이동

2022년 2억 8,100만 명이 다른 나라에 정착해서 살
기 위해 국경을 넘었다.

수백 명의 난민
이들은 슬로베니아를 거쳐
독일로 향하고 있다.

세계 인구의 3.5퍼센트 남짓한 사람들이 외국에 살
기 위해 국경을 넘었다.

그들은 우선적으로 생활환경이 어려운 나라를 떠난
사람들이다. 그들의 주요 출발 거점은 라틴아메리카
와 중앙아메리카, 아프리카, 아시아다. 특히 저개발
국가들, 갈등의 영향을 받는 나라들, 자유가 없는 나
라들, 기후변화로 자연재해가 더 많이 일어나는 지역
에서 출발한다.

이주민은 우선적으로 가까운 개발도상국으로 간다.
남남 이주민(즉, 개발도상국들 간의 이주민)은 개발도
상국에서 선진국으로 가는 이주민보다 더 많다.

해외여행

관광은 세계적으로 인간 이동의 중요한 요인이다.
이러한 현상은 코로나19 팬데믹 기간에 잠시 끊어
졌다가 다시 증가하고 있다.

▼ 세계의 관광 지역

국제 관광은 세계에서 가장 외딴 지역(춥거나 더운 사막, 고산 지대 등)에까지 다변화되고 발전하고 있다.
하지만 국제 관광은 여전히 교통과 관광 편의시설을 갖춘 일부 지역에 집중되어 있다.

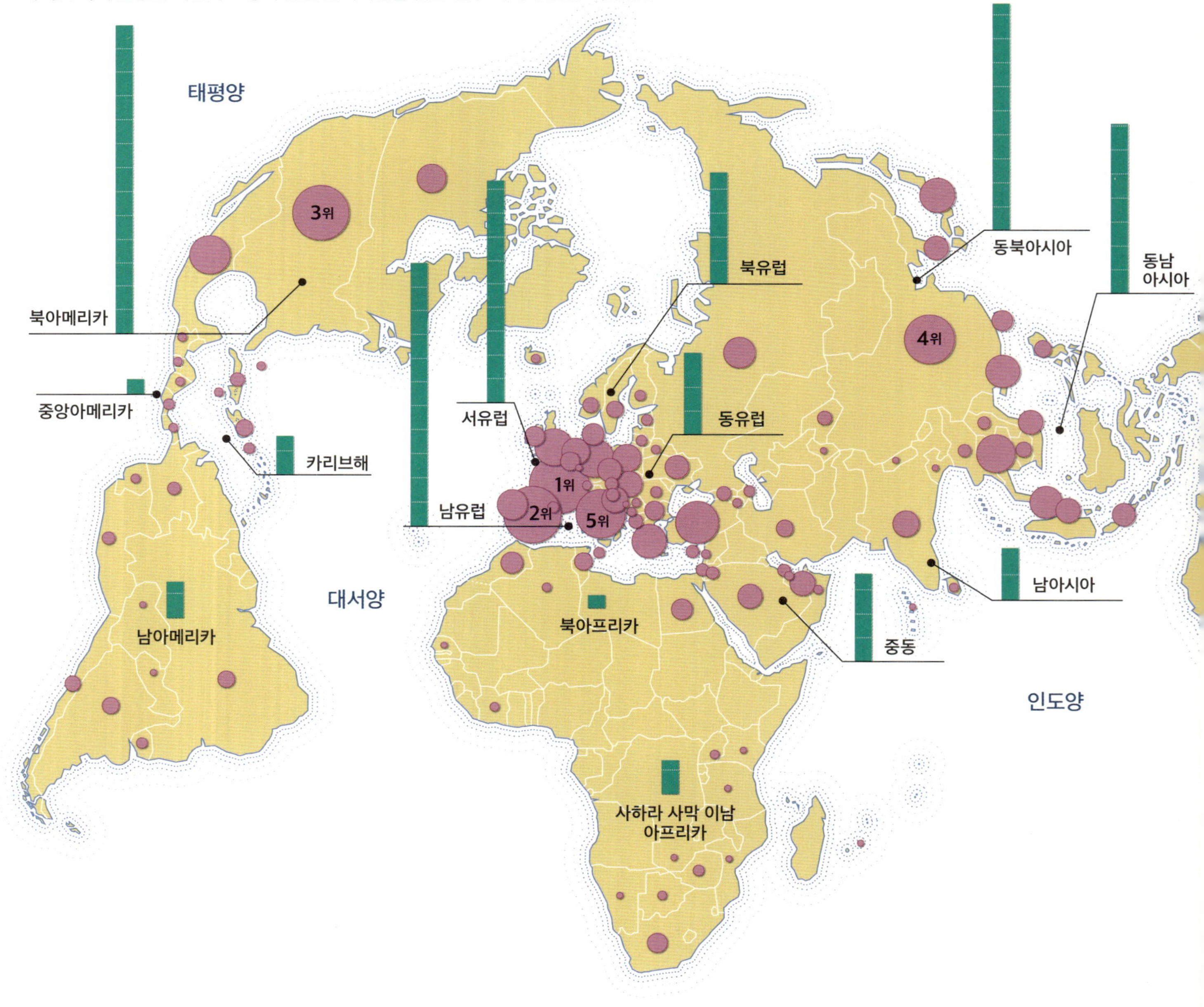

국제 관광은 세계 사람들을 이동시키는 가장 주요한 요인이다. 집을 떠나 최소 24시간 동안 국경을 넘어 다른 나라를 방문하는 사람을 '국제 관광객'이라고 부른다. 2023년의 국제 관광객은 13억 명에 이르렀다. 20세기 중반 이후 관광객은 꾸준히 증가해왔고, 단지 2020년 코로나19 팬데믹으로 잠시 중단되었을 뿐이다.

유럽은 북아메리카와 동아시아를 제치고 세계 최고의 관광 목적지다. 카타르나 아랍에미리트를 위시해 중동은 국제 관광객 수가 매우 크게 증가하고 있다. 그곳의 비즈니스 관광객이나 레저(여가)를 찾는 관광객 모두 자연 관광(하이킹), 해변 관광(바다 관련 활동) 또는 문화 관광(유산, 박물관, 미식) 등 다양한 형태의 관광을 즐긴다.

키프로스 섬
낙원과 같은 해변 덕분에 중요한 국제 관광지로 꼽힌다.

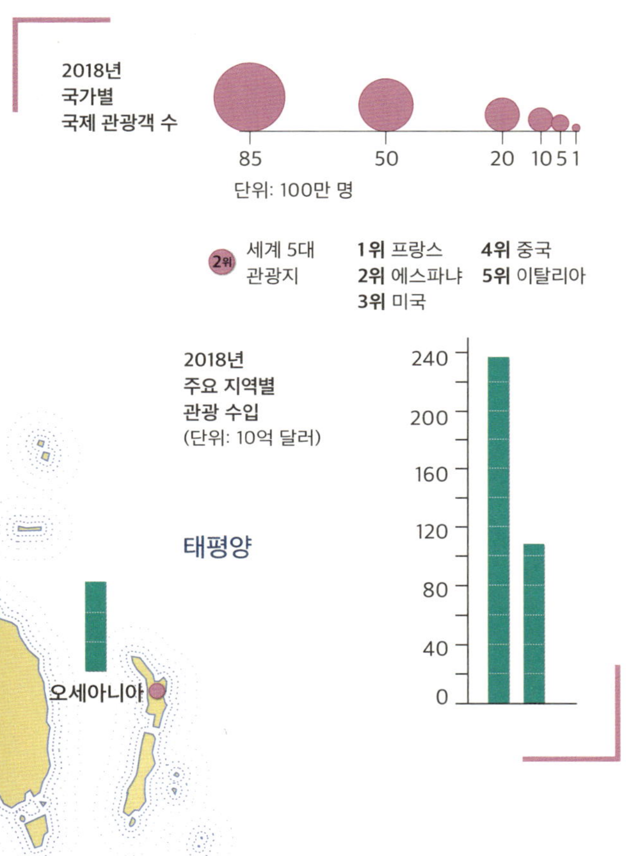

예시

▼ 해변, 주요 관광 공간

해변 관광은 물, 해변, 기후와 관련된 활동과 함께 바다나 대양 가장자리에 조성된 좁은 지역에서 하는 관광 활동이다.

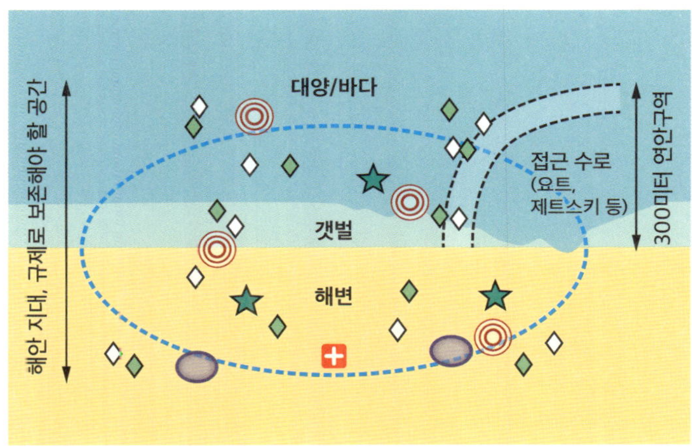

여름철 안전구역
 응급구조소
 사용 목적 충돌 지역의 발생

레저 스포츠 활동 구역
물 위, 물속
파도 위
해변 위
장비 유무와 관계없이 활동을 위해 지정된 구역

레저 스포츠 활동의 유형(개인 또는 단체, 아마추어 또는 프로)

◇ 자유 활동

(클럽, 협회, 단체, 기업 등에서) 레저 또는 경쟁 모드로 '관리 대상' 활동

(공공/민간)에서 일회성, 기간별 또는 연중 내내 조직하는 레크리에이션과 스포츠 행사

베네치아(이탈리아)
이 도시는 매년 3,000만 명의 방문객을 맞이하고 있으며, 그 결과 점점 더 많은 문제가 발생하고 있다.

▼ 바다, 중요한 지정학적 공간

세계의 모든 바다와 대양은 강대국들이 '배타적 경제수역ZEE'[40]을 선언하고
군함을 동원해 통제하려고 노력하는 동시에 해양 자원을 차지하려고 경쟁하는 곳이다.

해안 국가의 해양화
내륙국
(바다가 없는 나라)
해안 국가들의
'배타적 경제수역'
자국의 ZEE 확장을
요구한 나라
ZEE 확장 요청

전략 핵잠수함을
보유한 강대국
긴장과 분쟁의 증가
충돌적인
영유권 주장
주요 전략적
통로(또는 해협)
주요 해적
출몰 지역

해양 군사력 수준
주요 15개국 전함 규모*
단위: 톤
350만
100만
30만
14만
* 세계 군함 총 톤수의 80퍼센트 차지

베링 해협
영국
프랑스
미국
지브롤
대서양
파나마 운하
브라질
태평양

▼ 세계의 해상 무역

모든 바다와 대양은 세계 모든 곳에 상품을 운송하는 수천 척의 배가 다니는
고속도로 같은 곳이다. 바닷길은 세계화의 척추라 할 수 있다.

서해안
뉴욕
로테르담
유럽 북부 항만권[41]
부산
동아시아와
일본
텐진
칭다오
동해안
호르무즈
해협
상하이
닝보
휴스턴
남루이지애나
광저우
지브롤터
해협
대서양
수에즈
운하
파나마 운하
바브엘만데브
해협
말라카 해협
싱가포르
포트
헤들랜드
태평양
대서양
인도양
희망봉

노르웨이
노르웨이
바다
아이슬란드
유럽
1
3   2
아프리카
대서양
나미비아
남아프리카
공화국

바닷길
주요
보조
전략적 통과 지점
주요 해양 관문

세계 100대 항구의 연간 물동량
(또는 연간 처리량)
5억 톤
이상
2억~
5억 톤
1억~
1억 9,900만 톤
6,000만~9,900만 톤
6,000만 톤 이하

세계화와 바다

바다는 사람이 살지 않는 공간이지만 세계화의 중심에 있다. 연안 국가의 인구와 활동뿐 아니라 모든 물류의 교역이 집중되어 있기 때문에 바다는 아주 중요한 역할을 하고 있다.

바다와 대양은 세계화의 중심이 되었다. 이는 세계 상품 교역의 80퍼센트를 담당하는 수천 척의 선박이 바다를 항해하고 있기 때문이다. 이는 2021년 기준 110억 톤에 달하는 상품의 양이며, 주로 컨테이너선, 유조선, 벌크선(광물 운송)으로 운송된다.

세계 경제의 주요 거점(북아메리카, 서유럽, 동아시아)은 해상 항로로 연결되어 있다. 이 항로들은 지정학적으로 불안하고, 대양을 잇는 주요 운하와 해협 주변에 위험이 집중되어 있음에도 상품을 정기적으로 운송할 수 있게 해준다.

해양 공간의 중요성이 커지면서 여러 문제가 나타났다. 바로 배타적 경제수역의 경계 설정과 다양한 확장 문제뿐만 아니라, 수산 자원이나 탄화수소 자원과 관련된 긴장, 그리고 환경 문제다.

▼ **바다, 인류의 식량 창고**

옛날부터 인간은 바다와 대양에서 어업으로 얻은 자원을 먹고살았다. 해양 자원을 지나치게 착취하는 것은 일부 지역의 자원을 사라지게 만드는 위험을 안고 있다.

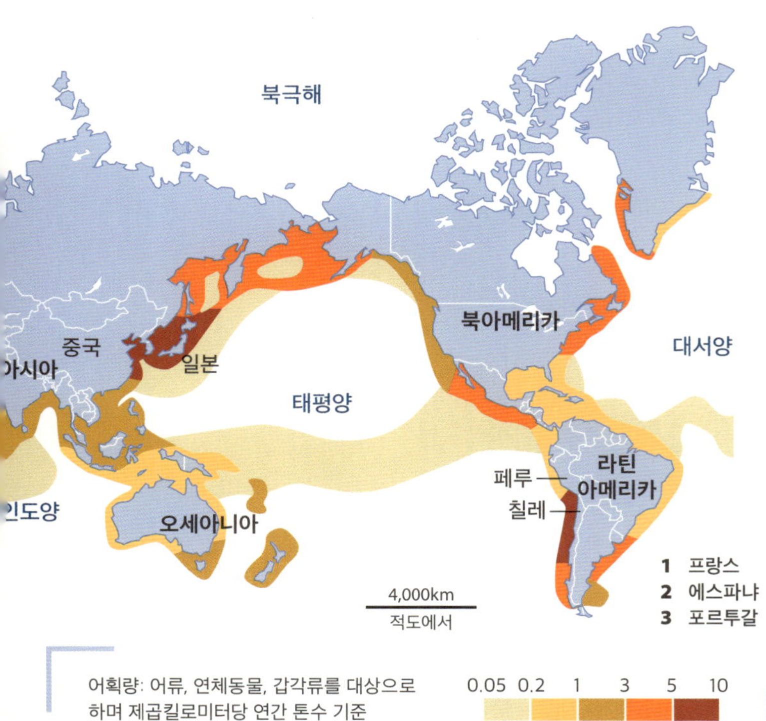

컨테이너선
많은 수의 상품과 원자재를 운송하는 선박의 유형이다.

▼ 프랑스의 관광 공간
세계 최고의 관광 목적지인 프랑스는 관광객을 유치하고 즐길 거리를 제공할 다양한
장점을 가지고 있다. 이러한 관광 시설은 프랑스 경제의 주요 일자리와 부를 창출한다.

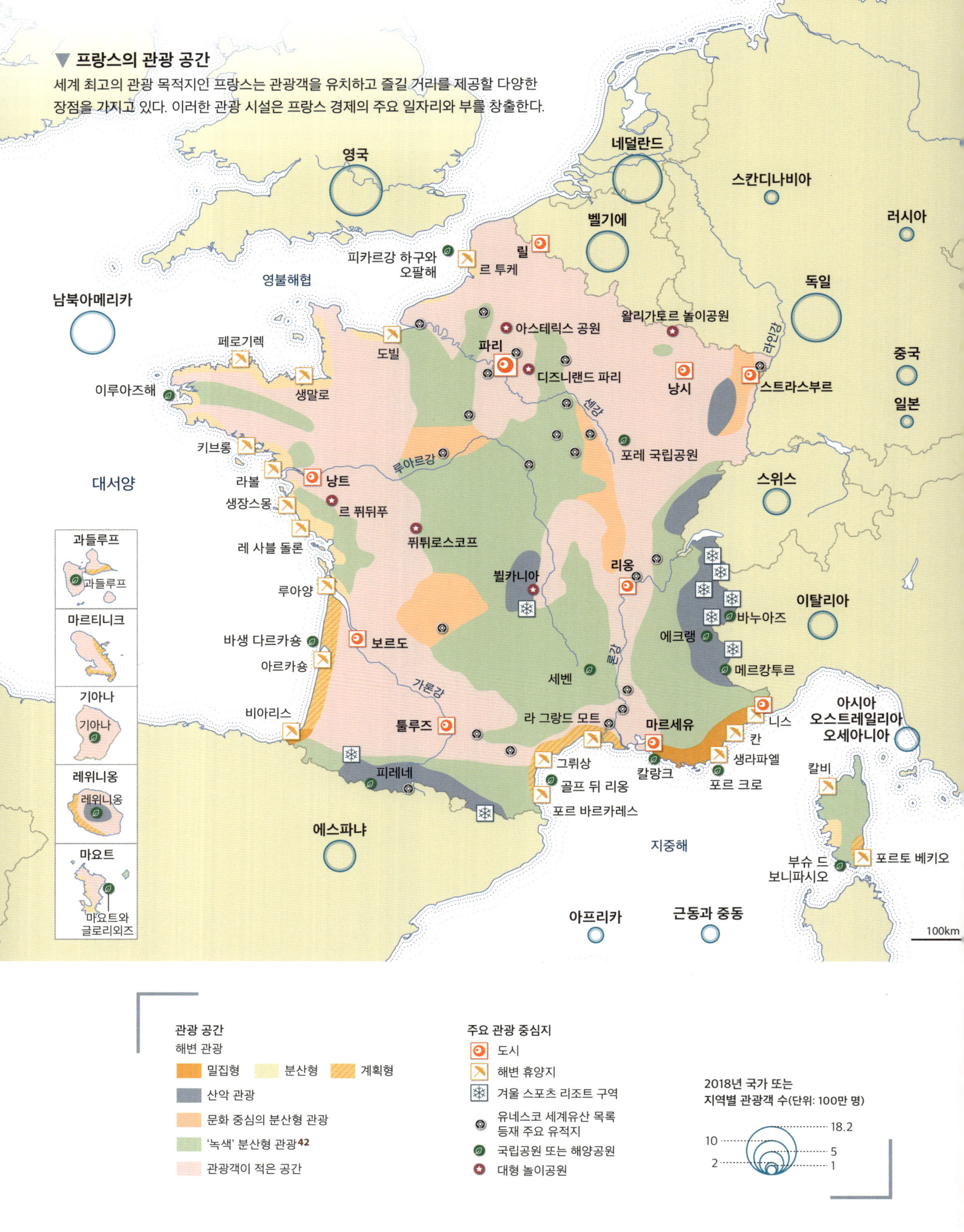

영국
네덜란드
스칸디나비아
러시아
벨기에
독일
릴
피카르강 하구와 오팔해
영불해협
남북아메리카
르 투케
중국
일본
왈리가토르 놀이공원
아스테릭스 공원
파리
페로기렉
도빌
디즈니랜드 파리
낭시
스트라스부르
이루아즈해
생말로
포레 국립공원
대서양
키브롱
스위스
라볼
낭트
세강
르 퓌뒤푸
생장스몽
퓌튀로스코프
레 사블 돌론
리옹
뷜카니아
루아양
이탈리아
바누아즈
과들루프
에크랭
과들루프
바생 다르카숑
보르도
메르캉투르
마르티니크
아르카숑
세벤
비아리스
가론강
라 그랑드 모트
마르세유
니스
기아나
툴루즈
칸
생라파엘
아시아
오스트레일리아
오세아니아
기아나
그뤼상
칼랑크
포르 크로
칼비
레위니옹
골프 뒤 리옹
레위니옹
피레네
포르 바르카레스
지중해
마요트
에스파냐
부슈 드
보니파시오
포르토 베키오
마요트와
글로리외즈
아프리카
근동과 중동
100km

관광 공간
해변 관광
밀집형   분산형   계획형
산악 관광
문화 중심의 분산형 관광
'녹색' 분산형 관광 42
관광객이 적은 공간

주요 관광 중심지
도시
해변 휴양지
겨울 스포츠 리조트 구역
유네스코 세계유산 목록
등재 주요 유적지
국립공원 또는 해양공원
대형 놀이공원

2018년 국가 또는
지역별 관광객 수(단위: 100만 명)
10   18.2
2   5
        1

몽생미셸[45]
매년 300만 명이
찾는 명소다.

프랑스의 관광 산업

프랑스는 2022년 집계 기준으로 8,000만 명이 넘는 관광객이 방문한 세계 최고의 관광지다. 프랑스에서 관광은 주요 경제 활동이다.

프랑스는 지리적으로 유럽 대륙의 중앙에 있으며, 교통망과 관광 수용 시설(인프라)을 잘 발전시켰기 때문에 수많은 국제 관광객을 유치하고 있다.

프랑스는 다양한 자연 경관과 역사적 유산을 활용해 다채로운 관광 활동을 발전시키고 있다. 파리는 최고의 관광 도시로서, 세계적으로 유명한 기념물, 박물관, 놀이공원들을 가지고 있다.

프랑스 영토에는 주요 관광 지역이 많이 있다. 지중해 연안뿐만 아니라 대서양 연안에서도 해변 관광이 발전하고 있다. 문화 관광의 경우, 몽생미셸, 루아르 고성, 도르도뉴 계곡과 같은 주요 관광지를 찾는다. 마지막으로 알프스, 피레네, 중앙 산악 지대에 집중된 여름과 겨울 산악 관광을 즐긴다.

🔺 **아르카숑 분지: 해변 관광의 공간**
아르카숑 분지 지역은 프랑스의 중요한 관광 공간이며, 많은 시설을 갖추고 있다. 관광객은 반드시 보존해야 할 빼어난 자연 공간에서 여러 가지 해양 활동도 즐길 수 있다.

환경
- 갯벌
- 항상 물에 잠긴 지역
- 고밀도 도시화 지역
- 심각한 침식

관광 개발
- 해변(해수욕장)
- 주요 해변 휴양지 (아르카숑)

요트장:
- 주요
- 중요
- 소규모
- 해상 교통량 집중 지역

전통 산업
- 굴 · 조개 양식장
- 수렵 또는 어업보호구역
- 전통 활동 관련 관광지[43]

보호구역
- 지방 자연공원
- 국유 해양 영역
- 국립 자연보호구역
- 나투라 2000 지정구역[44]

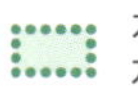

니스
니스는 파리 다음의 관광지다.

산업·항만 복합 해안지역

관광과 더불어 산업 활동은 세계의 해안 집중 현상을 강화하는 주요 경제 활동이 되었다. 어디서 이러한 활동이 일어나고 있으며, 산업·항만 해안지역을 어떻게 개발하고 시설을 갖추고 있을까?

▼ 세계의 주요 산업 지대

산업 활동은 더욱더 해안 지대의 거대 공장으로 집중되고 있다. 이런 장소는 바닷길을 더욱 쉽게 이용하도록 해준다. 이제 아시아가 세계 산업의 중심지가 되었다.

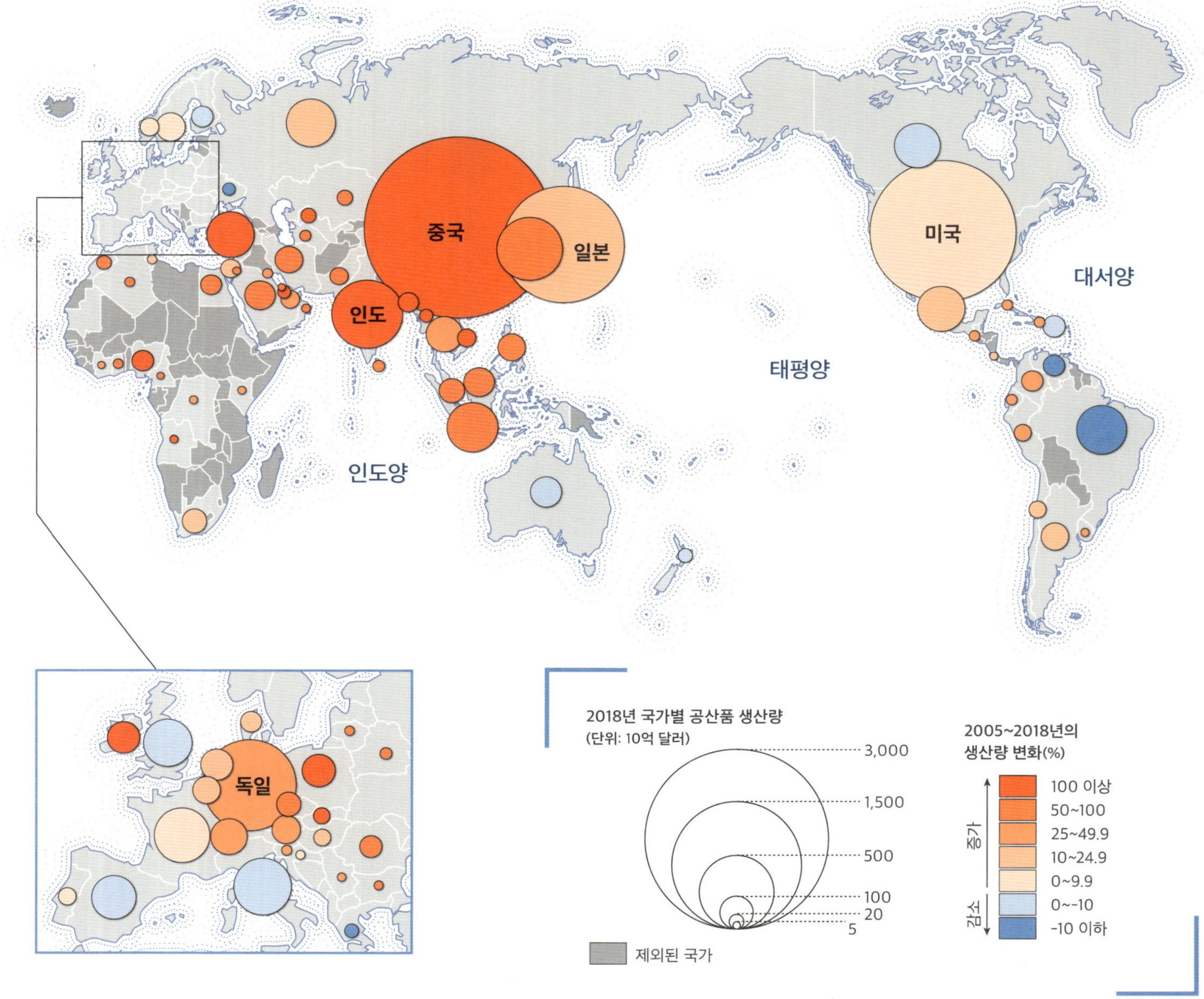

세계화와 교역에서 바다가 갖는 중요성 덕분에, 광활한 산업·항만 복합지역의 해안에 산업·상업 활동을 집중시키고 있다.

북아메리카, 서유럽, 특히 동아시아의 주요 해양 전면의 세계적인 항구들은 가장 큰 상선들을 수용하고 세계적인 경쟁에서 가장 우수한 항구가 되기 위해 시설을 계속 확충하고 있다.

이 지역들은 부두, 크레인, 전문 운송 시스템을 갖추고 모든 종류의 상품을 처리하면서 상업과 관련된 활동을 발전시키고 있다. 또한 거대한 산업 단지를 갖추고 원자재뿐만 아니라 완제품의 교역을 가장 짧은 시간에 처리할 수 있다. 이러한 단지를 통해 관련 산업들은 세계 모든 곳과 연결된다.

북대서양의 대항구, 됭케르크
이 항구는 프랑스에서 광물·석탄 수입량과
과일 교역량에서 1위를 차지하고 있다.

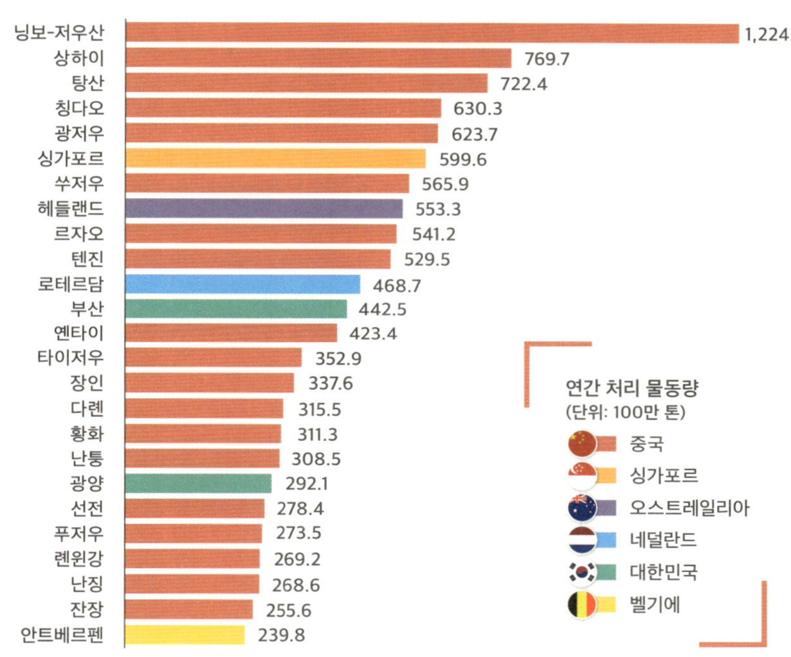

◀ **세계의 주요 무역항**
중국을 비롯한 아시아 나라들이
세계적으로 주요 무역항을
가장 많이 보유하고 있다.

싱가포르의
산업항

▼ **싱가포르, 세계적 산업·항만 지대**
말라카 해협의 도시국가인 싱가포르는 항만과 산업 시설,
다방면을 연결하는 운송망을 갖춘 덕에 세계 무역의
중요한 부분으로 눈부신 경제 성장을 이루었다.

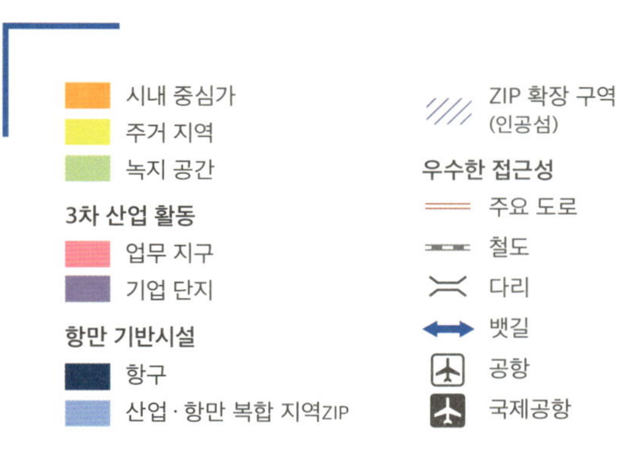

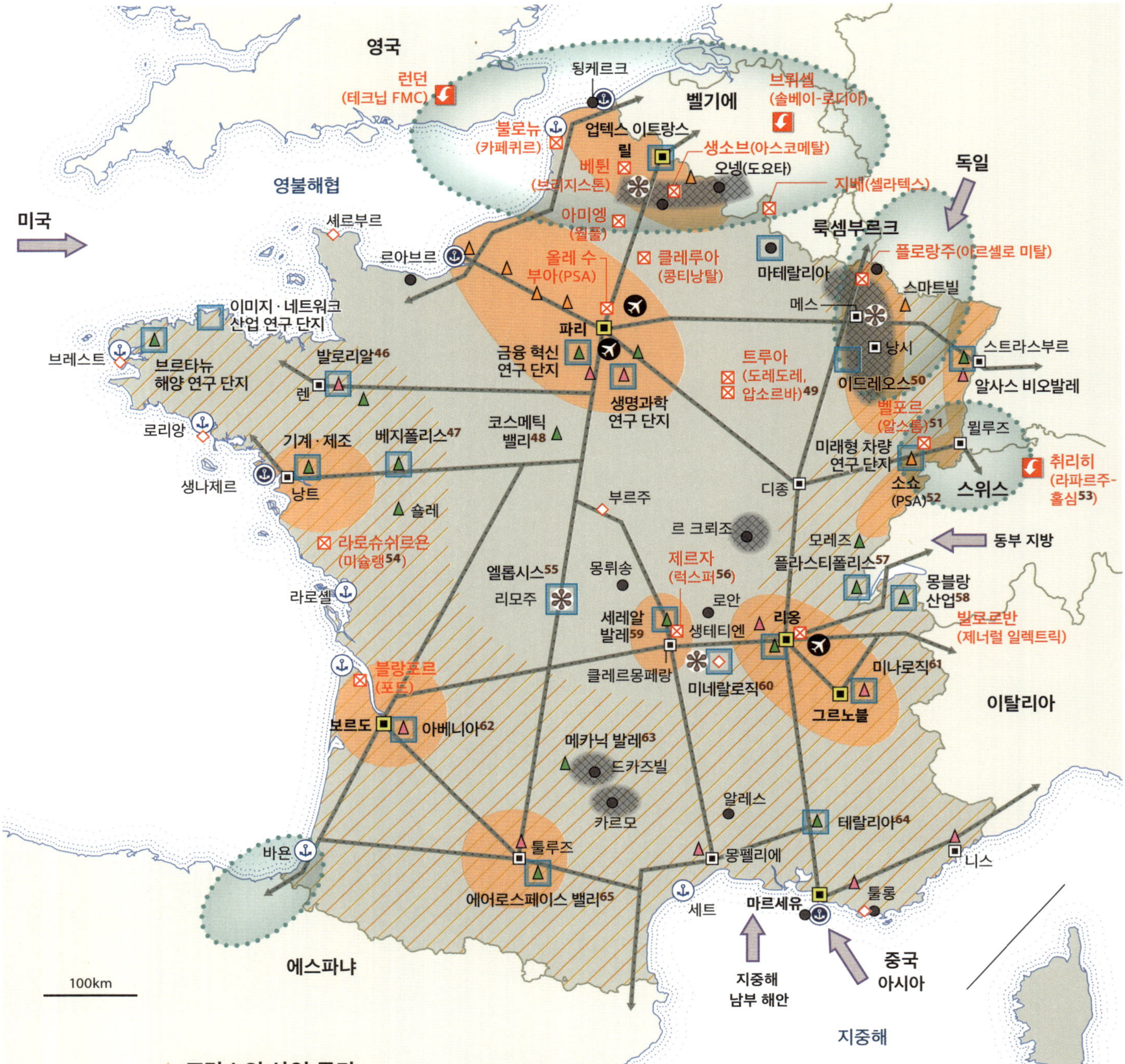

프랑스의 산업 공간

프랑스의 산업 활동은 지난 수십 년 동안 크게 감소했지만, 여전히 산업이 폭넓게 존재한다.
일부 지역은 탈산업화의 영향을 받았으나, 다른 지역들은 특히 대도시권을 중심으로 발전하고 있다.

탈산업화
- 옛 탄광 지대
- 1984년 이후 어려운 상황에서 산업 전환을 시도하는 지역
- 쇠퇴하는 군수 산업 도시
- 구조 조정 계획 또는 산업 시설 폐쇄
- 최근 해외로 본사 이전
- 제조품 수입

복원하는 힘
- 대규모 산업 지역
- 경제 활성화 지역
- 산업·항만 복합 지역
- 자동차 공장
- 지역 생산 산업 시스템
- 첨단 기술 중심지
- 경쟁력 강화 중심지
- 산업 공간 재활용을 위한 예술

도시화와 글로벌 네트워킹
- 업무 지구를 갖춘 대도시
- 지역 거점 도시
- 주요 교통의 축
- 대규모 공항
- 항만
- 유럽 지역 간 협력 지대

프랑스의 산업 공간

1970년대 말부터 산업이 위기를 맞이했지만, 프랑스의 산업 공간은 여전히 존재하며 국제 경쟁 속에서도 스스로 혁신하고 있다.

발레르-아랑베르크 광산 부지
이 옛날 광산 부지는 시청각 활동
전용 문화 공간으로 거듭났다.

산업 활동은 여전히 국내총생산의 12.5퍼센트 이상을 차지한다. 프랑스의 생산적인 산업 공간은 지역별로 불균등하게 분포되어 있으며, 다양한 역동성을 보여준다.

전반적으로 산업 공간은 도시 지역, 특히 교외나 근교 외곽에 자리 잡는다. 산업체들은 그곳에서 숙련된 노동력, 대학교, 연구센터의 존재뿐만 아니라 다른 대도시들을 연결하는 현대적이고 신속한 교통망을 찾는다.

프랑스의 북동부 지역은 기업의 대규모 해외 이전과 함께 탈산업화를 겪었고, 남부와 서부 지역은 첨단 기술 연구 단지를 통해 다양한 기업을 유치하면서 산업의 균형추가 이동했다. 그러나 가장 강력한 산업 지역은 여전히 파리 지역과 리옹 지역이다.

▼ 변화하는 공업 도시, 비트레

전통적으로 비트레는 농산물 가공업 중심 도시였다. 이후 비트레는 다른 서부 대도시권의 수많은 도시처럼 자동차 산업을 중심으로 발전했으며, 점차 첨단 기술 분야로 영역을 넓혔다.

전통 특화 사업
- 🟧 가죽
- 🟥 도축·정육 가공
- 🟩 유제품 공장
- 🟩 지역 식품 산업과 연계된 농장

변화하는 산업 논리
- 🟧 신규 산업 단지
- 첨단 기술(하이테크) 시설
- ◆ 디지털 관련 시설 또는 디지털 제작 실험실
- 🏛 전통 산업 활동의 박물관화

▼ 산업 전환 중인 도시, 드가즈빌

19세기와 20세기 초에 전형적인 광산 도시였던 드가즈빌은 탈산업화의 직격탄을 맞았지만, 도시 중심부를 정비하면서 새로운 산업 활동을 육성하기 위해 노력하고 있다.

- 🟫 건축 공간
- 🟩 숲

산업 유산
- 폐광
- 옛 광산 부지
- 🏛 도시 산업 정체성의 유산화73

산업 시설
- ◉ '메카닉 발레' 클러스터 본부74
- 🟥 기계 산업
- 🟦 금속 산업

도심 재생
- 🟧 중앙 개발 구역 (19헥타르)
- ⊗ 폐산업 부지
- 🟩 폐산업 부지의 용도 변경(콘서트장)
- 재생 계획 예정지

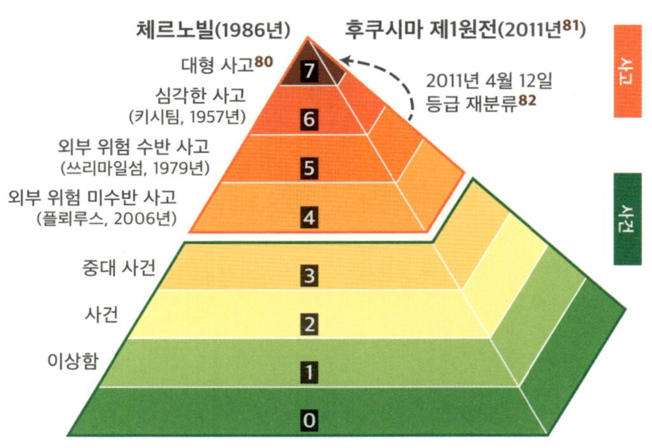

▲ 기술적 위험의 척도

이 척도는 기술적인 모든 사건이나 사고가 인간과 환경에 미치는 위험 정도를 나타낸다. 2011년 후쿠시마 사고는 대형 사고였으며, 여전히 일본 영토에 영향을 미치고 있다.

후쿠시마, 주요 원자력 재앙 ▶

2011년에 거대한 쓰나미를 일으킨 지진의 여파로 일본 태평양 연안의 후쿠시마 원자력 발전소가 폭발했다. 방사능이 넓은 지역을 오염시켰고, 여러 도시의 주민이 대피했다. 또한 방사성 물질이 배출되어 태평양 바닷물도 오염되었으며, 거대한 핵 구름이 북아메리카까지 퍼져나갔다.

▼ 세계의 주요 기술 재난

세계에서 인간 활동(산업, 원자력, 광업, 운송 등)과 관련된 사고가 끊임없이 발생하고 있으며, 때로는 장기간에 걸쳐 주민과 해당 지역에 심각한 피해를 입힌다.

산업 사고

 폭발과 충격파 (끓는 액체의 증기 팽창), 충격파가 압력을 높여 기계에 영향을 끼친다.

 시설 내 유독 물질 누출에 따른 대기 · 수질 · 토양 오염

원자력 사고

방사능 피폭과 오염

광산 사고

 붕괴: 지하 갱도 지붕의 급격한 움직임

 가스와 석탄 분진 폭발

댐 붕괴

위험물 운송

 화물차, 선박, 파이프라인을 통한 운송 충격으로 불꽃이 일어나 생긴 폭발 (특히 인화성 가스 탱크의 경우), 휘발성 또는 압축 제품 탱크의 과열, 여러 제품의 혼합, 폭죽 또는 탄약의 예기치 않은 점화

 고체, 액체 또는 기체 인화성 제품의 화재

 유독 물질의 누출이나 연소로 발생하는 유독 구름의 대기 오염, 수질 또는 토양 오염

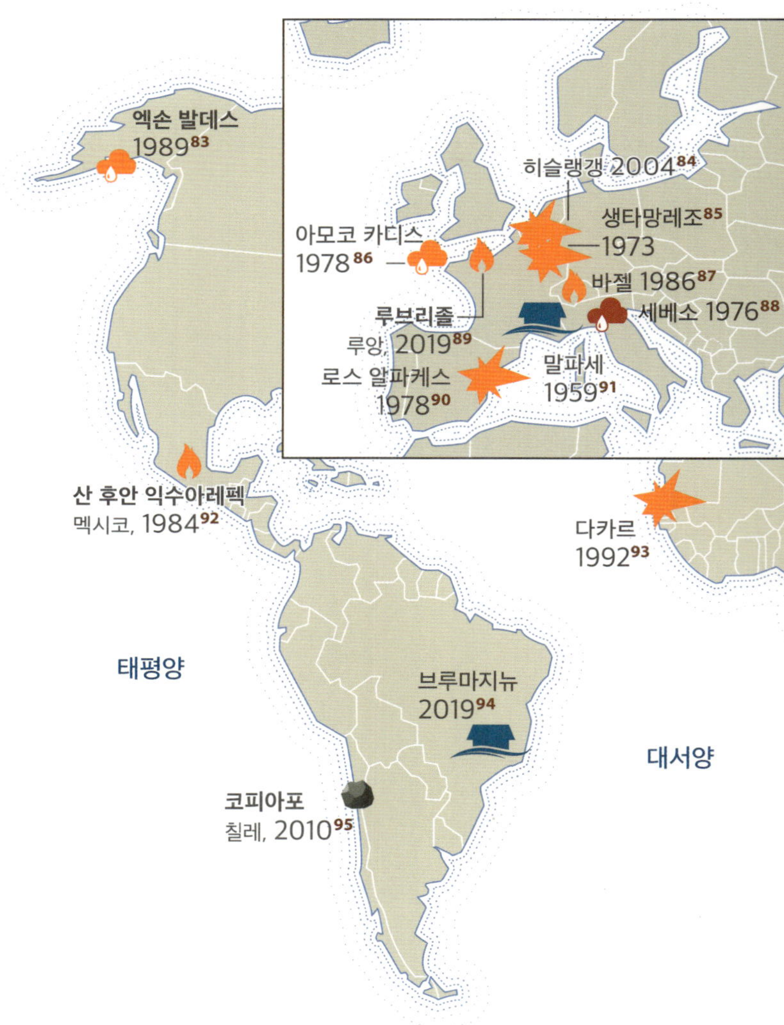

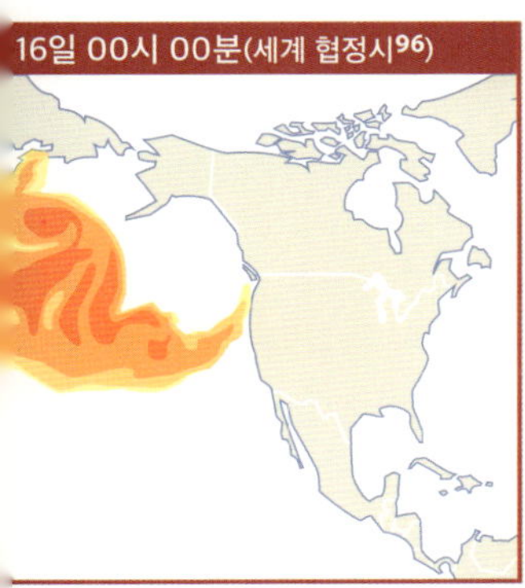

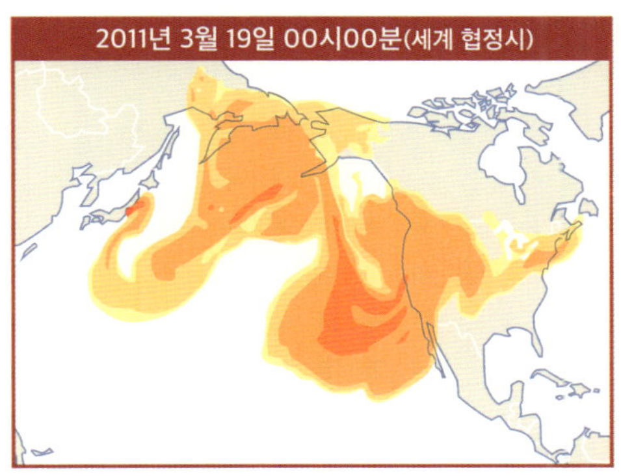

세계의 기술 위험

체르노빌(우크라이나)
유령 도시
프리피야트의 숲
한가운데에 방치되어
있는 흉물스러운 버스.

기술의 위험은 근본적으로 자연적 위험과 다르다. 이러한 위험은 자연이 아니라 에너지 생산, 산업·농업 활동, 운송망 같은 인간 활동에서 나오기 때문이다.

인간 활동과 관련된 기술적 위험은 사회에 주요한 위험이다. 발생 지역에 돌이킬 수 없는 재앙을 일으킬 수 있기 때문이다.

우선, 인간 활동은 모든 종류의 오염 문제를 일으킨다. 인간은 독성 물질(화학 물질, 플라스틱 등)을 주기적으로 배출하는데, 환경은 이러한 배출물의 농도와 기간에 따라 악화된다. 플라스틱 제품이 일으키는 해양 오염에서 이 현상을 확인할 수 있다.

또한 폭발, 화재 또는 유독 물질의 대량 배출로 사고가 발생할 수 있는 위험도 있다. 이 경우, 파괴의 정도는 매우 심각하다. 이는 운송 관련 사고, 원자력 발전소 폭발 또는 공장 폭발 같은 경우에 일어난다.

보팔(인도)
1984년에 발생한 가스 누출 사고는
역사상 최악의 산업 재앙 중 하나였으며,
이 사고로 수만 명이 사망했다.[101]

프랑스의 세계적 영향

프랑스는 이제 세계 열강에 속하지 않으며, 정치·경제·문화의 영역에서 몹시 도전받고 있음에도 여전히 중요한 영향력을 유지하고 있다.

과거의 관점으로 볼 때, 프랑스는 스스로 세계 강대국이 되고자 하는 국가이며, 오늘날에는 2차 강국에 지나지 않지만, 특정 분야에서는 계속해서 전 세계적인 영향력을 유지하고 있다.

- 경제적 영향력: 프랑스는 국내총생산에서 세계 8위 국가이며, 수출입 외국인 투자의 흐름에서 큰 비중을 차지하고 있다. 이러한 요소는 프랑스 경제의 경쟁력을 보여준다.

- 정치적·군사적 영향력: 프랑스는 해외 작전 지역에 군대를 파견할 수 있는 능력을 갖추고 있으며, 일부 국제기구(유럽연합, 국제연합)에 적극적으로 참여

▼ 프랑스어권의 국제적 조직

프랑스어권이란 프랑스어를 공용어로 쓰거나 가르치는 다수의 나라를 가리킨다. 프랑스는 이 국제적 공간에서 수많은 활동을 조직하고, 프랑스계 중고등 교육기관을 지원하면서 문화적 영향력을 행사한다.

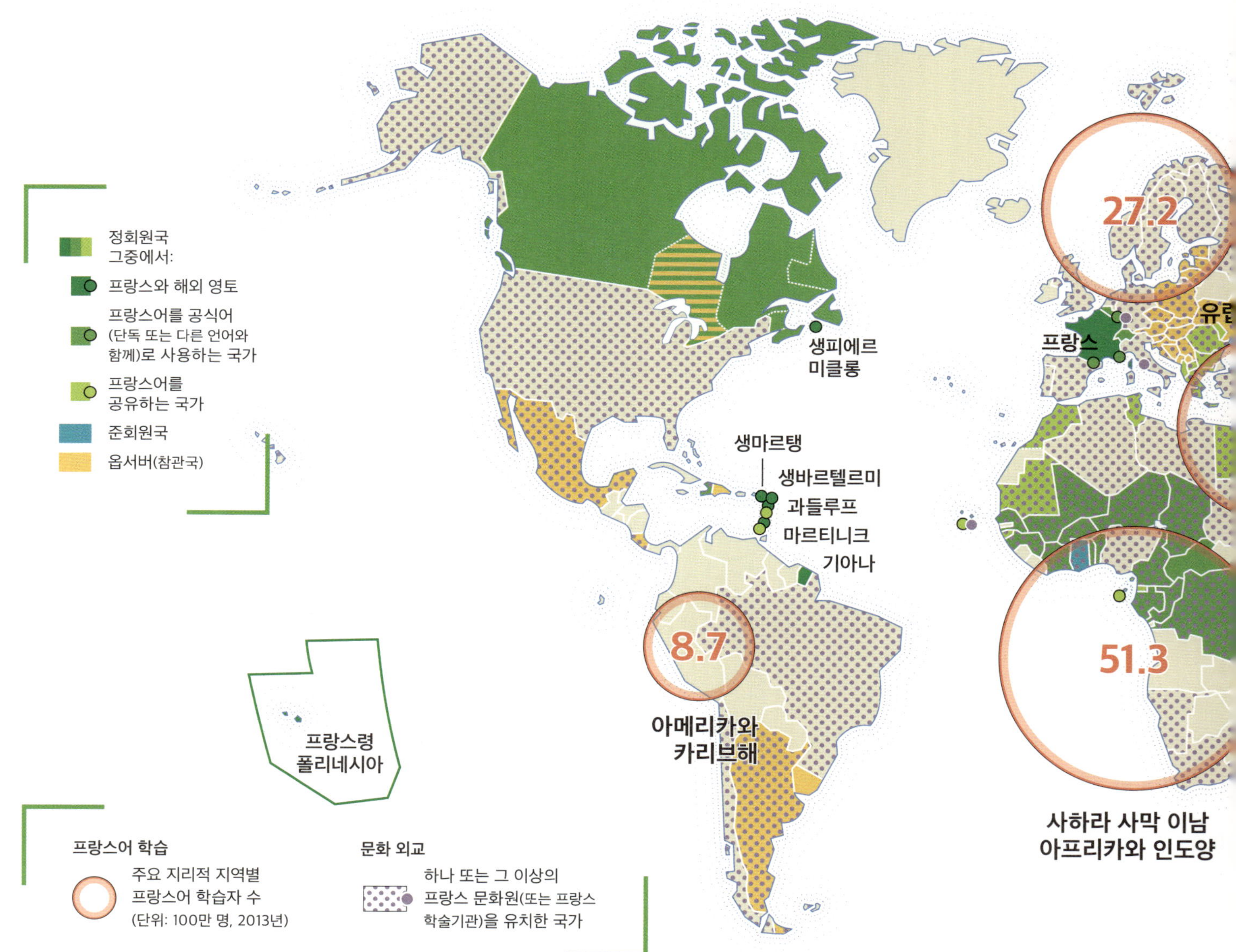

도쿄의 프랑스 제과점

하고 있다. 또한 정치·군사 동맹(북대서양조약기구)을 맺고 있으며, 대사관과 영사관의 촘촘한 네트워크를 보유하고 있다.

- 문화적 영향력: 프랑스는 프랑스어 사용권을 통해 문화적 영향력을 행사하며, 해외에 자국의 문화(미식, 영화, 명품)를 전파하는 능력을 가지고 있다.

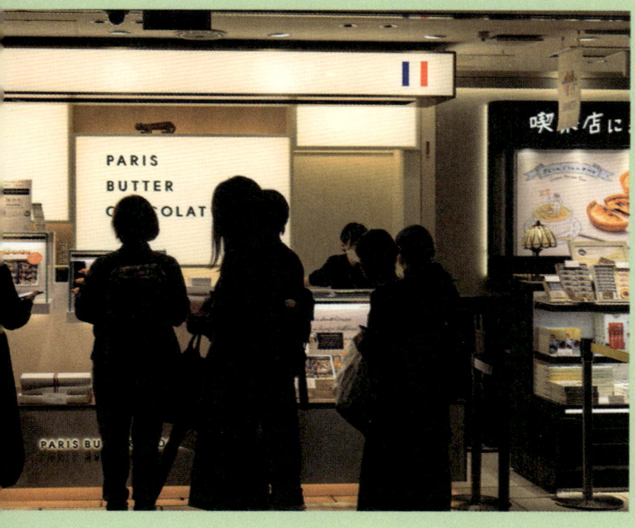

▼ 세계 정복에 나선 프랑스 미식

프랑스 요리와 그 삶의 예술은 세계에서 프랑스가 영향력을 행사하는 주요 수단이다.
알랭 뒤카스Alain Ducasse는 프랑스와 전 세계에 수많은 레스토랑을 연 미슐랭 스타 셰프다.

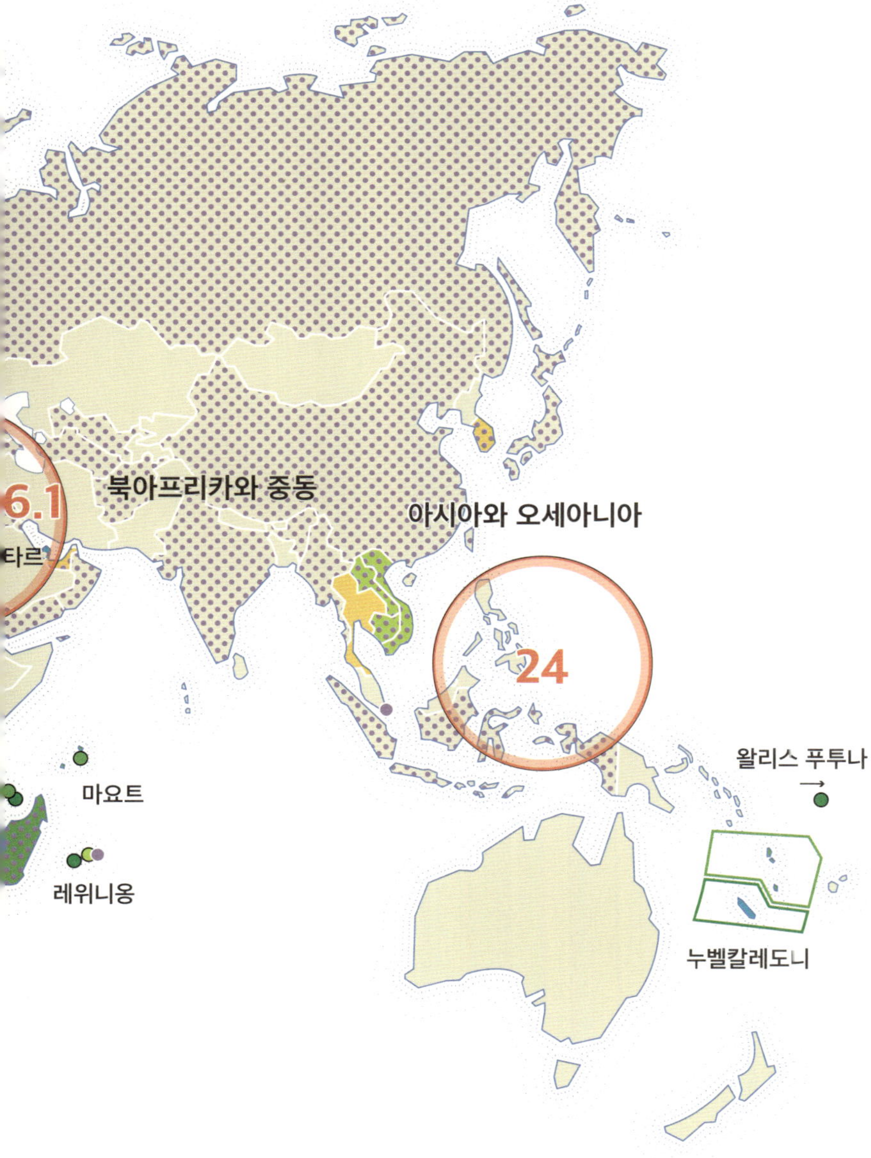

예시

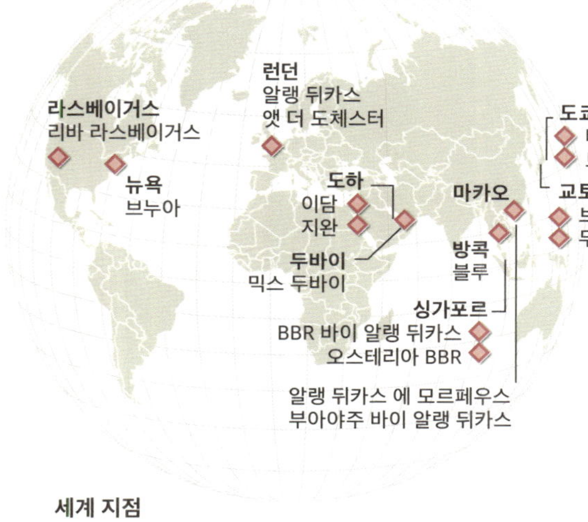

세계 지점

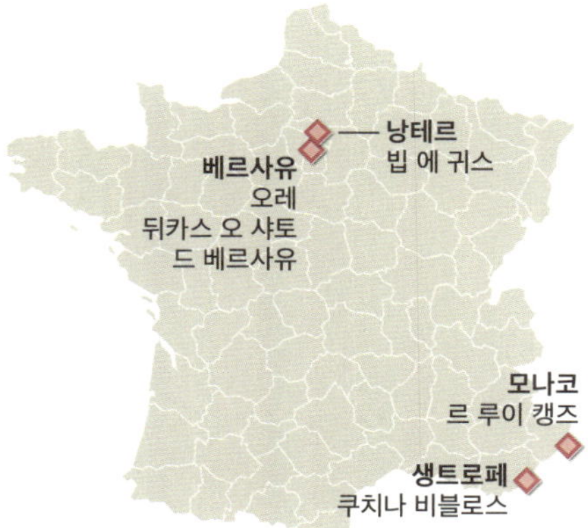

프랑스 지점

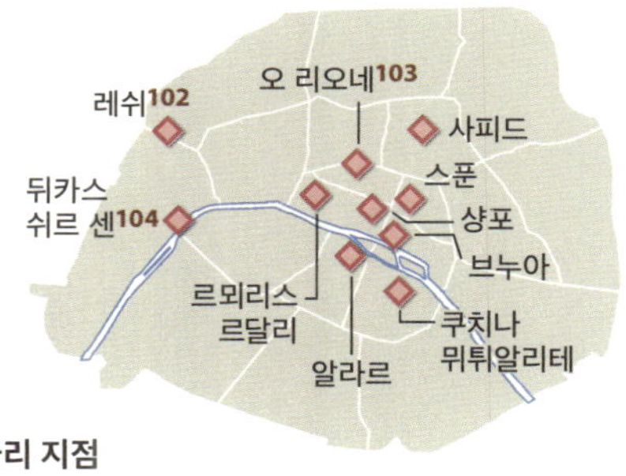

파리 지점

세계화 속의 미국

2025년에도 미국은 세계를 지배하고 영향력을 행사
하는 기준이 되는 세계 강국이다. 그러나 새로운 경
쟁국들이 등장하면서 이 강대국 지위를 점점 더 거
세게 흔들고 있다.

월스트리트
뉴욕 맨해튼의
증권거래소 건물.

▼ 미국의 주요 도시들

미국의 국력은 무엇보다도 매우 촘촘한 도시 네트워크와 관련이 있다. 미국의 북동부, 캘리포니아
또는 텍사스에는 수많은 세계적 도시들이 거대 도시권(메갈로폴리스)으로 뭉쳐 있다.

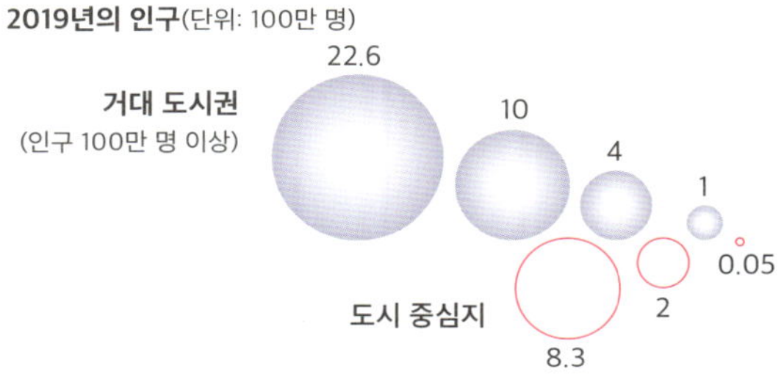

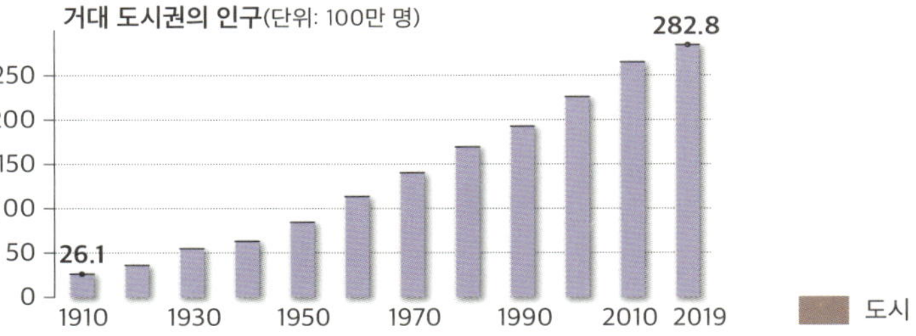

2019년의 인구(단위: 100만 명)

22.6

거대 도시권
(인구 100만 명 이상)

10

4

1

0.05

도시 중심지

2

8.3

거대 도시권의 인구(단위: 100만 명)

282.8

26.1

1910 1930 1950 1970 1990 2010 2019

도시

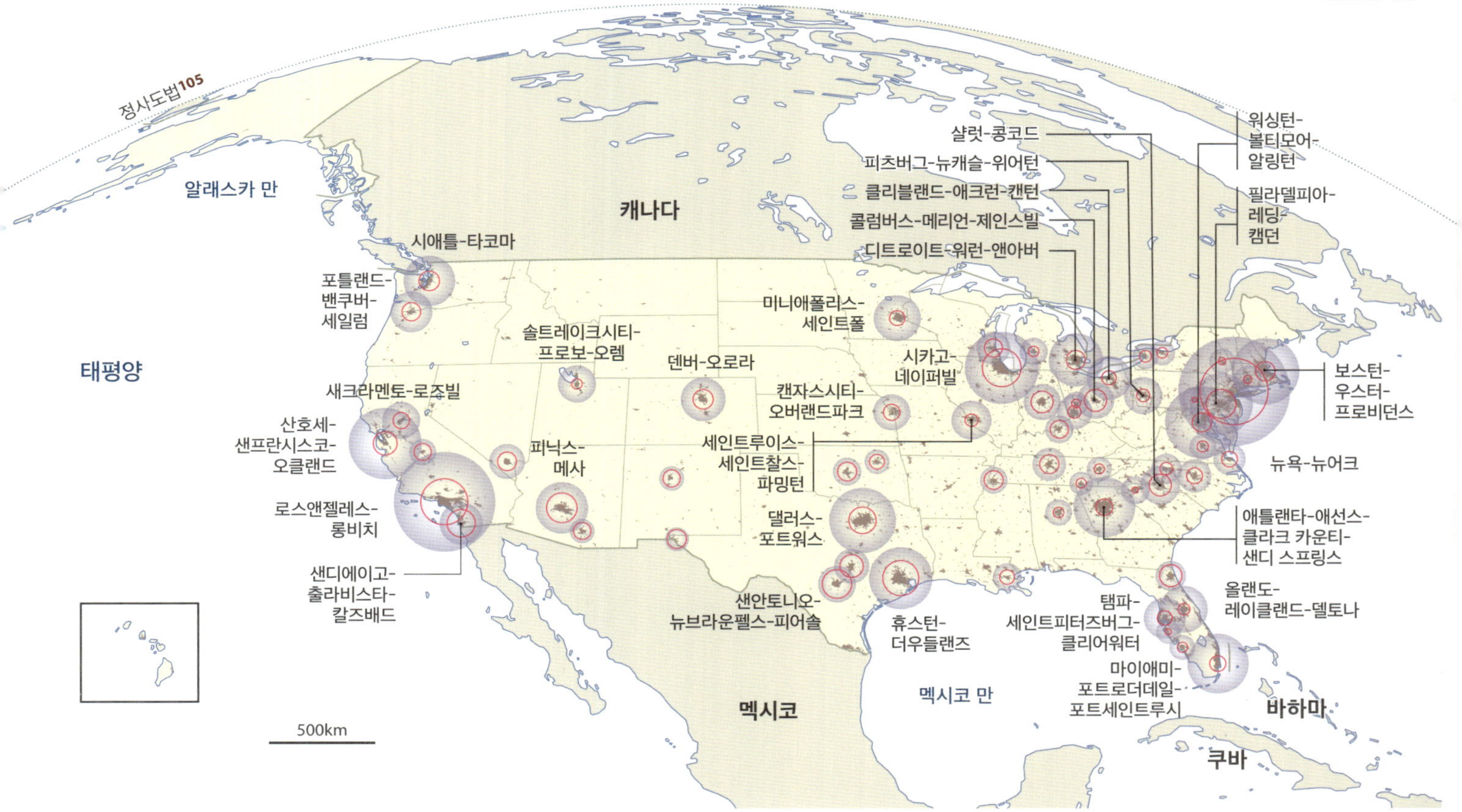

한 나라의 지배력과 영향력 수준을 측정하는 전통적인 기준에 따라, 미국은 세계에서 가장 큰 강국임이 분명하다.

우선, 미국은 거대한 경제·기술 강국이다. 미국은 전 세계 국내총생산의 25퍼센트를 차지하며, 세계 각국에서 투자자들을 끌어들이는 주요 상업 강국이다. 마찬가지로 미국 기업들은 전 세계 모든 국가에 투자하고 있다.

2010년대 이후 영향력이 다소 약해진 듯 보이기는 해도, 미국은 여전히 정치적·군사적 강국이다. 미국은 더는 '세계의 경찰'은 아니지만, 여전히 세계 1위의 국방비[2025년 9,620억 달러]를 지출하며 전 세계에 군사 기지를 가지고 있다.

미국의 영화와 텔레비전 연속물 같은 문화 상품은 세계로 널리 퍼지고 있으며, 다른 나라에 참고할 만한 기준을 제공한다.

▼ 세계적 군사 강국

미국 군대는 세계 최강이다. 군사 장비는 세계 어느 나라도 따라잡기 어려운 수준이며, 세계 모든 대륙과 바다에 있는 군사 기지 덕분에 미국은 어느 곳이나 통제하고 개입할 수 있다.

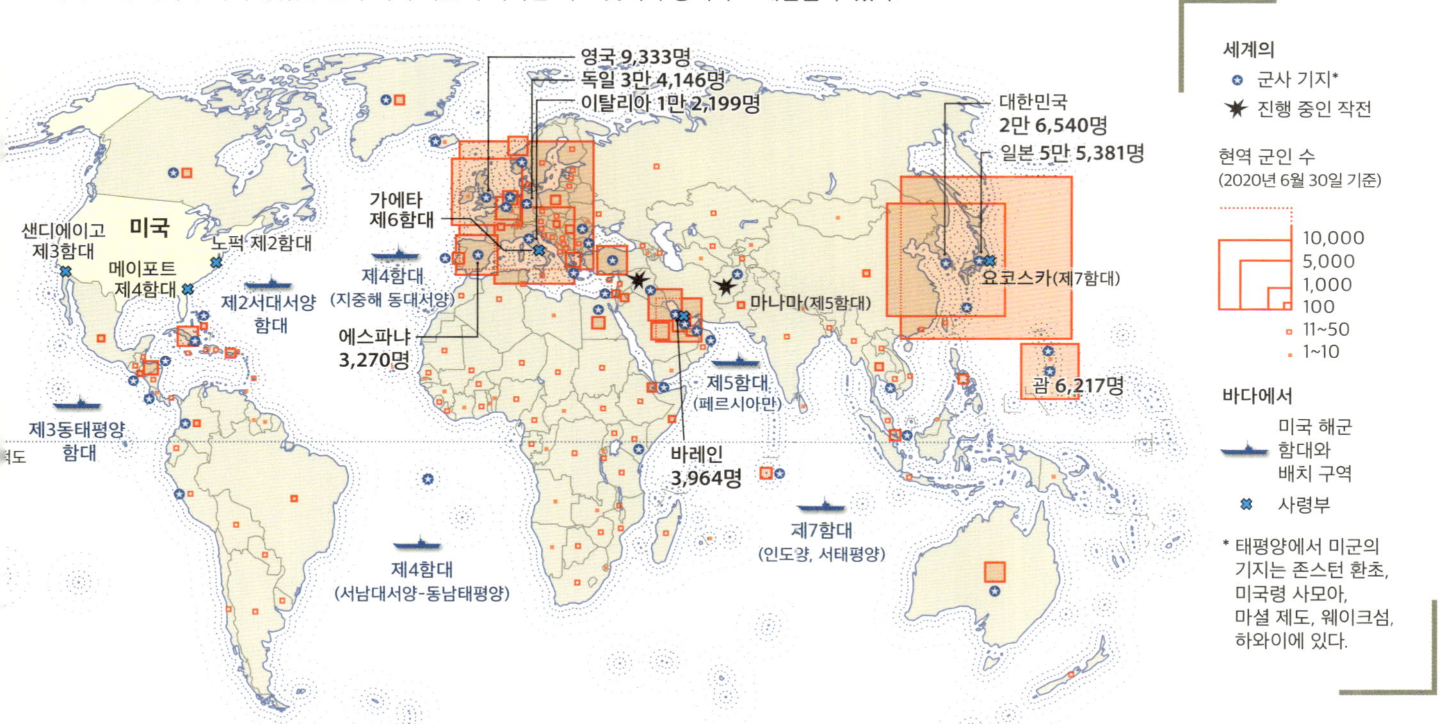

워싱턴 시 ▶

워싱턴은 정치적 수도일 뿐 아니라 강력한 첨단 기술 활동을 집중시키고 있기 때문에, 미국 북동부의 거대 도시권 중심이 되었다.

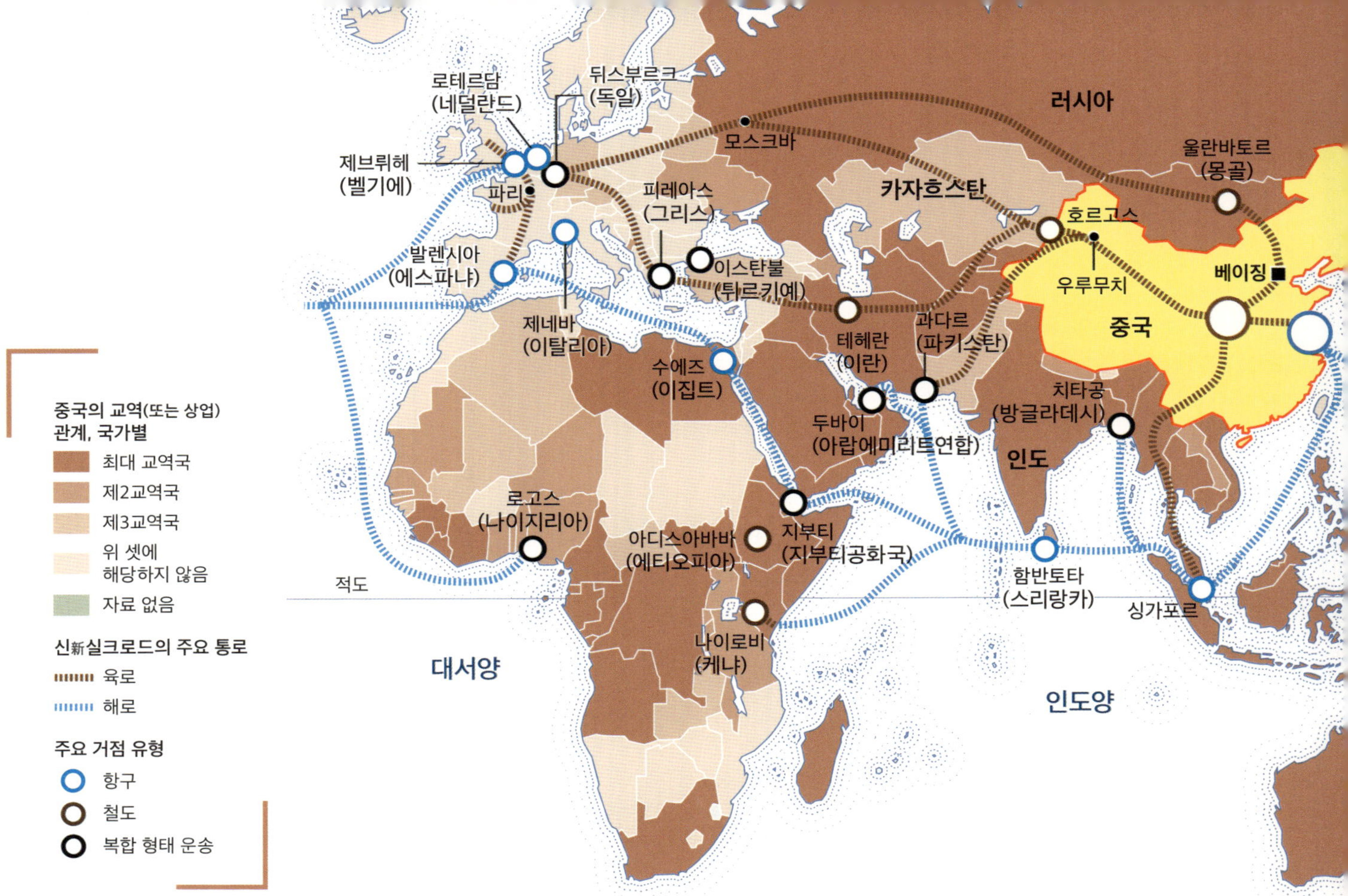

▲ 중국, 새로운 세계 강국

중국은 상업·정치 조직들을 통해 경제 활동을 펼치고 있으며, 특히 아시아와 아프리카의 수많은 국가와 더욱 협력하고 있다. 또한 해상·육상 운송 네트워크를 건설하고 유지하면서 영향력을 확대하고 있다.

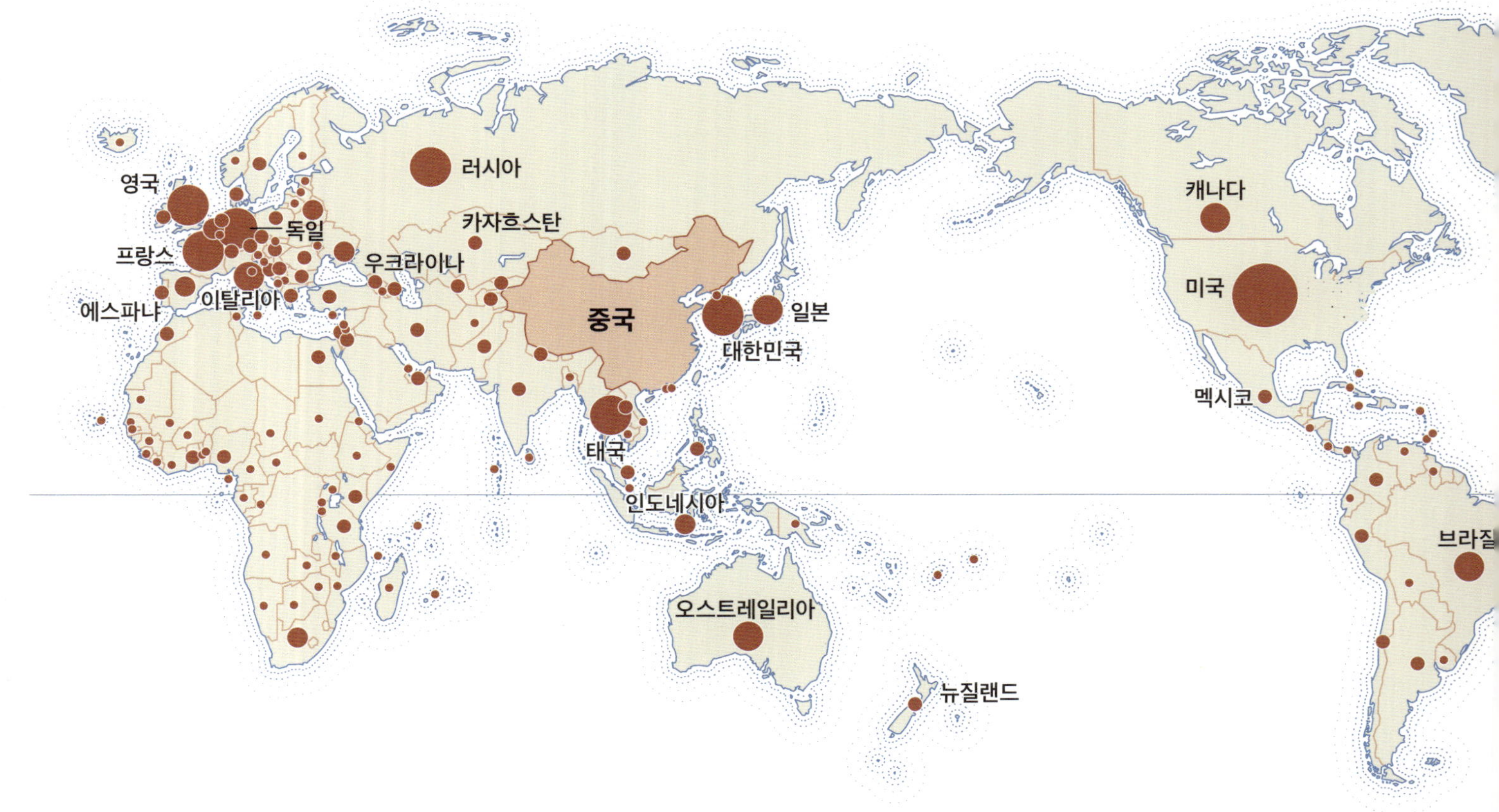

세계화 속의 중국

중국은 모든 분야에서 미국과 점점 더 경쟁하며, 자국의 규범과 영향력을 세계적인 규모로 관철시키려고 한다. 이 두 나라의 경쟁은 이제 막 시작되었을 뿐이다.

후저우(중국)의 슈퍼마켓
중국 주민들이
설날(춘제) 준비를 하고 있다.

중국은 21세기 초부터 세계적 영향력을 끼치려 하며, 모든 분야에서 미국을 앞지르려고 노력한다. 아직은 미국 군대와 경쟁하기에는 한참 못 미치지만, 중국군은 계속해서 발전하고 있다. 중국은 특히 '남반구' 국가들과의 동맹과 협력을 늘리고 있다. 경제 분야를 보면, 중국은 GDP 기준으로 미국을 맹추격하는 것을 넘어 거의 모든 면에서 앞질렀으며, 스스로를 세계 최대의 통상 국가로 자리매김했다. 심지어 첨단 기술 분야의 거인들과도 경쟁하려 하고 있다.[106]

중국은 강대국이 되고자 하는 의지 때문에 일부 분야와 특정 영토에서 긴장을 초래한다. 그 의지는 남중국해에서 완벽하게 드러난다.

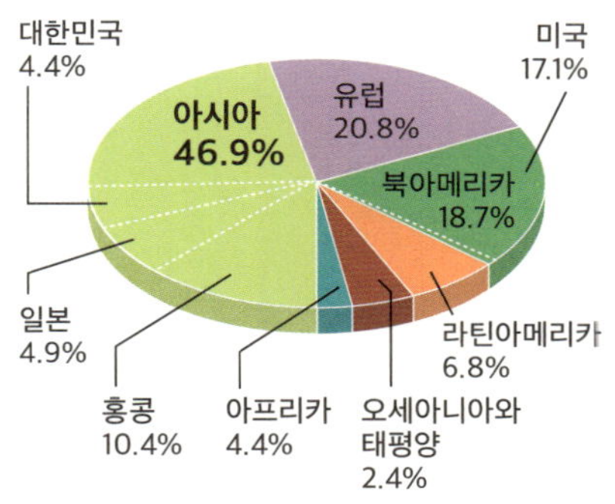

세계 교역의 중심에 있는 중국
중국은 수많은 국가와 교역한다.
중국은 강력한 산업을 바탕으로 자국의
상품을 수출하며, 주로 원자재를 수입한다.

◀ **중국, 세계적인
문화 강국인가?**

중국은 공자학원을 통해
세계적으로 영향력 있는
문화 정책을 개발하고 있으며,
많은 나라에 퍼져 있는
강력한 중국인 이주 공동체가
언어·미식·영화 같은 문화적
정체성을 지키고 퍼뜨린다.

2021년 대륙별 중국의 수출 목적지

2021년 대륙별 중국의 수입 원산지

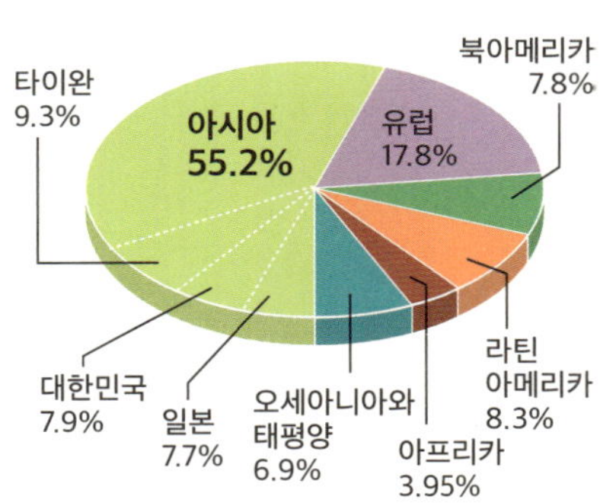

세계화에서
아프리카의 공간들

아프리카는 과연 세계화에서 소외된 대륙인가? 어떤 면에서 이러한 주장(가난, 취약한 교류, 분쟁 등)이 타당하다는 모습을 볼 수도 있지만, 반대로 아프리카 지역들이 세계화에 통합되고 있음을 보여주는 증거도 찾을 수 있다.

라고스(나이지리아)
공중에서 본
도로와 건물들.

▼ 아프리카 도시의 폭발적 증가

세계에서 도시화율이 가장 낮은 아프리카 대륙에서는 지난 수십 년 동안 도시 인구가 폭발적으로 증가했다. 특히 서아프리카에서 거대 도시들이 두드러지게 나타났다. 라고스 같은 몇몇 도시는 세계 주요 도시의 순위에 진입하려고 노력하고 있다.

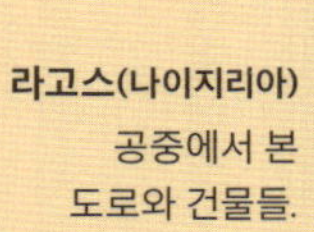

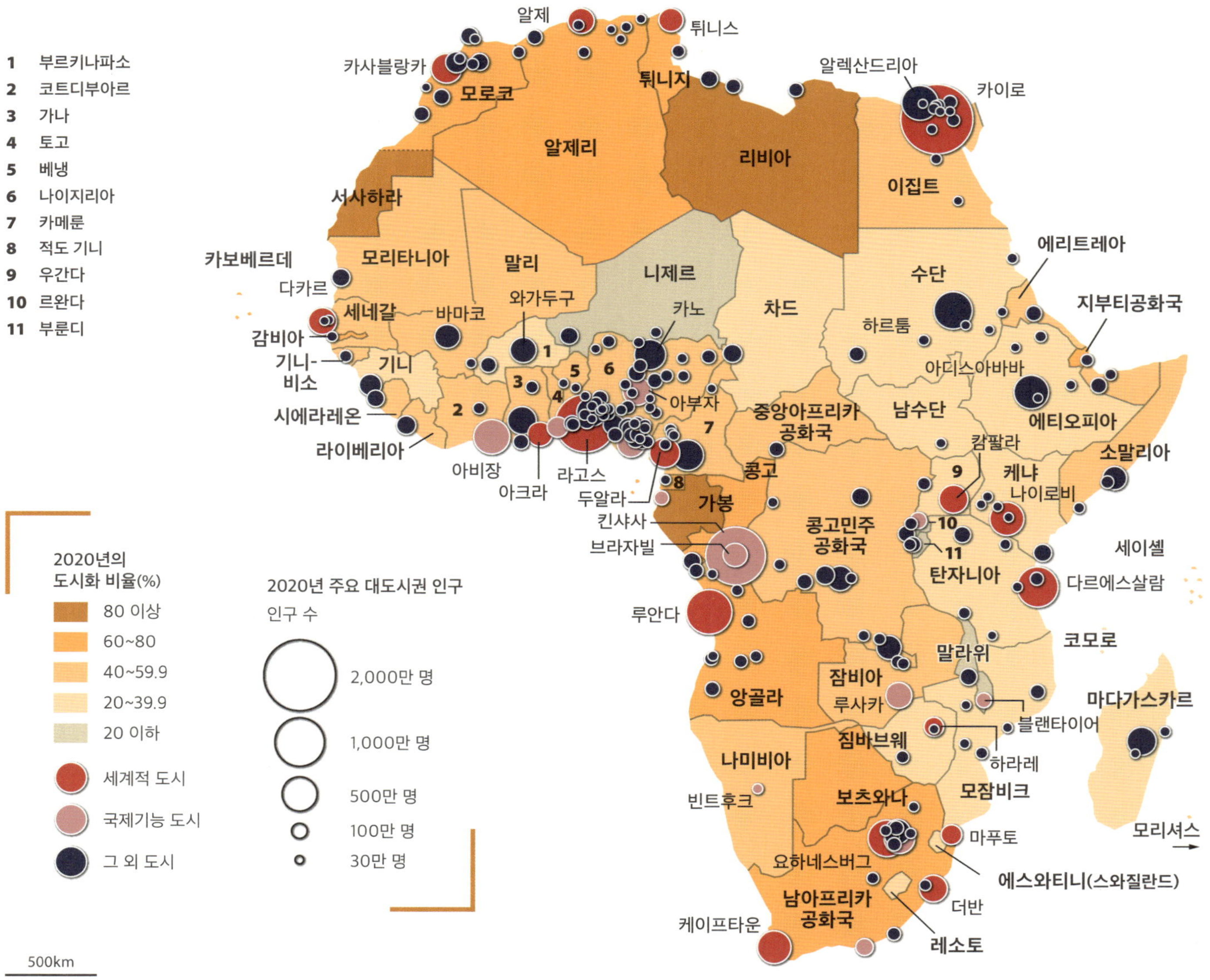

아프리카는 신흥 대륙인가? 이 대륙은 저개발, 분쟁, 권위주의 정권, 잦은 인도적 재난, 환경 위기 등의 어려움을 겪고 있기 때문에 수많은 지역이 세계화에서 배제된다. 사헬과 중앙아프리카 지역들이 이러한 상황으로 가장 큰 고통을 겪는다.

그러나 아프리카 대륙 차원에서 수많은 거점이 스스로 역량을 확고히 하며 세계 교역에 더욱 통합되고 있다. 남아프리카공화국이나 나이지리아 같은 국가들은 아프리카의 진정한 강국으로 떠오르고 있다.

지방의 차원에서도 세계화의 물결에 따라 수많은 도시와 거대 도시들이 더욱 긴밀한 관계를 맺는다. 라고스(나이지리아)와 기니 만의 도시들, 카이로(이집트), 요하네스버그(남아프리카공화국)가 중요 거점이다.

▼ 아프리카의 교통망과 발전

세계적으로 인간개발지수가 상대적으로 낮은 아프리카는 풍부한 지하자원과 교통망 건설을 바탕으로 세계화의 물결에 통합되려고 노력한다.

1 반줄
2 비사우
3 와가두구
4 니아메
5 야무수크로
6 캄팔라
7 음바바네
8 부르키나파소
9 중앙아프리카공화국
10 짐바브웨
11 보츠와나

범례

내륙국
(바다가 없는 나라)

수도(단위: 인구 100만 명)
● 300만 명 이상
• 300만 명 이하

기존 기반시설
주요 내륙 연결 통로(복합 운송)와 범아프리카 노선
주요 항공 거점 (공항 허브)
주요 항구

2015~2020년
연평균 처리량(단위: 100만 톤)
1,500만 톤 이상
500만~1,500만 톤
500만 톤 미만

주요 건설 현장
◇ 교통
◇ 산업과 광업
◇ 에너지
◇ 도시 개발
‘아프리카 인프라 개발 프로그램PIDA’의 대규모 초국가적 도로 프로젝트

지도 지명

탕헤르, 카사블랑카, 알제, 튀니스, 트리폴리, 알렉산드리아, 포트사이드, 수에즈, 카이로, 샤름 엘 셰이크, 후르가다, 누아디부, 누악쇼트, 말리, 니제르, 차드, 포트수단, 하르툼, 아스마라, 지부티, 다카르, 바마코, 카보베르데, 코나크리, 프리타운, 몬로비아, 산 페드로, 아비장, 타코라디, 로메, 코노투, 아크라, 테모, 라고스, 두알라, 바타, 리브르빌, 푸앵트누아르, 브라자빌, 킨샤사, 루안다, 아부자, 은자메나, 방기, 남수단, 주바, 에티오피아, 아디스아바바, 우간다, 키갈리, 부줌부라, 도도마, 나이로비, 모가디슈, 몸바사, 다르에스살람, 잠비아, 말라위, 릴롱궤, 나칼라, 루사카, 하라레, 베이라, 토아마시나, 빈트후크, 가보로네, 프리토리아-요하네스버그, 마푸토, 리처드 베이, 모리셔스, 월비스베이, 살다냐, 케이프타운, 포트 엘리자베스, 더반

500km

세계 인구 증가의
불균형한 현실

1800년에 겨우 10억 명이었던 세계 인구는 2022년
에는 80억 명이 되었다. 이는 특히 20세기 초부터 시
작된 인구 폭발의 결과다. 이처럼 세계 인구는 계속
증가하고 있지만, 지역별로 차이가 있다.

벵가누르(인도)
인도의 인구는 2023년에 13억 8,000만 명으로 중국을 제치고 세계에서 가장 인구가 많은 나라가 되었다.

▼ 1900년 이후 세계의 사망률과 출산율

세계적으로 출산율과 사망률의 변화에 따라 인구 증가 속도는 빠르거나 느리게 나타난다.
특히 선진국은 고령화 문제에 직면하고 있는 반면, 저개발국의 인구는 빠르게 증가하며, 젊은 층이 다수를 차지한다.

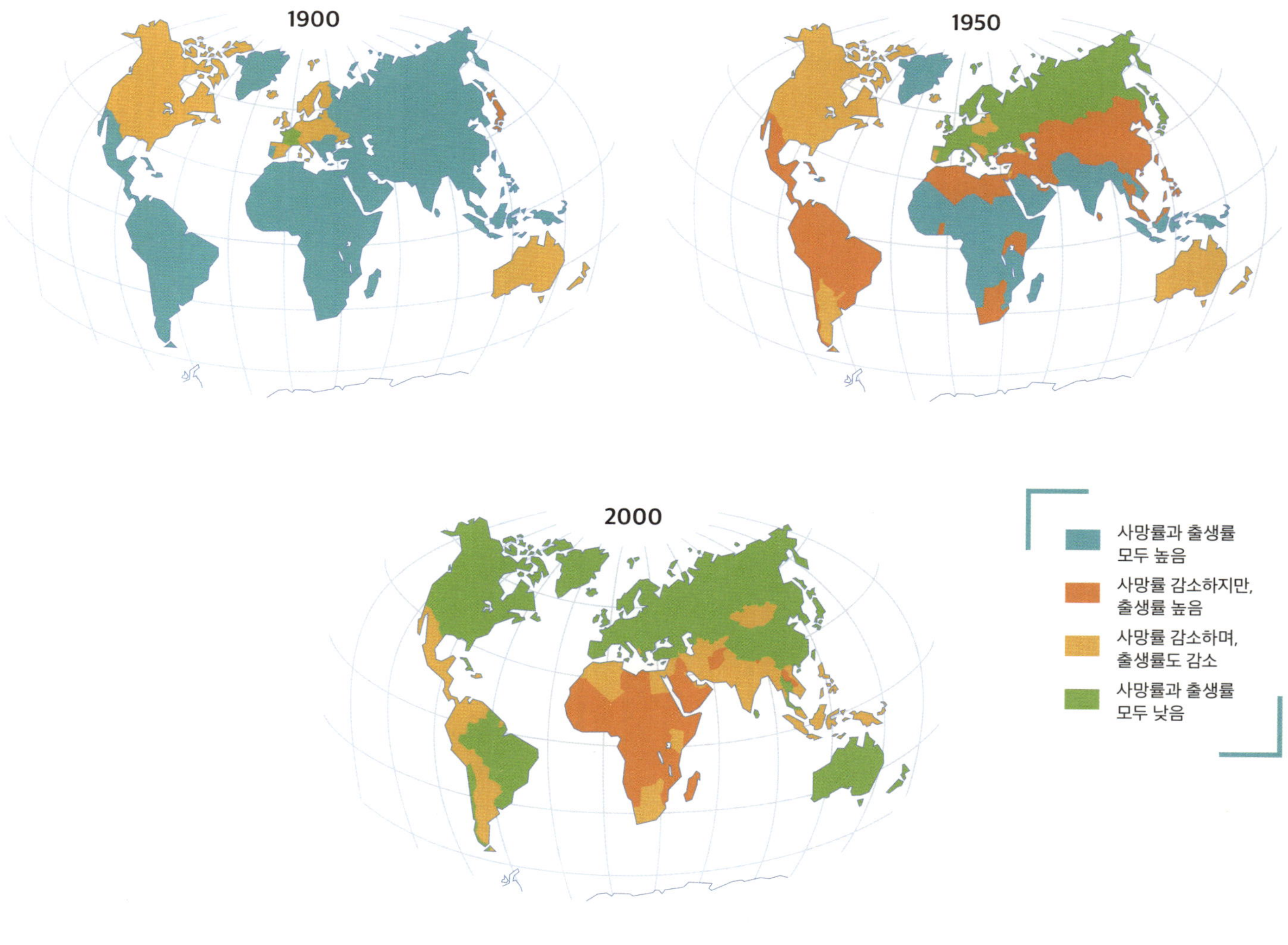

몇 년 전부터 세계 인구 증가 속도가 줄고 있다. 세계 인구가 70억 명에서 80억 명이 되는 데 11년이 걸렸다면, 80억 명에서 90억 명이 되는 것은 아마 15년, 90억 명에서 100억 명이 되는 것은 이보다 조금 더 긴 시간이 걸릴 것으로 예상하고 있다.

특히 유럽에서 인구 증가가 둔화하고 있으며, 외부 인구(이민자) 유입이 없다면 인구 감소를 겪을 것이다. 최근 인도에 인구수를 추월당한 중국은 빠르게 고령화되면서 유럽이나 북아메리카의 인구 구조와 비슷한 모습을 보여주고 있다.

아프리카에서도 인구 증가의 속도는 줄어들고 있지만, 유일하게 인구 증가율이 높아서, 1950년 2억 명에서 2020년 13억 명으로 늘어났다. 아프리카 인구의 3분의 2는 25세 미만 젊은 층이 차지하며, 이 때문에 학교, 의료 서비스, 일자리에 대한 접근성 문제가 매우 심각하게 나타나고 있다.

심각한 불균형
유럽연합에서 인구의 중위 연령은 41세인 반면, 아프리카에서는 유럽연합의 절반 이하보다 낮은 19세다.

▼ 1800년부터 현재까지 세계 인구

19세기에 시작된 세계 인구의 강력한 증가세는 20세기 의학의 발전에 힘입어 더욱 가속화했다.

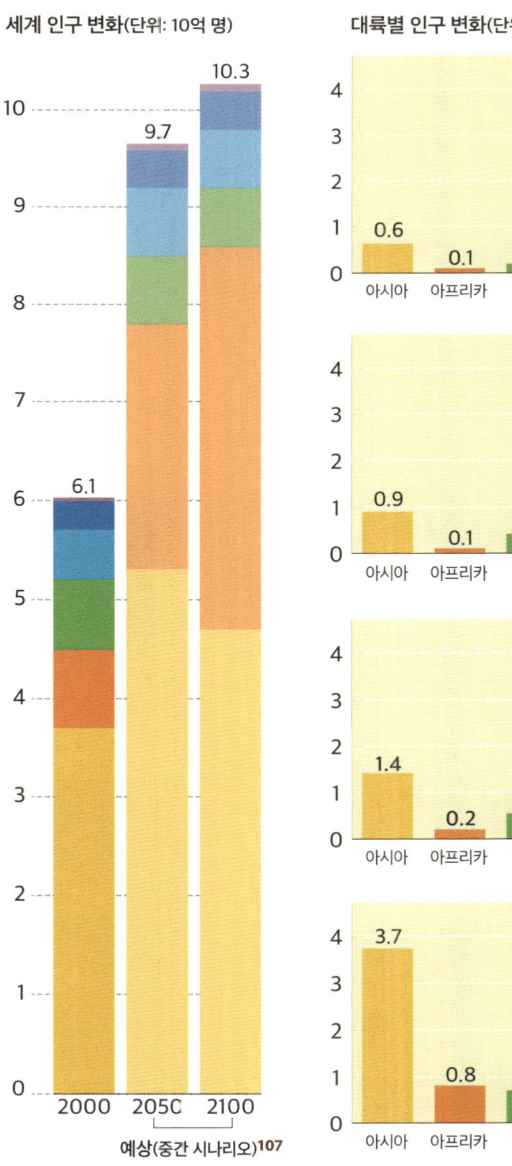

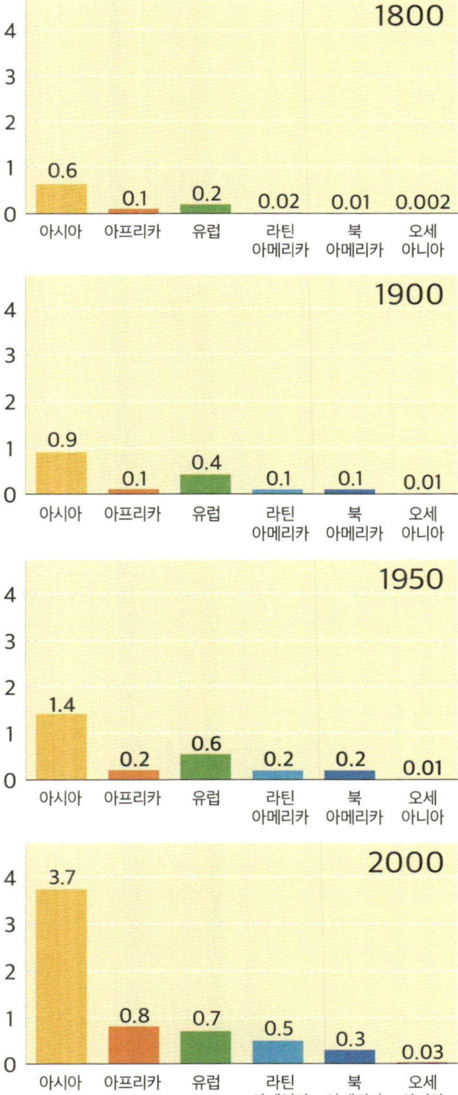

▼ 오늘날의 세계 지정학

중국 같은 새로운 강대국들은 미국, 서방 국가들과 경쟁하기를 원하고 있다. 새로운 강국들은 자국의 인구와 경제적 비중에 걸맞은 영향력을 갖기를 희망하며, 전통적 강대국들과 외교 관계를 재조정하기를 원한다.

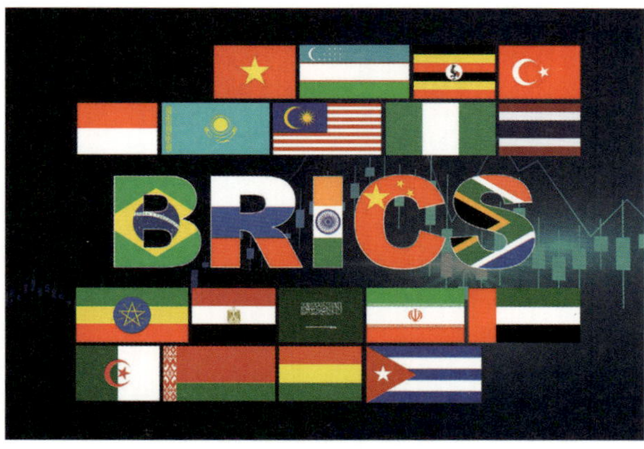

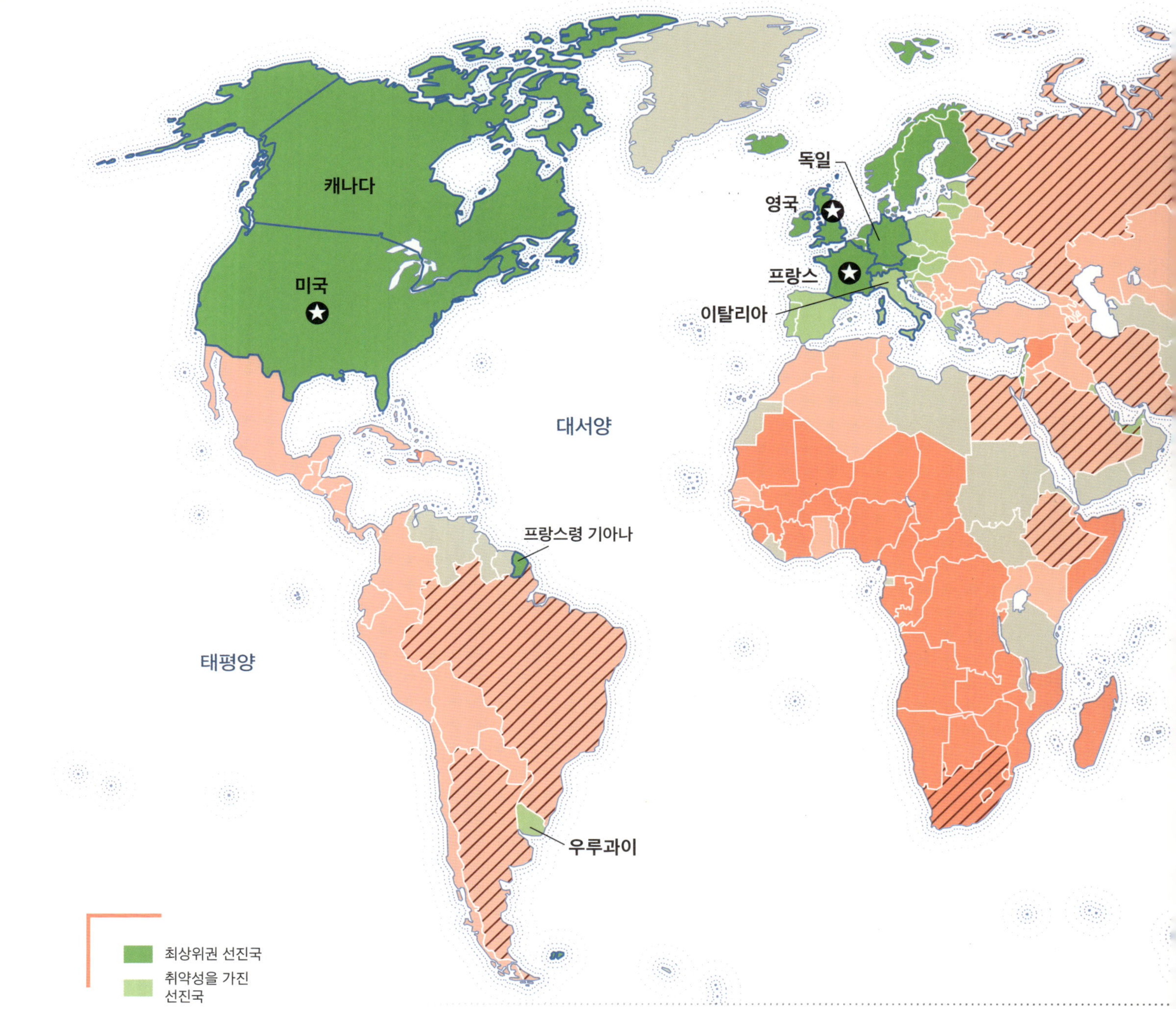

- 최상위권 선진국
- 취약성을 가진 선진국
- 신흥국
- 불안한 국가
- 자료 없음
- G7 국가* (미국, 캐나다, 프랑스, 영국, 이탈리아, 독일, 일본)

* G7은 매년 세계에서 가장 산업화된 7개국 정상들이 모여 경제를 논의하고 협력하는 회의체다.

- 브릭스Brics 국가[108]
- 군사 강대국

브릭스 회원국들은 세계 경제를 개혁해서 개발도상국에 더 중요한 역할을 부여하는 목표를 갖고 있다.

2025년, 우리는 다극화된 세계에 살고 있는가?

'파편화된' 세계, '다극화된' 세계, '남반부 국가들의' 보복, 새로운 '냉전', 과연 지정학적 관점에서 현재 세계는 어떤 모습인가?

세계화의 주체는 누구이며, 현재 세계를 뒤흔드는 위기는 무엇인가?

21세기에 들어서 세계는 다양한 권력의 중심축들이 경쟁하거나 협력하면서 영향력을 행사하는 다극화된 형태로 변화했다. 미국은 여전히 주요 중심축으로 남아 있으며, 유럽연합 국가들은 독자적인 경제적·정치적 구조 속에서 또 하나의 축을 형성하고 있다. 중국과 브릭스(브라질, 러시아, 인도, 중국, 남아프리카공화국)의 등장이 두드러지고, 비록 내부에서 많은 분열이 있음에도 특히 2023년에 새로운 국가들을 회원으로 받아들이면서 세계 무대에서 자국의 존재감을 확립하고자 하는 '글로벌 사우스'를 탄생시켰다.[109]

21세기 초부터 위기와 긴장이 증가하고 분쟁 지역이 많아지고 있다. 중동과 사하라 사막 이남 아프리카의 전통적인 분쟁 지역은 아직도 그대로 남아 있으며, 2022년 러시아의 침공 이후 우크라이나에서 발생한 전쟁과 같은 새로운 분쟁들이 나타나고 있다.

국가		수치
미국		27
중국		17.7
독일		4.4
일본		4.2
인도		3.7
영국		3.3
프랑스		3.1
이탈리아		2.2
브라질		2.1
캐나다		2.1

▲ 세계 10대 경제 대국
2023년 국내총생산 기준
(단위: 10억 달러)

폐허 앞에 있는 우크라이나 국기
2022년에 시작된 러시아와의 전쟁은 아직 끝나지 않았다.

한 걸음 더 나아가기

연표

800만 년 전	최초의 인류(호미니드) 출현
250만 년 전	호모Homo 속屬 출현
45만 년 전	불의 발명
20만 년 전	호모 사피엔스 등장
약 1만 년 전	농업의 시작
기원전 3300년경	문자의 발명, 메소포타미아의 쐐기문자 출현
기원전 3200년경	이집트의 신성문자 출현
기원전 2600년경	기자의 피라미드 건설
기원전 8세기경	그리스 도시국가의 탄생과 지중해 유역에 그리스 식민지 건설
기원전 776년	올림피아에서 최초의 올림픽 대회 개최
기원전 753년	로물루스의 로마 건설
기원전 587년	예루살렘 신전 파괴, 히브리인이 바빌론으로 끌려감
기원전 509년	로마 공화정 수립
기원전 490~480년	페르시아와 그리스의 전쟁, 페르시아 전쟁 또는 메디아 전쟁이라 함
기원전 478~431년	아테네 전성기
기원전 431~404년	펠로폰네소스 전쟁
기원전 334~323년	알렉산더 대왕의 동방 원정
기원전 300년	로마의 지중해 정복 시작
기원전 70년	예루살렘 성전 2차 파괴, 지중해 전역으로 디아스포라*
기원전 52년	갈리아 전쟁과 알레시아에서 로마 승리
기원전 27~14년	옥타비아누스 아우구스투스 통치: 로마 제국 탄생
기원전 5~30년	예수 그리스도의 생애
64년	로마 대화재, 기독교인 박해 시작 1세기 복음서(성경) 기록
212년	카라칼라 칙령: 제국의 모든 주민에게 로마 시민권 부여
313년	콘스탄티누스 칙령: 기독교 신앙 활동 허용
392년	테오도시우스 칙령: 로마 제국의 기독교 국교화
395~1453년	비잔티움 제국

* 디아스포라는 살던 곳을 떠나 다른 지역으로 흩어지는 행위 또는 그렇게 사는 민족이나 집단을 뜻한다.

476년	서로마 제국 멸망과 고대 시대 종료
527~565년	유스티니아누스 황제 통치
622년	헤지라(성천): 무함마드가 메디나로 피신, 이슬람 종교력 시작
632년	무함마드 사망, 이슬람이 아라비아 전역으로 확산
632~750년	이슬람 정복 활동: 쿠란(코란) 편찬
751년	피핀 3세(단신왕) 프랑크 국왕 즉위: 카롤링거 왕조 창건
768~814년	샤를마뉴 대제 통치
800년	샤를마뉴 대제의 황제 대관식, 엑스라샤펠을 왕국 수도로 지정
843년	베르됭 조약으로 제국 분할
987년	위그 카페 대관식과 왕 즉위
1054년	동서 대분열: 서방 가톨릭교회와 동방 정교회 분리
1095년	교황의 제1차 십자군 소집 호소
1099년	십자군이 예루살렘 정복
1180~1223년	필리프 2세 오귀스트 통치
1187년	살라딘의 예루살렘 탈환
1214년	부빈 전투
1226~1270년	루이 9세 통치
1337~1453년	백년 전쟁
1348년	유럽에 흑사병 창궐
1450년	구텐베르크가 유럽에 인쇄술 도입
1453년	튀르크의 콘스탄티노플 점령으로 비잔티움 제국 멸망
1492년	크리스토퍼 콜럼버스의 아메리카 대륙 발견
1498년	바스코 다 가마가 희망봉 지나 인도 항로 개척
1515~1547년	프랑수아 1세 통치
1516~1558년	카를 5세 통치
1517년	루터가 95개조 반박문 발표
1519~1522년	마젤란-엘카노의 세계 일주 탐험
1520~1566년	쉴레이만 1세(대제) 통치
1572년	성 바르톨로메오 축일 학살
1589~1610년	앙리 4세 통치
1598년	낭트 칙령 반포
1661~1715년	루이 14세 통치
1685년	낭트 칙령 폐지
1685년	흑인법Code Noir 채택

1789년 5월 5일	전국신분회 소집
1789년 7월 14일	바스티유 정복
1789년 8월 4일	특권 폐지와 구체제(앙시앵레짐) 종료
1789년 8월 26일	인권 선언
1789~1792년	입헌군주제
1792년 8월 10일	군주제 붕괴
1792년 9월 22일	제1공화국 시작
1792~1794년	공포정치
1794년 2월 14일	국민공회가 노예제도 폐지
1799년 11월 9일	나폴레옹 보나파르트, 공화국에 대항하는 쿠데타 감행
1799~1804년	집정관 정부
1802년	보나파르트가 노예제도 부활
1804~1815년	제1제정
1815~1848년	입헌군주제
1830년	프랑스가 알제리 정복 시작
1848~1851년	제2공화국
1848년	'민족의 봄', 프랑스 노예제도 2차 폐지
1848년	보통선거제 채택
1852~1870년	제2제정
1870~1940년	제3공화국
1881~1882년	페리법 제정: 무상교육, 세속주의(라이시테), 의무교육
1894~1906년	드레퓌스 사건
1905년	정교분리법 제정: 교회와 국가의 분리
1914년 6월 28일	사라예보 사건: 오스트리아 대공 암살
1914~1918년	1차 세계대전
1915~1916년	아르메니아인 집단 학살
1916년	베르됭 전투(2~12월), 솜 전투(7~11월)
1917년 4월	미국의 참전
1917년 10월	러시아의 볼셰비키 혁명
1918년 11월 11일	휴전 협정, 연합국의 승리
1919년 6월 28일	베르사유 조약 서명: 국제연맹 창설(유엔의 전신)
1929년 10월	세계 경제 위기(대공황) 시작
1929년 11월	소련의 토지 집단화
1929~1953년	소련에서 스탈린 집권
1933년 1월 30일	히틀러, 독일 수상에 취임
1935년	뉘른베르크법 제정
1936~1938년	프랑스 인민전선 정부와 사회법 제정(1936년 6월)
1936~1939년	에스파냐 내전
1937~1938년	스탈린의 대숙청(대테러)

1939년	히틀러와 스탈린의 불가침 조약 서명
1939~1945년	2차 세계대전
1942~1943년	스탈린그라드 전투
1944년 6월 6일	노르망디 상륙 작전
1945년 5월 8일	독일 항복
1945년 8월 6일	히로시마에 원자 폭탄 투하
1945년 9월 2일	일본 항복
1946~1954년	인도차이나 전쟁
1947년	미국-소련 냉전 시작
1947년 8월 15일	인도-파키스탄 분리 독립
1948~1949년	베를린: 소련과 미국의 충돌 무대
1949년	북대서양조약기구NATO 창설: 미국 주도의 서방 진영 군사동맹
1950~1953년	한국 전쟁
1951년	유럽석탄철강공동체CECA 창설
1954~1962년	알제리 전쟁
1955년	소련과 동유럽 국가들의 군사동맹: 바르샤바조약기구 결성
1955년	반둥 회의
1957년	로마 조약: 유럽경제공동체EEC 창설
1958년	프랑스 제5공화국 출범
1958~1969년	드골 대통령 재임
1961년	베를린 장벽 건설
1962년	쿠바 미사일 위기
1975년	베유Veil법 공포: 임신 중절(낙태) 합법화 관련
1981~1995년	프랑수아 미테랑 대통령 재임
1989년 11월 9일	베를린 장벽 붕괴
1991년 12월 26일	소련 해체, 냉전 종식
1992년	마스트리흐트 조약: 유럽연합EU 창설
2001년 9월 11일	알카에다의 미국 테러
2002년	유로Euro 단일 통화 효력 발생
2015년	21차 유엔 기후변화협약 당사국총회COP21: 파리 기후 협정

프랑스 지도

파리
낭테르
보비니
센생드니
오드센
크레테이
발드마른
파드칼레
아라스
릴
노르
솜
아미앵
엔
랑
센마리팀
루앙
우아즈
보베
아르덴
샤를빌메지에르
뫼르트에모젤
메스
모젤
바랭
망슈
생로
캉
칼바도스
외르
에브뢰
퐁투아즈
발두아즈
이블린
베르사유
에브리
센에마른
믈룅
에손
마른
샬롱앙샹파뉴
바르르뒤크
뫼즈
낭시
스트라스부르
오른
알랑송
샤르트르
트루아
오브
쇼몽
에피날
보주
콜마르
피니스테르
생브리외
코트다르모르
캠페르
일에빌렌
렌
모르비앙
반
마옌
라발
사르트
르망
외르에루아르
루아레
오를레앙
셰르
욘
오세르
오트마른
오트손
브줄
벨포르
오랭
벨포르테리투아르
루아르아틀랑티크
낭트
앙제
멘에루아르
투르
앵드르에루아르
루아르에셰르
블루아
셰르
니에브르
느베르
코트도르
디종
두
브장송
방데
라로슈쉬르욘
되세브르
비엔
푸아티에
앵드르
샤토루
부르주
손에루아르
롱르소니에
쥐라
라로셸
샤랑트마리팀
니오르
게레
크뢰즈
물랭
알리에
마콩
앵
부르캉브레스
오트부아
안시
오트비엔
리모주
샤랑트
앙굴렘
퓌드돔
클레르몽페랑
루아르
생테티엔
리옹
론
상베리
사부아
페리괴
코레즈
튈
이제르
그르노블
지롱드
보르도
도르도뉴
캉탈
오리야크
오트루아르
르퓌앙블레
프리바
아르데슈
드롬
발랑스
오트잘프
가프
로
카오르
아베롱
로데즈
로제르
망드
가르
님
알프드오트프로방스
디뉴레뱅
알프마리팀
니스
로에가론
아장
타른에가론
몽토방
알비
타른
몽펠리에
에로
보클뤼즈
아비뇽
바르
툴롱
부슈뒤론
마르세유
랑드
몽드마르상
제르
오슈
오트가론
툴루즈
피레네아틀랑티크
포
타르브
오트피레네
아리에주
푸아
오드
카르카손
페르피냥
피레네조리앙탈
100km

해외 영토의 도

마르티니크
포르드프랑스
과들루프
푸앵트아피트르
마요트
마무드주
가이아나
카옌
레위니옹
생드니

노르망디
오드프랑스
일드프랑스
그랑 에스트
브르타뉴
페이 드 라 루아르
상트르 발드루아르
부르고뉴 프랑슈콩테
누벨아키텐
오베르뉴론알프
옥시타니
프로방스 알프 코트다쥐르
코르시카

오트코르스
바스티아
코르스뒤쉬드
아작시오

유럽 지도

그린란드
(덴마크)
북극해
500km
적도에서
레이캬비크
아이슬란드
대서양
핀란드
러시아
헬싱키
노르웨이
탈린
모스크바
오슬로
스톡홀름
에스토니아
스웨덴
라트비아
리가
북해
리투아니아
덴마크
발트해
빌니우스
코펜하겐
러시아
민스크
아일랜드
벨라루스
더블린
영국
네덜란드
바르샤바
키이우
런던
암스테르담
베를린
벨기에
독일
폴란드
우크라이나
브뤼셀
룩셈부르크
체코공화국
몰다비아
룩셈부르크
프라하
슬로바키아
키시너우
파리
브라티슬라바
조지아
리히텐슈타인
비엔나
부다페스트
프랑스
베른
오스트리아
헝가리
루마니아
흑해
파두츠
슬로베니아
스위스
류블랴나
자그레브
베오그라드
부쿠레슈티
이탈리아
크로아티아
불가리아
모나코
보스니아 헤르체고비나
세르비아
소피아
앙카라
산 마리노
사라예보
코소보
프리슈티나
안도라라비에유
몬테네그로
스코페
안도라
바티칸
포드그리차
북마케도니아
튀르키예
포르투갈
코르시카
로마
티라나
알바니아
마드리드
그리스
시리아
리스본
에스파냐
아테네
사르데냐
니코시아
레바논
키프로스
다마스쿠스
시칠리아
베이루트
알제
튀니스
라 발레타
크레타
요르단강 서안지구
암만
라바트
몰타
지중해
예루살렘
가자
모로코
알제리
튀니지
트리폴리
아이스라엘
요르단
카이로
리비아
이집트

세계 지도

그린란드
(덴마크)
북극
알래스카
(미국)
캐나다
오타와
미국
워싱턴
북회귀선
멕시코
바하마
나소
아이티
하바나
포르오프랭스
멕시코시티
쿠바
도미니카공화국
푸에르토리코
벨모판
6
킹스턴
산후안
라바트
모로코
벨리즈
산토도밍고
모리타니아
과테말라
2
테구시갈파
트리니다드 토바고
다카르
누악쇼트
산살바도르
1
카라카스
포트 오브 에스파냐
카보베르데
세네갈
마나과
4
3
조지타운
프라이아
바마코
파나마
5
베네수엘라
파라마리보
감비아
8
산호세
보고타
프랑스령 기아나
반줄
7
파나마
키토
콜롬비아
가이아나
기니 비사우
비사우
에콰도르
수리남
코나크리
라이베리아
페루
프리타운
코트디부아르
리마
브라질
몬로비아
야무수크로
적도
브라질리아
와가두
태평양
볼리비아
대서양
가나
라파스
아크라
파라과이
아순시온
칠레
우루과이
산티아고
부에노스
아이레스
몬테비데오
아르헨티나
남회귀선

1 과테말라
2 온두라스
3 엘살바도르
4 니카라과
5 코스타리카
6 자메이카
7 시에라레온
8 기니
9 부르키나파소
10 베냉
11 상투메 에 프린시페
12 적도 기니
13 중앙아프리카공화국
14 에리트레아
15 아제르바이잔
16 투르크메니스탄
17 아프가니스탄
18 카타르
19 아랍에미리트연합

남극권

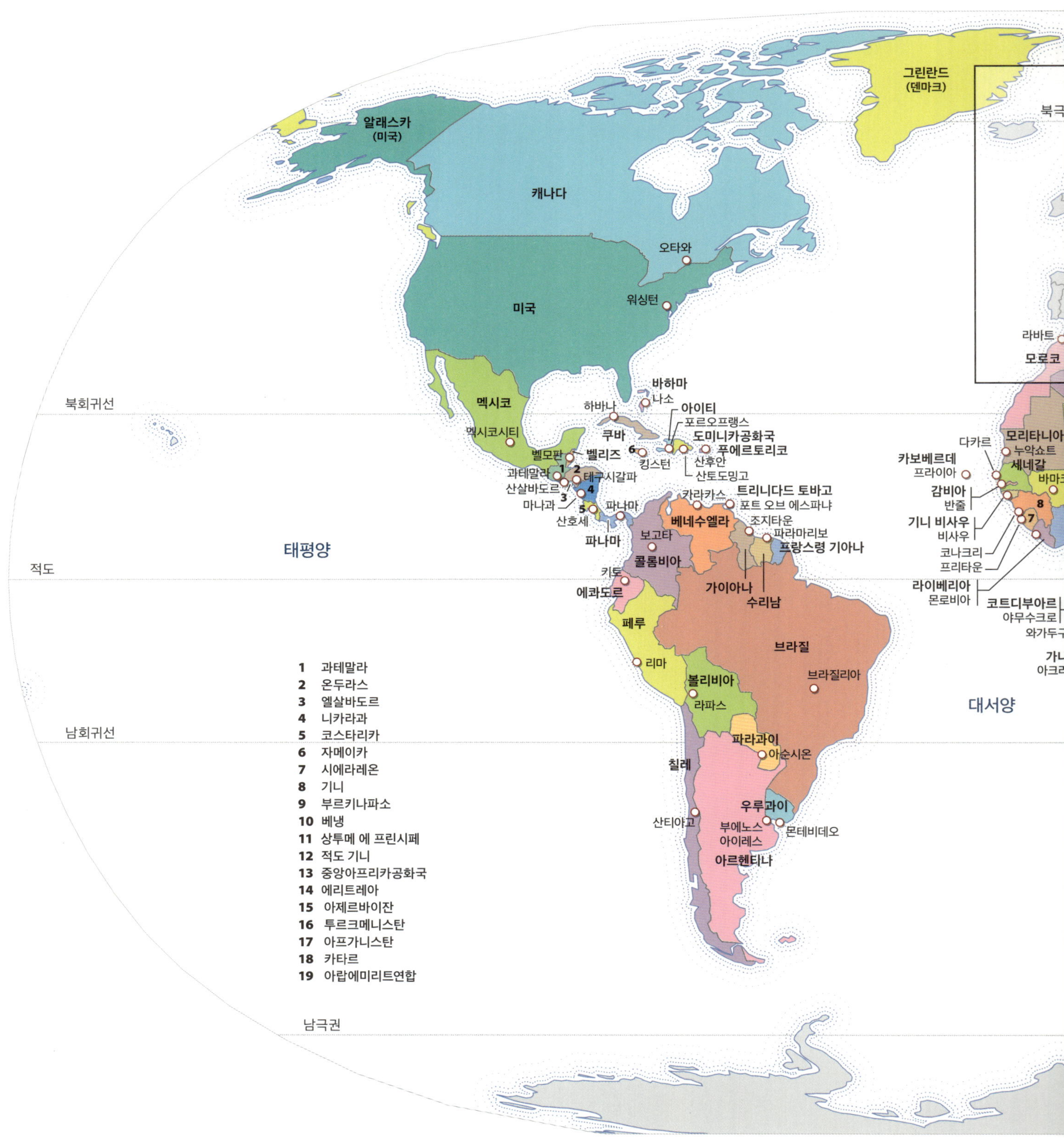

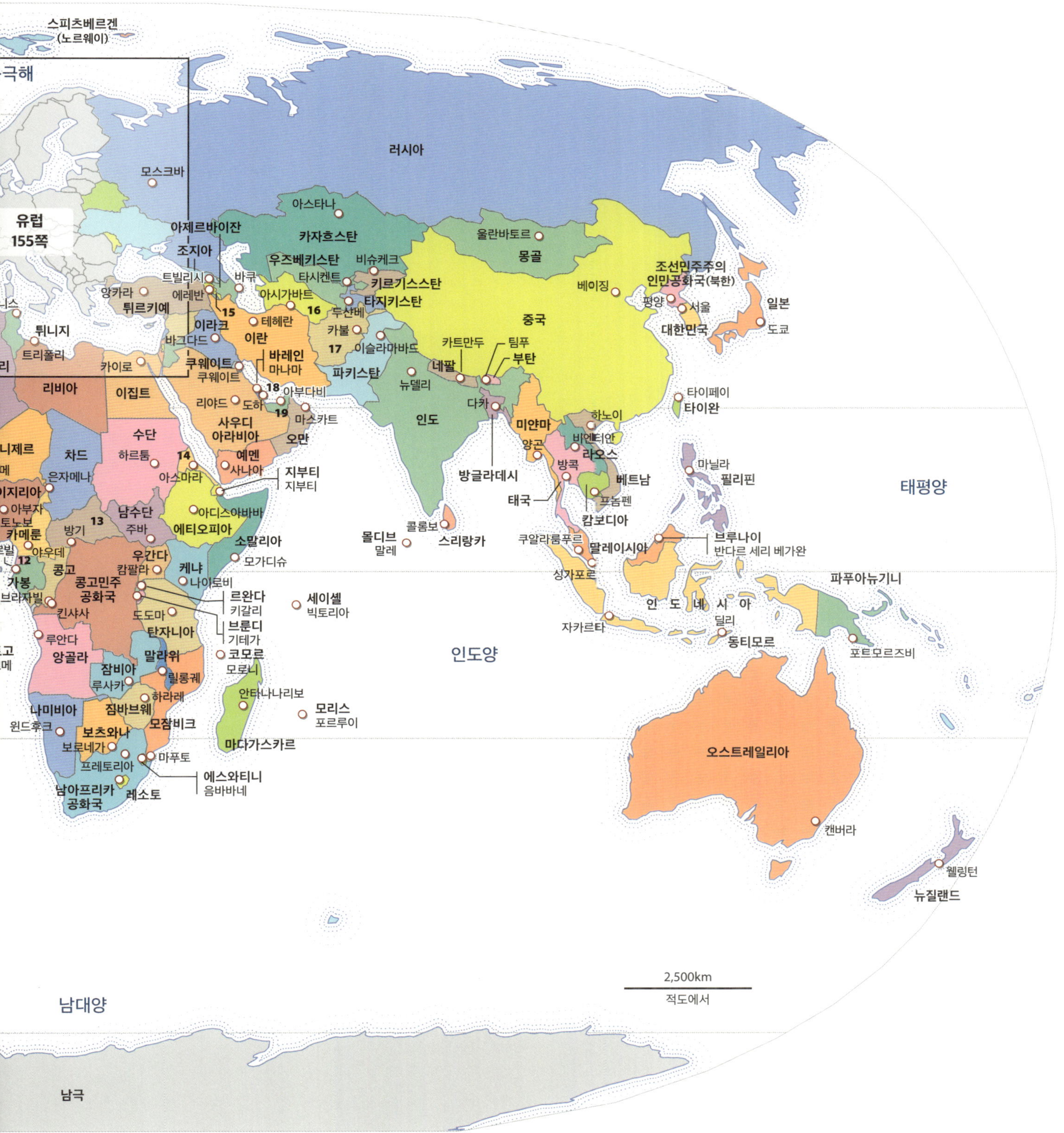
스피츠베르겐
(노르웨이)
극해
러시아
모스크바
유럽
155쪽
아스타나
아제르바이잔
카자흐스탄
울란바토르
몽골
조지아
우즈베키스탄
비슈케크
조선민주주의
인민공화국(북한)
트빌리시
바쿠
키르기스스탄
앙카라
에레반
타시켄트
15
아시가바트
16
베이징
평양
서울
튀르키예
두샨베
타지키스탄
일본
이라크
테헤란
카불
중국
대한민국
바그다드
이란
17
이슬라마바드
카트만두
팀푸
도쿄
쿠웨이트
바레인
마나마
18
카이로
쿠웨이트
아부다비
파키스탄
네팔
부탄
튀니지
트리폴리
리야드
도하
뉴델리
다카
타이페이
타이완
리비아
이집트
19
마스카트
인도
미얀마
하노이
니제르
차드
수단
하르툼
사우디
아라비아
오만
양곤
비엔티안
라오스
메
은자메나
14
예멘
사나아
방콕
마닐라
필리핀
이지리아
아스마라
지부티
지부티
방글라데시
베트남
태평양
토로노보
아부자
남수단
주바
아디스아바바
에티오피아
소말리아
태국
프놈펜
캄보디아
쿠알라룸푸르
브루나이
반다르 세리 베가완
12
13
방기
우간다
캄팔라
케냐
나이로비
모가디슈
몰디브
말레
콜롬보
스리랑카
말레이시아
콩고
가봉
브라자빌
콩고민주
공화국
킨샤사
도도마
르완다
키갈리
브룬디
기테가
세이셸
빅토리아
성가포르
인 도 네 시 아
자카르타
파푸아뉴기니
고
메
루안다
앙골라
탄자니아
말라위
릴롱궤
코모르
모로니
안타나나리보
인도양
딜리
동티모르
포트모르즈비
나미비아
윈드후크
잠비아
루사카
짐바브웨
하라레
모잠비크
모리스
포르루이
보츠와나
보로네가
프레토리아
마푸토
에스와티니
음바바네
오스트레일리아
남아프리카
공화국
레소토
마다가스카르
2,500km
적도에서
캔버라
웰링턴
뉴질랜드
남대양
남극

사진 출처

표지: arrière plan © tish11 / StockAdobe ; 앞표지 © Vladimir Wrangel / Shutterstock ; © KathySG / Shutterstock ; © Serg_Zavyalov_photo / StockAdobe ; © fayshal / StockAdobe; Black Watch soldiers training © Cassowary Colorizations ; © litchi cyril / StockAdobe ; 뒤표지 © David Wayne Buck / Shutterstock ; © heyengel / StockAdobe ; © Eric Isselee / Shutterstock ; © mastclick / StockAdobe ; **8~9쪽** © BnF, © Isidore de Séville / Carte en T, xve siècle, © anonyme / Planisphère Cantino, 1502, Biblioteca Estense Universitaria, Modène, © BnF; **10~11쪽** © Mark Higgins / Shutterstock, © Puwadol Jaturawutthichai / Shutterstock; **12~13쪽** © WH_Pics / Shutterstock, © Ajancso / Shutterstock, © LouieLea / Shutterstock; **14~15쪽** © Jaroslav Moravcik / Shutterstock, © Gokhan Dogan / Shutterstock, © Peter Sobolev / Shutterstock, © Stockbym / Shutterstock; **16~17쪽** © Petr F. Marek / Shutterstock, © Dima Moroz / Shutterstock; **18~19쪽** © Adwo / Shutterstock, © Patryk Kosmider / Shutterstock, © Aranami / Shutterstock; **20~21쪽** © Gilmanshin / Shutterstock, © Joshua Haviv / Shutterstock; **22~23쪽** © Alena Kolackova / Shutterstock, © Dave Head / Shutterstock, © Anonyme / Buste d'Hadrien, iie siècle, Marbre, Museo archeologico nazionale, Venise, © Anonyme/ Denier à l'effigie de Jules César lauré, 43 av-J.C. Argent, BnF, Paris; **24~25쪽** © Anonyme / Plaque du sarcophage de Livia Primitiva, v. 250, musée du Louvre, Paris; **26~27쪽** © W. Scott McGill / Shutterstock, © Beata Tabak / Shutterstock, © ABCDstock / Shutterstock; **28~29쪽** © Dima Moroz / Shutterstock, © Bisual Photo / Shutterstock, © canadastock / Shutterstock, © Greg Johnston / Shutterstock, lego 19861111 / Shutterstock; **30~31쪽** © studioanghifoto / Shutterstock, © jorisvo / Shutterstock; **32~33쪽** © Barone Firenze / Shutterstock, eyetravelphotos / Shutterstock; **34~35쪽** © SunFreez / Shutterstock, © Frères Limbourg, Barthélémy d'Eyck, Jean Colombe / *Les Très Riches Heures du duc de Berry*, 1412-1486, Vélin, musée de Condé, Chantillly; **36~37쪽** © Alexander Sorokopud / Shutterstock, © Zvonimir Atletic / Shutterstock; **38~39쪽** © Marzolino / Shutterstock, © Petr Kovalenkov / Shutterstock; **40~41쪽** © *Juan Pantoja de la Cruz* d'après Titien / *Portrait de Charles V*, vers 1605, huile sur toile, musée du Prado, Madrid, © *Anonyme* d'après Titien / *Portrait de Soleiman le Magnifique*, vers 1530, huile sur toile, Kunthistorisches museum, Vienne; **42~43쪽** © Vunav / Shutterstock, © helentopper / Shutterstock, © bepsy / Shutterstock; **44~45쪽** © dugdax / Shutterstock, © Conrad Grale, Johann Glück / Reformation centenary broadsheet, 1617, papier, British Museum, Londres, © Anonyme / *Henri de Navarre et Marguerite de Valois*, 1572, miniature, BnF; **46~47쪽** © StevanZZ / Shutterstock, © Federico Magonio / Shutterstock; **48~49쪽** © William Jackson / *Navire négrier de Liverpool*, vers 1780, huile sur toile, Merseyside Maritime Museum, Liverpool; **50~51쪽** © Joke van Eeghem / Shutterstock, © René Lhermitte / *Pont de la Marie Séraphique*, 1770, papier, Château de Nantes, © Victor Moussa / Shutterstock; **52~53쪽** © Louis Michel van Loo / *Portrait de Denis Diderot*, 1767, huile sur toile, musée du Louvre, Paris, © Adolf von Menzel / *Voltaire (à gauche) à la cour de Frédéric II de Prusse*, 1849, huile sur toile, Alte Nationalgalerie, Berlin, © gilotyna4 / Shutterstock; **54~55쪽** © wantanddo / Shutterstock, © wantanddo / Shutterstock, © Anonyme / *Caricature des trois ordres*, 1789, papier, BnF, Paris; **56~57쪽** © Jacque-Louis David / *Portrait de l'empereur Napoléon Ier*, 1812, huile sur toile, National Gallery, Londres, © Leonard Zhukovsky / Shutterstock; **58~59쪽** © That French Bloke / Shutterstock, © Lewis Hine / *Power house mechanic working on steam pump*, 1920, photographie, © anonyme / *Standard Oil Refinery No. 1 in Cleveland*, Ohio, 1889, photographie, © Claude Monet / *Train dans la neige*, 1875, huile sur toile, musée Marmottan Monet, Paris; **60~61쪽** © Horace Vernet / *Prise de la smalah d'Abd-el-Kader*, 1844, huile sur toile, Château de Versailles; **62~63쪽** © Sridhar1000 / *Cipayes capturés par les Britanniques et exécutés au canon le 8 septembre 1857*, 1858, gravure, © Henri Félix Philippotaux / CC0 Paris Musées / Petit Palais, musée des Beaux-Arts de la Ville de Paris, © Marzolino / Shutterstock, © Yaroslaff / Shutterstock; **64~65쪽** © Yaroslaff / Shutterstock, © anonyme / *Renversement par les Communards de la colonne Vendôme portant la statue de l'empereur Napoléon Ier, le 16 avril 1871*, 1871, gravure, musée Carnavalet - histoire de Paris / *Lettre ouverte au président de la République d'Émile Zola*, Journal L'Aurore, 13 janvier 1898 ; **66~67쪽** © Henri Manuel / *Marie Curie*, vers 1920, photographie, © J.M. Lopez / *Louise Michel*, vers 1880, photographie / *Attestation d'Adrien Brès autorisant son épouse Madeleine Brès à s'inscrire à la faculté de médecine de Paris, 24 octobre 1868*, Archives nationales, Paris, © Everett Collection / Shutterstock; **68~69쪽** © Everett Collection / Shutterstock; **70~71쪽** © Everett Collection / Shutterstock, © Andreas Wolochow / Shutterstock; **72~73쪽** © Everett Collection / Shutterstock, © Everett Collection / Shutterstock, © Everett Collection / Shutterstock; **74~75쪽** © Studio Harcourt / *Jean Moulin*, 1937, photographie, © adolf martinez soler / Shutterstock; **76~77쪽** © Prachaya Roekdeethaweesab / Shutterstock, © zabanski / Shutterstock, © Ink Drop / Shutterstock, © Pierre-Olivier / Shutterstock; **80~81쪽** © Keith Burke / Shutterstock, © U.S. Marine Corps photo by Lance Cpl. James J. Vooris / *Fallujah, Irak, 15 novembre 2004*; **82~83쪽** © Marek Mosinski / Shutterstock, © Sergii Molchenko / Shutterstock, © STAFF / INTERCONTINENTALE / AFP / AFP; **84~85쪽** © Fortgens Photography / Shutterstock, © Kamila Koziol / Shutterstock; **90~91쪽** © Mozgova / Shutterstock, © Nadezhda Bolotina / Shutterstock, © Teo Tarras / Shutterstock, © Andrey-Filippov.ru / Shutterstock, © danm12 / Shutterstock, © Marc Stephan / Shutterstock, © Dgu / Shutterstock; **92~93쪽** © travelwild / Shutterstock, © DigitalArtistryWizard / Shutterstock, © anju901 / Shutterstock; **94~95쪽** © Richard Whitcombe / Shutterstock, © jet 67 / Shutterstock, © Curioso.Photography / Shutterstock; **96~97쪽** © Trevor Bexon / Shutterstock, © Mozgova / Shutterstock, © BEST-BACKGROUNDS / Shutterstock; **98~99쪽** © Thammanoon Khamchalee / Shutterstock, © lapissable / Shutterstock; **100~101쪽** © South Africa Stock Video / Shutterstock, © David A Litman / Shutterstock; **102~103쪽** © Ekaterina Pokrovsky / Shutterstock, © olrat / Shutterstock, © BTWImages / Shutterstock; **104~105쪽** © Lazy_Bear / Shutterstock, © Andrei Armiagov / Shutterstock; **106~107쪽** © sladkozaponi / Shutterstock, © Alex Photo Stock / Shutterstock, © KathyWallacePhotography / Shutterstock, © xuanhuongho / Shutterstock; **108~109쪽** © Manoej Paateel / Shutterstock, © tokar / Shutterstock, © Byjeng / Shutterstock; **110~111쪽** © Nuttawut Uttamaharad / Shutterstock, © Roger de la Harpe / Shutterstock, © shutterlk / Shutterstock; **112~113쪽** © tichr / Shutterstock, © BearFotos / Shutterstock, © saiko3p / Shutterstock; **114~115쪽** © ChiccoDodiFC / Shutterstock, © BestPhotoStudio / Shutterstock, © kurniawan adhani / Shutterstock, © Tony Duy / Shutterstock; **116~117쪽** © sima / Shutterstock, © Anton Havelaar / Shutterstock, © rui vale sousa / Shutterstock; **118~119쪽** © JVPHOT / Shutterstock, © Matyas Rehak / Shutterstock; **120~121쪽** © Richard Semik / Shutterstock, © ALTV / Shutterstock; **122~123쪽** © Donatas Dabravolskas / Shutterstock, © Andrei Armiagov / Shutterstock, © Yannick Martinez / Shutterstock; **124~125쪽** © Ververidis Vasilis / Shutterstock, © bgrocker / Shutterstock, © Janossy Gergely / Shutterstock; **126~127쪽** © Gazizov Dinar / Shutterstock, © wideonet / Shutterstock; **128~129쪽** © Sheila Fitzgerald / Shutterstock; **130~131쪽** © Zyankarlo / Shutterstock, © Sven Schlosser / Shutterstock; **132~133쪽** © Nessa Gnatoush / Shutterstock, © Efired / Shutterstock; **134~135쪽** © olrat / Shutterstock; **136~137쪽** © viacheslav_petrusha / Shutterstock, © Paulose NK / Shutterstock; **138~139쪽** © Bossa Art / Shutterstock; **140~141쪽** © Sergii Figurnyi / Shutterstock; **142~143쪽** © 06photo / Shutterstock; **144~145쪽** © Wirestock Creators / Shutterstock; **146~147쪽** © AjayTvm / Shutterstock, © Oni Abimbola / Shutterstock, © Martin of Sweden / Shutterstock; **148~149쪽** © habib billah / Shutterstock, © Katiindies / Shutterstock.

지도 출처

오트르망Autrement 출판사의 '아틀라스' 총서에서 대부분의 자료를 발췌해 이 책에 맞게 조정했다.

왼쪽에서 오른쪽, 아래에서 위로: **10~11쪽** ©Alexandre Nicolas; **12~13쪽** Fabrice Le Goff, *Atlas historique du Moyen-Orient*; **14~15쪽** Fabrice Le Goff, *Atlas historique du Moyen-Orient*; **16~17쪽** ©Claire Levasseur, *Atlas de la Grèce classique*; ©Fabrice Le Goff, *Atlas historique de la Méditerranée*; **18~19쪽** ©Aurélie Boissière, *Atlas historique de Rome*; **20~21쪽** ©Claire Levasseur, *Atlas des Hébreux*; **22~23쪽** ©Fabrice Le Goff, *Atlas historique de la Méditerranée*; **24~25쪽** ©Aurélie Boissière, Atlas des chrétiens; **26~27쪽** ©Madeleine ©Benoit Guyod, *Atlas de la Chine*; **28~29쪽** ©Guillaume Balavoine, *Atlas des guerres médiévales*; **30~31쪽** ©Fabrice Le Goff, *Atlas de la France médiévale*, ©Guillaume Balavoine, *Atlas des guerres médiévales*; **32~33쪽** ©Fabrice Le Goff, *Atlas historique de la Méditerranée*, ©Guillaume Balavoine, *Atlas de l'Islam*; **34~35쪽** ©Guillaume Balavoine, *Atlas des guerres médiévales*, ©Fabrice Le Goff, *Atlas de la France médiévale*; **36~37쪽** ©Fabrice Le Goff, *Atlas historique de la Méditerranée et Atlas de la France médiévale*; **38~39쪽** ©Fabrice Le Goff, *Atlas de la France médiévale*; **40~41쪽** ©Cyrille Suss, *Atlas de l'Europe moderne*, ©Fabrice Le Goff, *Atlas historique de la Méditerranée* **42~43쪽** ©Aurélie Boissière, *Atlas de l'Amérique précolombienne*, ©Fabrice Le Goff, *Atlas de la France moderne*; **44~45쪽** ©Fabrice Le Goff, *Atlas de la France moderne*; **46~47쪽** ©Fabrice Le Goff, Atlas de la France moderne, **48~49쪽** ©Fabrice Le Goff, *Grand Atlas des empires coloniaux*, ©Guillaume Balavoine, *Atlas historique de l'Afrique*; **50~51쪽** ©Guillaume Balavoine, *Atlas historique de l'Afrique*; **52~53쪽** ©Claire Levasseur, *Histoire de France, d'Alésia à nos jours*, ©Fabrice Le Goff, *Atlas de la France moderne*; **54~55쪽** ©Guillaume Balavoine, *Atlas de la révolution française*; **56~57쪽** ©Fabrice Le Goff, *Atlas de l'Empire napoléonien*; **58~59쪽** ©Mélanie Marie; **60~61쪽** ©Fabrice Le Goff, *Grand Atlas des empires coloniaux*; **62~63쪽** ©Guillaume Balavoine, *Atlas de la France au xixe siècle*; **64~65쪽** ©Guillaume Balavoine, *Atlas de la France au xixe siècle*, ©Claire Levasseur, *Histoire de France, d'Alésia à nos jours*; **66~67쪽** ©Guillaume Balavoine, *Atlas de la France au xixe siècle*; **68~69쪽** Guillaume Balavoine, *Atlas de la France au xixe siècle*, ©Fabrice Le Goff, *Mon atlas de prépa*, ©Fabrice Le Goff, *Atlas de la Première Guerre mondiale*; **70~71쪽** ©Cyrille Suss, *Atlas historique de la Russie*, ©Claire Levasseur, *Histoire du monde contemporain*; **72~73쪽** ©Claire Levasseur, *Mon atlas de prépa et Histoire du monde contemporain*; **74~75쪽** ©Claire Levasseur, *Atlas de la France dans la Seconde Guerre mondiale et Atlas de la France libre*; **76~77쪽** ©Aurélie Boissière, *Atlas de la guerre froide*; **78~79쪽** ©Aurélie Boissière, *Atlas de l'Europe*; **80~81쪽** ©Mélanie Marie; **82~83쪽** ©Guillaume Balavoine, *Mon atlas de prépa et Atlas de la France au xxe siècle*; **84~85쪽** ©Hugues Piolet, *Atlas des inégalités*, ©Guillaume Balavoine, *Atlas de la France au xxe siècle*; **88~89쪽** Alexandre Nicolas; **90~91쪽** ©Hugues Piolet, *Atlas du climat*; **92~93쪽** ©Aurélie Boissière, *Atlas du Brésil*, ©Mélanie Marie, *Atlas des littoraux*; **94~95쪽** ©Mélanie Marie, *Atlas de l'Océanie*; **96~97쪽** ©Hugues Piolet, *Atlas du climat*; **98~99쪽** ©Claire Levasseur, *Atlas des risques*, ©Madeleine Benoit Guyod, *Atlas de la Chine*; **100~101쪽** ©Aurélie Boissière, *Atlas de l'eau*; **102~103쪽** ©Claire Levasseur, *Atlas des énergies*; **104~105쪽** ©Claire Levasseur, *Atlas de l'agriculture*; **106~107쪽** ©Guillaume Balavoine, *Atlas de la population mondiale*; **108~109쪽** ©Guillaume Balavoine, *Atlas de la population mondiale*, ©Aurélie Boissière, *Atlas des villes mondiales*; **110~111쪽** ©Cyrille Suss, *Atlas des États-Unis*, ©Aurélie Boissière, *Atlas des villes mondiales et Atlas de l'Afrique*; **112~113쪽** ©Aurélie Boissière, *Atlas de la France*; **114~115쪽** ©Claire Levasseur, *Atlas des matières premières et Atlas de l'agriculture*; **116~117쪽** ©Claire Levasseur, *Atlas de l'agriculture*; **118~119쪽** ©Aurélie Boissière, *Atlas de la France*; **120~121쪽** ©Aurélie Boissière, *Atlas de la France*; **122~123쪽** ©Guillaume Balavoine, *Atlas de la population mondiale*, ©Claire Levasseur, *Atlas du développement durable*, ©Hugues Piolet, *Atlas des inégalités*; **124~125쪽** ©Guillaume Balavoine, *Atlas de la population mondiale*, ©Paul Gallet, *Atlas des frontières*, ©Madeleine Benoit Guyod, *Atlas des migrations*; **126~127쪽** ©Aurélie Boissière, *Atlas de la mondialisation*, ©Mélanie Marie, *Atlas des littoraux*; **128~129쪽** ©Claire Levasseur, *Mon atlas de prépa*, ©Aurélie Boissière, *Atlas de la mondialisation et Atlas des matières premières*; **130~131쪽** ©Aurélie Boissière, *Atlas de la France*; **132~133쪽** ©Aurélie Boissière, *Atlas de la mondialisation*, ©Mélanie Marie, *Atlas des littoraux*; **134~135쪽** ©Aurélie Boissière, *Atlas de la France*; **136~137쪽** ©Claire Levasseur, *Atlas des risques et des crises*; **138~139쪽** ©Guillaume Balavoine, *Atlas de la France au xxe siècle*; **140~141쪽** ©Cyrille Suss, *Atlas des États-Unis*; **142~143쪽** ©Madeleine Benoit Guyod, *Atlas de la Chine*; **144~145쪽** ©Guillaume Balavoine, *Atlas historique de l'Afrique*; **146~147쪽** ©Gu llaume Balavoine, *Atlas de la population mondiale*; **148~149쪽** ©Mélanie Marie; **154~157쪽** Alexandre Nicolas et Mélanie Marie.

옮긴이 설명

역사

1 560년 또는 570년에 태어난 이시도르 데 세비유Isidore de Séville는 에스파냐 세비야의 주교(601-630)였으며, 라틴어 이름이 이시도루스 히스팔렌시스Isidorus Hispalensis였다. 그는 신학, 우주론, 역사에 관한 저술을 남겼다. 그의 지도를 보면, 우리의 통념과 달리 동쪽이 위에 있다. 왜 그렇게 세상을 표현했을까? 중세 초기의 신학자는 동쪽(오리엔트)에 에덴동산, 예수가 재림하는 곳, 예루살렘이 있기 때문에 중시했다.

2 100년경에 이집트에서 태어난 프톨레마이오스는 천문학자, 수학자, 지리학자였다. 그는 지구가 우주의 중심이라고 생각했다. 이 지도는 동서남북을 우리에게 익숙한 방향으로 표시하고 있다. 지구가 완전히 평평하다고 생각하지 않은 것처럼 표현하고 있다. 왼쪽 위에서 유럽을 볼 수 있고, 오른쪽 아래에 큰 바다Mare Indicum는 인도양임을 알 수 있다.

3 1502년에 포르투갈에서 제작한 지도다. 이탈리아 페라라 공작의 대리인인 알베르토 칸티노Alberto Cantino가 이 지도를 이탈리아로 밀수했기 때문에 그의 이름을 붙였다. 크기는 가로 220×세로 105센티미터다.
   [탐구 활동] 지도를 '밀수'한 것이 무엇을 뜻하는지 생각해보자. 이는 오늘날 로봇 설계도를 몰래 빼돌리는 것만큼 중대한 '범죄'다. 수많은 지식과 상상력을 동원하고, 튼튼한 재정적 뒷받침을 받아 제작한 지도와 로봇 설계도의 가치는 엄청나게 크다.

4 이탈리아에서 태어난 조반니 도메니코 카시니Giovanni Domenico Cassini(1625-1712)는 천문학자였다. 그는 토성의 고리가 하나가 아니라 여러 개로 이루어져 있으며, 고리 사이에 틈이 있다는 사실을 발견했다. 이 틈은 나중에 '카시니 간극'이라고 부르게 되었다. 1669년 프랑스의 태양왕 루이 14세는 그를 프랑스로 초청해 파리 천문대의 초대 소장으로 임명했다. 카시니는 목성의 위성을 관찰했고, 그 지식을 바탕으로 지구의 경도를 측정했으며, 프랑스 지도를 제작하기 시작했다. 그의 아들, 손자, 증손자도 모두 천문학자이자 지도제작자로서 **카시니 가문**의 이름을 빛냈다.
   삼각측량은 삼각형의 기본 원리를 이용해 거리와 위치를 측정하는 방법이다. 예를 들어 지도에 이미 표시된 두 지점을 기준으로 새로운 지점의 위치를 정확하게 계산할 수 있다. 이를 반복하면 넓은 지역의 지리적 특징들을 정밀하게 기록할 수 있다. 지구가 평면이라는 전제에서 발달한 기술이므로 오늘날의 우주과학 기술을 적용한 측량 결과와는 차이가 있다.

5 사헬(아프리카 사하라 사막 남쪽, 서아프리카와 북중앙아프리카)에 살던 안트로푸스(인류), 중앙아프리카 차드에서 발굴했다는 뜻이다.

6 남아프리카의 원시인류(원숭이)라는 뜻이다.

7 똑바로 선 사람이라는 뜻이다.

8 선사 시대라는 말은 역사 기록을 남기지 않은 시대라는 말이므로 원시 시대라고 바꾸었다.

9 오스트랄로피테쿠스보다 진화한 최초의 인류로, 하빌리스는 손으로 도구를 쓴다는 뜻이다. 오늘날 휴머노이드 로봇의 손을 섬세하게 만드는 것이 가장 중요하다. 로봇을 제작하는 전체 비용에서 손이 17퍼센트를 차지한다.

10 슬기로운 사람이라는 뜻이다.

11 독일의 네안데르 계곡에서 발굴한 인류의 머리뼈다.

12 그래서 '태즈메이니아 늑대'라는 이름도 있다.

13 식용 뿌리를 가진 식물로 '고삼지치'라고도 한다. 또는 식용 명아주일 가능성도 있다.

14 알뿌리는 식용이다.

15 [탐구 활동] 스코틀랜드 북쪽 오크니 제도의 메인랜드에서 유적지를 확인해보자.

16 [탐구 활동] 튀르키예 지도에서 반Van 호수를 확인해보자.

17 [탐구 활동] 이란 지도에서 우르미아Ourmia 호수를 확인해보자.

18 육지 안에 있는 가장 큰 바다인데, 호수라고 부르는 학자도 있다.

19 [탐구 활동] 지도에서 해안선이 어떻게 변화하는지 확인하고, 왜 그렇게 되었는지 의견을 말해보자.

20 [탐구 활동] 기원전 3000~2001년을 뜻한다. 그렇다면 기원전 천년기, 2천년기는 무슨 뜻인지 말해보자.

21 철학자 아리스토텔레스는 인간은 폴리스polis에 모여서 자신들의 운명을 결정하는 존재라는 뜻으로 '정치적 동물'이라고 했다. 당시의 정치는 다수의 지배(민주주의), 소수의 지배(과두정), 한 사람의 지배(군주정)로 갈라졌다.

22 오데온은 음악회, 시 낭송 같은 예술 공연을 위한 장소를 가리킨다.

23 [탐구 활동] 오늘날 흑해는 몇 나라와 닿아 있는지 알아보자.

24 고대 로마 시대에 죄수나 정치적 반대자들의 시체를 전시하던 장소. 대중에게 공개한 시체는 테베레강에 버렸다.

25 대大카토가 로마 포룸Forum에 지은 공회당.

26 기원전 338년에 집정관 가이우스 메니우스Gaius Maenius가 세운 기둥. 재판관이 이 기둥 아래에 서서 재판을 진행했다.

27 시민이 대중 집회와 투표 같은 정치 활동을 하던 원형광장.

28 포룸에서 서민이 사는 수부라Subura를 연결하는 길로 상점이 많았다.

29 원로원 의원들이 공식 회의를 시작하기 전에 모여 대기하거나 비공식적으로 논의하던 장소.

30 로마 원로원 의원들이 정치적 분쟁을 해결하는 회의를 열던 장소.

31 농경과 황금시대를 기원하는 신전.

32 1년에 세 번만 입구를 열어 죽은 자들의 영혼이 이승으로 올라올 수 있게 했다. 이때는 어떤 공적인 활동도 금지했다.

33 불의 신 불카누스Vulcanus의 제단.

34 로마의 건국 영웅인 로물루스를 기리는 신전. 로마인들은 볼카날 근처의 라피스 니제르Lapis Niger 유적을 로물루스의 무덤이라고 믿었다.

35 2차 라티움 전쟁 때, 집정관 가이우스 메니우스는 기원전 338년

안티움Antium(오늘날의 안치오) 해전에서 승리하고, 적함의 뱃머리rostra를 떼어내 로마로 가져다가 연단에 장식했다. 이것이 연단의 이름이 되었다.

36 사투르누스 신전에 국가 금고를 놓았다는 것이 무슨 뜻일까? 사투르누스는 농업과 풍요의 신이었고, 황금시대를 다스리던 왕이었다.

37 로마에 큰 구덩이가 생겼을 때 젊은 영웅인 마르쿠스 쿠르티우스는 시민의 용기가 로마에서 가장 중요하다고 외치고 나서, 말을 타고 그 구덩이에 뛰어들었다고 한다. 그 후 구덩이가 닫혔다고 전해진다.

38 포룸에서 벨라브룸Velabrum 지구로 가는 길이다. 루가리우스는 짐수레로 추정된다.

39 그라쿠스 형제의 아버지인 티베리우스 셈프로니우스 그라쿠스가 로마 포룸에 지은 바실리카.

40 '타베르나이 노바에'(새로운 상점들)와 함께 두 개의 바실리카 건축 연대를 비교하면 이상하다. 그러나 상점들이 먼저 생기고, 바실리카를 나중에 지었다고 생각하면 이상하지 않다.

41 기원전 70년에 법무관praetor이 된 루키우스 아우렐리우스 코타Lucius Aurelius Cotta가 포룸에 지은 재판소.

42 포룸에서 콜로세움 근처의 키르쿠스 막시무스Circus Maximus로 이어지는 거리였다. 에트루리아인Tusci이 이 지역에 거주하거나 상업 활동을 활발하게 했다.

43 유투르나는 로마의 샘과 연못을 관장하는 여신이다. 레길루스 호수 전투에서 승리한 카스토르와 폴룩스 신이 이 샘물로 말의 갈증을 해소했다는 전설이 있다.

44 공화정 시대에는 종교적 최고 사제Pontifex Maximus의 관저가 되었고, 종교 문서를 보관했다.

45 일곱 언덕에 포함되지 않지만, 부유층의 호화 별장이 있던 언덕이며, '정원의 언덕'이라는 콜리스 오르토룸Collis Hortorum이라는 이름도 있다.

46 오늘날 대통령 공식 관저인 퀴리날레 궁전이 있다.

47 군인들이 훈련하던 곳으로, 오늘날 판테온과 나보나 광장이 있다.

48 로물루스가 로마를 건국한 곳이자 로마 제국 시대에 황제들이 살았던 곳. '궁전palace'을 뜻하는 말이 팔라티움에서 나왔다.

49 로물루스의 쌍둥이 동생이 이곳에 나라를 세우려고 했다. 평민층이 많이 살았다.

50 기원전 2세기 하스몬 왕조의 지도자이자 유대교의 대제사장으로서, 유대 독립국가의 영토를 크게 확장하고 권력을 강화했다.

51 이탈리아에서 알프스를 넘어 갈리아로 가는 요충지에 클라우디우스 황제가 이 지역의 켈트족인 발렌시족을 위해 세운 시장 도시였다.

52 [더 깊이 알아보기] 나르보네즈Narbonnaise와 리오네즈Lyonnaise는 로마가 해외 영토를 얻고 속주를 만드는 과정과 관련된 말이다. 로마인은 프랑스를 갈리아라고 불렀고, 따라서 지중해 연안의 일부를 기원전 121년에 정복하고 갈리아 나르보네즈라고 칭했으며 속주의 수도를 나르보(오늘날의 나르본)로 정했다. 그 후 율리우스 카이사르가 『갈리아 전기』에서 썼듯이 기원전 58년부터 갈리아를 정복했다. 카이사르가 로마에서 살해당한 이듬해인 기원전 43년에 그의 부관이었던 무나티우스 플란쿠스Munatius Plancus가 전략적 요충지인 루그두눔Lugdunum에 식민 도시를 건설했다. 기원전 27년에 아우구스투스 황제는 방대해진 새로운 영토를 효율적으로 통치하기 위해 행정구역을 재조직했다. 이렇게 해서 갈리아 지방은 갈리아 나르보네즈, 갈리아 리오네즈로 나뉘었다. 오늘날의 리옹인 루그두눔은 나르보보다 새로운 갈리아의 군사·행정·경제 중심지 역할을 했다. 서쪽에는 갈리아 아퀴타니아, 북쪽에는 갈리아 벨기카도 있었다.

53 로마 제국의 다키아 인페리오르Dacia Inferior 속주에 있던 주요 도시이자 행정 중심지로서 오늘날 루마니아에 있는 유적지다.

[탐구 활동] 로물라라는 이름이 어디서 왔는지 추론하고 이유를 설명해보자.

54 스위스와 이탈리아 사이의 알프스.

55 프랑스와 이탈리아 국경의 알프스.

56 프랑스와 이탈리아의 국경 해안에 맞닿은 알프스.

57 다뉴브강 하류, 헝가리와 세르비아, 크로아티아 일부.

58 터키(오늘날의 튀르키예) 남서부.

59 목동은 예수 그리스도의 상징이다. 또 물고기(그리스어로 이크튀스ΙΧΘΥΣ)도 "예수 그리스도 하느님의 아들 구원자"의 첫 글자를 뜻한다.

60 성서에는 구레네 사람 시몬이라고 나온다.

61 성묘교회는 예루살렘 구시가지에 있는 가장 중요한 기독교 성지다. 이곳은 예수 그리스도가 십자가 처형을 당해서 묻힌 뒤 부활한 장소라고 전해진다.

62 원문은 'Via Dolorosa'이며, 고통의 길을 뜻한다.

63 세 곳은 오늘날의 발랑스Valence, 오랑주Orange, 베지에Béziers다.

64 리옹의 초대 주교 포틴과 여자 노예 블랑딘은 177년에 황제 마르쿠스 아우렐리우스의 기독교 박해 시기에 순교했고, 2대 주교 이레네는 이단에 맞서 정통 교리를 확립한 인물로 202년경 황제 셉티무스 세베리우스의 박해를 받아 순교했다.

65 이그나티오스는 110년경 신앙 증언을 이유로 로마로 압송되는 길에 여러 편지를 썼다. 이 편지에서 그는 '보편적 교회'라는 뜻으로 '가톨릭'이라는 말을 처음 썼다.

66 파비아노는 로마 교회를 체계적으로 재조직하고, 선교사들을 갈리아Gaul 지방으로 보내 기독교를 전파하는 데 중요한 역할을 했다. 250년 데키우스 황제의 대규모 박해로 순교했다.

67 세바스티아노는 로마의 군인이었지만 비밀리에 기독교 신자였고, 디오클레티아누스 황제의 박해 당시 자신의 신앙을 드러냈다. 그는 화살을 쏴 죽이는 형을 받았지만 기적적으로 살아남았고, 결국 몽둥이에 맞아 순교하고 성인Saint이 되었다.

68 사투르니노는 서기 250년경 로마 황제 데키우스의 대규모 기독교 박해 때 프랑스 툴루즈Toulouse의 첫 번째 주교였다. 그는 소에 묶여 끌려가 순교했다고 한다. 프랑스 이름으로 사튀르냉이라고 한다.

69 빅토르라는 이름은 많지만, 연도로 미루어보면 디오클레티아누스 황제가 대규모로 기독교를 박해하던 시기에 순교한 인물로 추정된다.

70 이들은 서고트족이 되었고, 다른 일파인 그레우퉁기족Greuthungi이 동고트족이 되었다.

71 오늘날 에스파냐와 포르투갈이 있는 이베리아반도와 혼동하지 말 것. 캅카스(코카서스) 지역의 왕국이었다.

72 4세기 말부터 기독교 발전에 큰 영향을 끼친 성 아우구스티누스가 이곳 주교였다. 410년 로마가 서고트족의 침략을 받았을 때 그는 『신국(하느님의 나라)』(모두 22권)을 쓰기 시작했으며, 430년에 히포가 반달족의 침략을 받을 때 사망했다.

73 펠리치타스는 귀족 여성, 페르페투아는 노예 여성, 키프리아누스는 교황이었다.

74 중국에서 가장 큰 소금 호수를 가리키며, 몽골어로 코코노르는 푸른 호수라는 뜻이다.

75 4세기 말에 로마 제국은 동서로 나뉘었다. 동로마 제국의 유스티니아누스 황제는 라틴어와 그리스어를 바탕으로 이른바 『유스티니아누스 법전』(529~534년)을 편찬했다. 7세기에 이르러 동로마 제국은 행정 언어를 라틴어에서 그리스어로 완전히 전환했고, 이와 같은 과정을 통해 로마의 전통과 그리스 문화가 결합한 비잔티움 제국만의 독자적인 문화를 발달시켰다.

76 성 소피아 성당은 유스티니아누스 1세가 일꾼 2만 명을 동원해 단기간에 건설했다. 12세기의 모자이크를 '콤네노스 모자이크Komnenos Mosaic'라고 하는데, 콤네노스 왕조의 요한네스 2세 콤네노스 황제(1118-1143)와 헝가리 출신 이레네 황후(1118-1134)를 표현하고 있기 때문이다.

77 샤를마뉴의 아버지인 '꼬마' 피핀Pepin the Short 3세가 754년에 교황 스테파노 2세를 만나 교황령을 약속한 곳으로 유명하다.
[탐구 활동] 지도에서 '교황령'이 어디인지 확인해보자.

78 이 지도에서 세 번 나타나는 '변경주Marche'는 변방을 뜻하며, 그곳에 주둔한 군지휘관을 '변경백'이라고 불렀다. 이것이 중세 '후작Marquis'의 어원이다.

79 아헨 대성당의 모태가 되는 8각형의 그 유명한 예배당.

80 아헨(엑스라샤펠)은 온천으로 유명하며, 로마 시대 목욕탕 유적 위에 지었다.

81 원래 이슬람 사원인 모스크였으나, 13세기에 에스파냐의 레콩키스타(재정복 운동) 과정에서 기독교 세력에게 탈환된 후 대성당으로 바뀌었다.

82 632년 무함마드 사후, 그의 후계자들이 중동부터 북아프리카와 이베리아반도까지 정복한 넓은 영토를 말한다.

83 크산텐Xanten일 가능성이 높다. 원래 라틴어로 기독교 성인들의 무덤을 뜻하는 'ad Sānctōs'(성인들의 장소)에서 나온 말이다. 로마 시대 유적이 잘 보존된 크산텐 고고학 공원이 있다.

84 부다와 페스트, 그리고 오부다(옛 부다)를 1873년에 합쳐서 부다페스트로 만들었다.

85 신자가 예배 전에 몸을 씻는 장소.

86 시리아 다마스쿠스의 우마이야 모스크처럼 세례자 요한의 유해를 보관하고 있다고 알려진 장소.

87 이맘(예배 인도자)의 설교단.

88 벽에 메카 방향으로 움푹하게 들어간 곳.

89 사원 바깥의 첨탑(뾰족탑)이며, 거기서 기도 시간을 알려준다.

90 새 종교에 적대적인 메카를 떠나 메디나로 간 것을 헤지라(성천)라고 한다.

91 무함마드의 측근인 아부 바크르, 우마르, 우스만, 알리를 정통 칼리프라고 한다.

92 750년 다마스쿠스에서 우마이야 왕조가 압바스 반란군에 밀려 멸망한 후, 압바스 왕조는 바그다드로 수도를 옮겼다. 북아프리카와 이베리아반도에서 파티마 왕조와 후기 우마이야 왕조가 칼리파 왕국을 세웠다.

93 수니파는 공동체의 합의로 '선출된 지도자'(칼리프)를 따르고, 시아파는 '무함마드 혈통의 지도자'(이맘)를 따라야 한다고 주장하면서 분열했다.

94 우리나라에서 암문이라고 부르는 비밀 출입구다.

95 끌어올리는 다리.

96 신도의 결혼, 출생, 사망을 상세히 기록해두어 역사가에게 옛날 인구에 관한 수많은 정보를 남겼다.

97 클뤼니 교단이라는 이름으로 유럽 전역에 수백 개의 수도원을 거느리고, 수도원장은 교황 다음으로 권세를 누렸다.

98 아래층은 보통 공적 기능의 회의실이나 노동 공간 또는 저장실로 쓰고, 위층은 사적인 공간으로 휴식 공간이거나 공동의 침실을 두었다.

99 [탐구 활동] 1440년의 그림과 비교해서 1250년과 1350년에는 얼굴을 보호하는 면갑이 어떻게 변화했고, 어떻게 썼을지 생각하고 의견을 말해보자. 기술의 발달과 연관 지어 생각하기.

100 15세기 초 림부르크 형제들이 그린 『베리 공의 매우 호화로운 기도서』에 실려 있다.

101 예를 들어 구두장이 길, 포목상 길이 있다.

102 십자군 원정 이후 이탈리아의 항구도시들(베네티아, 제노바, 피사)은 동방 세계와 서방 세계의 무역을 주도했다.

103 무역 거점은 해외 식민지를 뜻한다.

104 신전Temple 기사단의 거점일 가능성이 높다.

105 다음의 모든 이름에 생, 생트가 붙은 것은 교회나 수도원을 가리킨다.

106 옛날 학교에 붙인 이름으로 나중에 랭스 대학교로 발전한다.

107 왕이 대관식을 거행한 후 연회를 베푼 궁전.

108 학생들의 골짜기라는 뜻으로 학교가 있었던 곳이다.

109 생라드르(성 나사로)는 한센병(나병, 문둥병) 환자의 수호성인이다. 전염의 위험을 예방하기 위해 남녀를 엄격히 구별했다.

110 중세 도시민 중 장사(상업)와 물건 만들기(수공업)로 돈을 번 사람들을 부르주아지라고 불렀다. 이들은 스스로 길드(조합)를 만들어 도시의 중요한 권력을 가졌지만, 오늘날처럼 투표권을 가진 '시민'과는 달랐다.

111 카페 왕조는 987년 위그 카페 이후 프랑스 혁명기까지 이어진 왕조다. 그런데 카페의 직계 후손은 1328년에 대가 끊기고, 카페 가문의 작은 집에 해당하는 발루아 가문(1328~1589년)으로 왕위가 넘어갔다. 그다음이 앙리 4세의 부르봉 가문이다.

112 '프랑스의 섬'이라는 뜻의 일드프랑스라는 이름에서 보듯이, 왕실 영지는 바다 같은 프랑스에 있는 섬같이 작은 규모였다.

113 백작이 다스리는 영토.

114 공작이 다스리는 영토.

115 프랑스 왕이 싸움, 결혼, 상속 같은 여러 방법을 써서 주변 영주들의 땅을 점차 왕실 영지에 통합하고 직접 다스리게 된 지역을 가리킨다. 이 과정으로 프랑스 왕권이 약한 상태에서 강한 중앙 집권 국가로 성장했다.

116 이것은 단순히 군사적 승리로 끝나지 않고 '널리' 알리는 행위로 왕의 신성성을 강조했다는 뜻이다.

117 위그 카페는 왕으로 '선출'되었는데, 그의 아들에게 왕위를 물려주면서 왕조를 이루었다. 그의 직계 자손은 14세기 초까지 아버지-아들의 직계 남성으로 이어지는 왕위를 보존할 수 있었다. 이것을 '카페 가문의 기적'이라 부른다.

118 최초로 고딕 양식을 적용한 대성당이며, 교황청이 대성전Basilique이라는 명예로운 칭호를 내렸다.

119 중세 프랑스 국왕들의 주요 거처이자 왕실 행정의 중심지였다. 현재는 이 궁전의 일부였던 콩시에르주리Conciergerie와 생트샤펠Sainte-Chapelle만 남아 있다.

120 카페 왕조의 작은 집인 발루아 가문의 왕들이었다.

121 신성 로마 제국 황제 카를 5세는 네덜란드에서 태어났으며, 카를로스 1세로서 에스파냐도 지배했다. 그의 합스부르크 가문은 상속과 혼인 정책으로 에스파냐, 신성 로마 제국과 동서양의 식민지를 지배했다.

122 [탐구 활동] 지도의 방향을 확인하고, 지도를 왜 이렇게 그렸을지 자신의 생각을 말해보자. 앞에서 배운 것을 떠올려보고 흰 부분의 점선은 무슨 뜻인지 말해보자.

123 칸Khan이 다스리는 국가. 주로 중앙아시아와 동유럽의 몽골-튀르크 계열 국가를 지칭한다.

124 인간의 존엄성과 능력을 강조하며, 고전 고대(그리스-로마)의 문화를 되살리려는 지적 문화 운동을 가리킨다.

125 콜럼버스는 지구가 둥글다고 믿었고, 유럽의 동쪽에 있는 아시아도 서쪽으로 계속 가면 닿을 수 있다고 믿었다. 콜럼버스는 아메리카 대륙이 앞길을 가로막고 있다는 사실을 몰랐기 때문에, 자신이 도착한 곳이 아메리카 대륙임을 깨닫지 못했다. 마젤란은 함대를 이끌고 남아메리카를 돌아 태평양을 건넜고, 필리핀에서 생을 마감했지만, 그가 끌고 간 함대의 일부는 마침내 세계 일주에 성공했다. 바스코 다 가마는 최초로 유럽과 인도를 잇는 항로를 개척했다.

126 중세 유럽에서 철학은 유일신을 믿는 기독교 신학의 시녀였다. 고대 유물이 발굴되고 대항해 시대가 열리면서, 다신교 시대의 고전 고대의 지식은 세계관과 인간관을 새로 정립하는 인문주의 운동과 르네상스의 원동력이 되었다. 다만, 인간 중심의 사고가 신 중심 사고보다 우세해지기까지는 여전히 몇 세기의 시간이 필요했다.

127 [탐구 활동] 대항해 시대의 발견, 고전 고대의 철학·과학·미술품·화폐의 발견이 가져온 변화를 말해보자.

128 몽펠리에 의과대학의 교수 기욤 롱들레가 진행한 해부학 교실. 16세기는 우주와 인체 내부를 발견하는 시기였다.

129 강독관이란 왕실 후원을 받는 특정 분야의 교수를 말한다. 프랑수아 1세는 스콜라 철학에 대항해 인문주의를 확산하려는 계획으로 이 학교를 세웠다. 오늘날 콜레주 드 프랑스의 전신이다.

130 로마는 군대·기독교·법으로 세계를 정복했다고 하듯이, 로마법은 유럽의 세속적 법체계에 큰 영향을 끼쳤다.

131 미셸 드 몽테뉴(1533-1592)가 『수상록』의 "식인종에 관하여"라는 글에서 남긴 말로 '우리의 세계'는 유럽, '다른 세계'는 아메리카를 뜻한다.

132 이탈리아 예술가들은 프랑수아 1세의 초청을 받아 퐁텐블로 궁전을 꾸미는 일을 했다.

133 1517년 마르틴 루터의 종교개혁 이후, 그 추종자들을 '저항하는 자'를 뜻하는 프로테스탄트라고 불렀고, 프랑스에서는 그들을 위그노파라고 불렀다.

134 프로테스탄트(개신교도)였던 앙리는 프랑스의 왕위를 물려받기 위해 가톨릭교도가 되었고, 낭트 칙령(1598년)을 반포해 개신교도의 신앙을 인정해주면서 수십 년의 종교적 갈등을 끝냈다.

135 나바라의 왕 앙리의 결혼식을 뜻한다.

136 샤를마뉴 황제의 돈을 찍어내던 조폐국이 있던 길.

137 비참함의 계곡이라는 뜻. 도살장의 피비린내가 나고, 또한 죄인을 처형하던 곳이었다.

138 방앗간 다리를 가리킨다.

139 두 사람의 결합은 단순히 결혼이 아니라 종교적으로 또 정치적으로 대립하는 개신교도와 가톨릭교도의 결합이라는 의미다.

140 가스파르 드 콜리니Gaspard de Coligny(1519-1572) 제독은 개신교도 거물이었기 때문에 암살 대상이 되었다.

141 특히 신학교에서 종교교육을 강화해 신도를 잘 이끌어줄 사제를 길러야 했다.

142 루터는 "오직 믿음, 오직 은총, 오직 성경"만이 신도를 구원해준다고 강조했다. 그는 교회의 모든 제도를 근본적으로 거부했다.

143 베르사유 궁과 샹보르 성은 똑같이 왕의 거처였는데, 전자는 군사적 용도가 없는 건축물이고, 후자는 군사적 용도가 있는 건축물이기 때문에 궁과 성으로 구별한다.

144 프랑스 왕의 대관식은 전통적으로 랭스에서 거행했지만, 1594년 앙리 4세는 샤르트르 대성당에서 대관식을 거행했다. 앙리 4세는 1593년에 가톨릭으로 개종했음에도, 전통적인 대관식 장소

인 랭스가 여전히 가톨릭 강경파의 통제 아래 있었기 때문이다.

145 루이 14세가 베르사유 궁전을 건설한 이유는 무엇보다도 어린 시절 이후 파리에서 겪었던 '프롱드의 난' 같은 귀족의 저항을 피하고 싶었기 때문이다.

146 '거울의 방'이라고도 하지만, 실제로 사람들이 오가는 복도다.

147 본명이 프랑수아즈 도비녜Françoise d'Aubigné인 맹트농 부인은 루이 14세의 자녀들의 가정교사로 궁정에 들어갔다가 왕비 마리 테레즈가 사망한 후 왕과 '비밀 결혼'을 했다. 비록 정식 왕비는 아니었지만, 왕의 말년에 가장 가까운 조언자이자 동반자로서 상당한 정치적·종교적 영향력을 행사했다. 왕의 사적인 거처 옆에 자기 이름으로 된 아파트를 가지고 있었다.

148 고대 주화(동전)나 기념 메달, 인장을 두루 보관했다.

149 영국이 1757년 플라시 전투에서 이겼다.

150 베트남 하노이의 옛 이름이다.

151 [탐구 활동] '운송'이라는 말에서 사람, 상품 가운데 어느 쪽이 먼저 머리에 떠오르는지 말해보자. 오늘날에도 납치, 감금, 인신매매가 존재한다는 점과 연결해서 생각해보자.

152 [탐구 활동] 최고의 천사 세라핌의 마리아라는 성스러운 이름을 노예선에 붙인 것을 어떻게 생각하는지 말해보자. 선주는 목적지까지 노예를 안전하게 보내야 최대한의 이익을 본다고 생각했을 것이다.

153 18세기에 해군 장교 교육과 해군 관련 학술 연구를 담당했던 기관이다.

154 전국신분회États-généraux: 한국에서는 오랫동안 일본의 번역을 가져와 '삼부회'라고 불렀다. 최근 중세사학자들은 이 말을 '총신분회'로 이해하자고 제안한다. 중세의 왕은 국내에 쳐들어온 외적에 맞서 신민의 협조를 얻으려는 목적으로 3신분회를 소집했다. 왕은 원칙적으로 신분별로 토의하던 방법을 바꿔서 세 신분 대표가 함께 모여 급한 문제(주로 자금 문제)를 결정하도록 허락했다. 그래서 그 회의 방식을 '총신분회'라고 부를 수 있다. 그리고 1788년 7월 21일, 도피네 지방신분회(비질 회의)에서도 세 신분이 함께 모여 '전국신분회'를 소집하지 않는 한 신설된 세금을 납부하지 않겠다고 결의했을 때, 그 회의 방식을 '총신분회'라고 부를 수 있다. 그러나 1789년 5월 5일에 개최된 전국신분회는 지방신분회와 구별되며, 회의 구성과 방식도 차이가 있으므로 이를 '총신분회'라고 부르기는 어렵다.

155 1784~1789년 사이 파리로 들어오는 상품에 세금을 매기는 세관 검문소를 55개 세우고 울타리를 쳤다. 울타리 안팎은 물건값이 크게 차이 났기 때문에 서민들이 세관 울타리에 불을 질렀다.

156 [탐구 활동] 복장과 도구를 통해 신분을 말해보자. 왜 제3신분을 노인으로 표현했을까? 밭에 있는 동물도 특권이 있었을까?
(노인의 의미: 평민의 고된 삶, 역사적으로 농민이 귀족과 성직자보다 먼저 존재했다. 그리고 지혜롭다. 귀족에게만 사냥권이 있었기 때문에 농민은 곡식을 먹는 동물을 함부로 잡지 못했다.)

157 [탐구 활동] 유럽의 군주들이 두려워한 혁명 사상이 무엇인지 세 단어로 말해보자. (자유, 평등, 우애) 자유와 평등은 사회적 신분이나 계급이 누리는 특권이 아니라 모든 인간이 누리는 권리이며, 우애(형제애)는 모두 하나가 되는 단결을 뜻한다.

158 방데의 북부 브르타뉴와 노르망디의 왕당파 반군의 별명이다.

159 죄드폼은 털공을 라켓으로 치는 운동인 동시에 그 운동을 하는 실내 체육관을 뜻한다.

160 황제가 권력을 더욱 사유화했음을 알 수 있다.

161 제정 시기 프랑스는 행정구역의 최상위 단위인 도(데파르트망), 중간 단위인 군(아롱디스망), 하위 단위인 캉통canton으로 나뉘었다. 캉통은 면/구/선거구 가운데 하나를 뜻한다.

162 보어인은 네덜란드에서 이주한 농민이다.

163 영국 동인도 회사에 고용된 인도인 용병이다.

164 세포이 항쟁이라고 한다.

165 이 권한으로 왕은 상원을 마음대로 통제했다.

166 1944년에 여성에게 투표권을 허용했으므로, 그때까지는 당연히 남성에게만 참정권이 있었다.

167 1848년 2월 혁명을 가리킨다.

168 코뮌은 혁명적 자치정부를 뜻한다.

169 프랑스 최고 훈장을 심사하고 수여하는 곳.

170 왕실 태피스트리와 가구 등을 생산하던 유서 깊은 국영 공장.

171 19세기 말 프랑스 제3공화국 시기, 유대계 프랑스 포병 장교였던 알프레드 드레퓌스는 근거 없이 독일 스파이로 지목되어 유죄 판결을 받고 악마섬으로 유배되었다. 군부의 위증과 증거 조작, 그리고 당시 프랑스 사회에 널리 퍼진 반유대주의와 국수주의가 결합되어 발생한 정치적 추문이었다. 소설가 에밀 졸라가 "나는 고발한다"를 발표해 군부의 부정을 고발했다. 프랑스 사회는 드레퓌스 유죄파와 무죄파로 크게 분열되었다. 결국 1906년, 드레퓌스는 무죄를 선고받고 복권되었다. 이 사건은 프랑스 공화정의 가치인 인권과 정의에 대한 논쟁을 촉발했으며, 후대의 인권운동과 시오니즘 태동에 큰 영향을 미쳤다는 평가를 받는다. 시오니즘이란 전 세계에 흩어져 극심한 차별을 받으며 살던 유대인들이 "우리 민족만의 안전한 나라를 세우자!"고 결심하고 이스라엘 땅으로 돌아가려는 민족운동이다.
[탐구 활동] 우리 주위에서 사회적 약자에 관한 편견의 사례를 찾아보고, 각자 어떻게 행동하는 것이 바람직한지 말해보자.

172 일드프랑스는 파리를 중심으로 베르사유 등 주변 지역을 아우르는 프랑스의 수도권이자 역사적 심장부이며, 인민대학교는 대중에게 거의 무상교육을 실시한 대학교로 민주주의 확산의 상징이다.

173 상원과 하원이 국민의회로 모여 대통령을 선출한다는 뜻.

174 소르본은 가장 전통 있고 보수적인 명문 대학이었다가 19세기에 개혁의 바람을 탔다.

175 루마니아 출신의 여성.

176 여성 화가로서 드물게 레지옹 도뇌르 장교장(훈장)을 받았다.

177 노동심판위원회(프뤼돔협의회)는 특수한 노동사법기관으로 사용자와 피고용자(노동자)가 같은 수로 참여해서 노동분쟁을 해결한다. 여기서 판사는 전문 법관이 아니라 노사관계를 대표하는 사

람이다.

178 삼국 동맹의 주체는 독일 제국, 오스트리아-헝가리 제국, 이탈리아이며, 삼국 협상의 주체는 프랑스, 영국, 러시아다.

179 영국 제독 크리스토퍼 크래독.

180 독일 제독 막시밀리안 폰 슈페.

181 영국 함대사령관 도브턴 스터디.

182 삼국 동맹국들.

183 1차 세계대전 중 러시아가 볼셰비키 혁명 후 브레스트-리토프스크 조약을 통해 독일과 단독 강화를 맺었다.

184 북위 66도 33분 이북을 가리킨다.

185 추축국은 나치 독일, 이탈리아 왕국, 일본이며 이들은 1940년 9월에 동맹을 맺었다.

186 이탈리아는 1943년 9월 8일 추축국에서 탈퇴하고 연합국에 항복했다.

187 정부가 있던 비시Vichy를 중심으로 한 비점령 지역이다.

188 영불해협의 영국령 섬(올더니)이지만, 프랑스와 가깝기 때문에 오리니라는 이름도 있다.

189 파리의 세 지역은 유대인 박해, 수용과 관련된 유명한 건물이나 장소의 이름이다. 이 임시 수용소에서 유대인은 콩피에뉴와 드랑시를 거쳐 마지막에는 아우슈비츠로 실려 갔다.

190 마키는 저항자들이 은신해서 활동하던 곳이다. 산림 지대가 활동하고 숨기 좋았다.

191 1980년에 독립해 바누아트가 되었다.

192 미국을 대표로 하는 서방 세계를 제1세계, 소련을 대표로 하는 동구권을 제2세계라고 한다. 제1세계는 자유 민주주의와 자본주의 경제 체제, 제2세계는 공산주의와 사회주의, 계획경제 체제를 바탕으로 한다.

193 1947년부터 1973년까지 미국 서부 해안과 동부 태평양을 관할한 미 태평양 함대 소속 전력이며, 현재는 제3함대로 개편되어 태평양 지역을 맡고 있다.

194 1943년 창설 이후 현재까지 서태평양과 인도양 지역을 관할하는 미 해군의 가장 중요한 전진 배치 전력이다. 일본 요코스카에 본부를 두고 있으며, 냉전 기간 내내 아시아 지역의 안보를 책임졌다.

195 대서양 서부(주로 미국 동부 해안과 북대서양)에서 나토NATO 동맹 방어와 소련의 대서양 진출을 견제한다.

196 동태평양과 북태평양(미국 서부 해안 인접 해역) 방어. 참고로 제4함대는 냉전기에 창설되었다가 1950년 제2함대에 흡수되었고, 58년 만인 2008년 7월 1일에 다시 창설되어 중앙아메리카와 남아메리카 해역의 방어를 담당한다.

197 지중해와 대서양 동부에서 유럽 남부와 서아시아(중동)의 안보를 담당하며, 소련 흑해 함대의 지중해 진출을 견제했다.

198 냉전 기간에는 활동하지 않았다. 1995년에 재활성화되어 현재 인도양에서 서아시아 지역을 관할한다.

199 1945년 포츠담 회담에서 연합국(미국, 영국, 소련)은 독일의 국경을 잠정적으로 조정하는 데 합의했다. 그 결과, 공식적으로 평화

조약을 맺을 때까지 독일-폴란드 국경을 오데르-나이세선 서쪽으로 이동하고, 폴란드 행정하의 독일 영토로 여겼다.

200 1945년 이후 동독과 베를린 동부를 통치하던 소련은 서방 세계의 영향을 막기 위해 서베를린으로 가는 모든 육로를 통제했다. 그럼에도 서방 세계는 화폐개혁을 단행해서 소련과 동독을 자극했다. 소련은 1948년부터 1년 동안 서베를린으로 가는 모든 육로를 끊어버렸다. 이 봉쇄 기간 중에 서방 세계는 날마다 비행기로 서베를린에 생활필수품을 수송했다. 그래서 이 공수 작전을 공중 다리라고 부른다.

201 미주 상호 원조 조약을 가리킨다.

202 미국, 뉴질랜드, 오스트레일리아의 안보 조약을 가리킨다.

203 소련의 영향을 막기 위해 바그다드에서 조직된 중동조약기구 META: Middle East Treaty Organization는 이라크가 탈퇴한 후 중앙조약기구CENTO로 바뀌었고, 1979년에 해체되었다.

204 소련이 개별국과 맺은 조약을 뜻한다.

205 중거리 탄도 미사일('샌달' 미사일)로 워싱턴 D.C. 등 주요 도시를 겨냥했다.

206 '샌달' 미사일보다 사거리가 조금 더 긴 준중거리 탄도 미사일('스킨' 미사일)로 쿠바 위기의 핵심 원인이었다.

207 소련이 미사일을 몰래 실어 나르던 어선이나 화물선.

208 지리적 요소(위치, 자원, 영토 등)가 국제 정치와 국제 관계에 미치는 영향을 연구하는 학문 분야이자 그 영향을 받는 세계의 정치 구도 자체를 뜻한다.

209 유럽연합EU: European Union이 발전하는 역사적 과정을 뜻한다.

210 1950년 프랑스 외무장관 슈망의 제안으로 지하자원을 공동으로 관리하는 유럽석탄철강공동체(1951년)를 시작으로 1957년에 로마 조약을 맺어 경제 전반으로 확대하면서 기구를 확고한 토대 위에 올려놓았다.

211 회원국 수는 늘지 않았지만, 구동독의 가입으로 유럽연방의 인구와 영토가 늘었다.

212 2016년에 국민투표로 탈퇴를 결정했고, 마침내 4년 후에 결행했다.

213 유럽석탄철강공동체ECSC: European Coal and Steel Community를 뜻한다.

214 팔루자Falloujah는 2003년 이라크 전쟁 이후 반미 저항 세력의 주요 거점이 되었으며, 2004년 미군과 무장 조직 간의 격렬한 시가전으로 크게 파괴된 도시다.

215 퐁피두 대통령과 미테랑 대통령.

216 다니엘 뷔랑의 유명한 줄무늬 기둥 예술 작품인 '뷔랑의 기둥'이 있는 장소.

217 원래 케 브랑리 박물관이었다가 자크 시라크 대통령을 기리기 위해 이름을 바꾸었다.

218 9명을 3년마다 3명씩 교체하고 연임할 수 없다. 단, 3년에 한 번씩 대통령, 상원의장, 하원의장이 1명씩 지명한다. 9명 이외에 공화국 대통령 임기를 마친 사람은 평생 당연직이다.

219 2차 세계대전이 끝나고, 미국의 정책(트루먼 독트린과 마셜 플랜)의

도움과 '유럽 부흥 계획'으로 서방 세계는 30년 동안 눈부신 경제 성장과 사회적 발전을 이루었다. 이를 장 푸라스티에는 '영광의 30년'이라고 표현했다.

220 활동 인구란 15세 이상으로 취업자와 실업자를 포함하여 경제 활동에 노동력을 제공하는 인구를 뜻한다.

221 영어로는 게이 프라이드, 프랑스어로는 프라이드 행진이라고 부르며, 성 소수자가 당당하게 사회에서 자신을 드러내고, 차별받지 않고 시민적 권리를 누릴 수 있음을 보여주는 행사다.

222 PACS는 시민 연대 계약Pacte Civil de Solidarité의 약자로 1999년에 법적으로 인정받은 결합의 형태다. 동성 부부건 이성 부부건 동거 사실을 증명하면 부부의 법적 권리를 누릴 수 있다.

223 [탐구 활동] 사진을 보면서 자기 가족과 비슷한 점이 있는지 생각해보자. 핵가족의 뜻을 알아보자.

224 핵가족의 등장, 전통적으로 가톨릭교가 우세했지만 종교적 의무를 실천하는 신도가 줄고 이슬람교도가 늘었다. 젊은 세대는 기성세대의 권위주의를 불신하고 개인의 자유를 더 많이 요구했다.
[탐구 활동] 이러한 변화를 찬성하거나 반대하는 이유를 토론해보자.

225 한국은 민법 제4조에서 "19세로 성년에 이르게 된다"라고 규정한다. 그러나 이것이 한국의 민주주의가 프랑스의 민주주의보다 1년 뒤처졌다는 뜻은 아닐 것이다.
[탐구 활동] 이 나이가 적절한지 아닌지, 타당한 이유를 들어 설명해보자. 더 나아가 한국에서 시급히 고쳐야 할 법이 있는지도 알아보자.

지리

1 제작자가 강조하고 싶은 대로 표현한다는 뜻이다.
[탐구 활동] 한국을 중심으로 세계 지도를 구상해보자.

2 벨기에의 지리학자 게르하르두스 메르카토르Gerhardus Mercator가 1569년에 발표한 지도 투영법이다. 이 투영법은 지구본의 표면(구체)을 평면 지도 위에 나타내는 방식 중 하나다.

3 생물군계는 기후와 지리적 특성에 따라 유사한 식물군과 동물군이 분포하는 광범위한 지역 생태계를 뜻한다.

4 브라질 정부가 지정한 행정구역을 가리킨다.

5 프랑스령 폴리네시아의 산호초 테두리 위에 형성된 작은 섬이나 모래톱을 일컫는 현지어.

6 마라에marae는 프랑스령 폴리네시아에서 돌로 만든 제단이나 신전 유적을 뜻하는 말이다.

7 숙박과 여가 활동을 할 수 있는 종합 휴양 시설.

8 관광객이 지역 경제 활동과 직접 만나는 장소.

9 7,000년 이상 된 농경지로 파푸아뉴기니의 세계문화유산.

10 바누아트의 문화유산.

11 세계 최대 산호초 지역.

12 사모아의 전통 공예품, 돗자리.

13 [생각하고 말하기] 지구가 푸른 행성인 이유는? 그와 동시에 녹색 행성인 이유는? 자신의 의견을 말해보자. 우주인이 지구로 돌아올 때, 푸른색이 더 돋보이다가 지구에 가까이 다가올수록 녹색이 돋보이기 시작할 것이다. 그러나 계절의 변화를 보여주는 지역 상공에서 볼 때는 갈색 행성이나 흰색 행성으로 보일지 모른다. 갈색이나 흰색의 행성으로 보이는 기간이나 면적이 늘어나고 있다면 인간의 역할과 관련해서 환경이 어떻게 변하고 있다는 뜻일까? (기후변화, 사막화, 빙하 감소) 그리고 화성(붉은색)이나 금성(노란색/흰색) 등 다른 행성과 비교해서 지구의 색을 유지하는 생명체의 역할이 얼마나 중요한지도 생각해보자.

14 인류세는 인간 활동이 지구 환경에 영향을 주고 흔적을 남기는 시대라는 뜻이다.

15 [탐구 활동] 온난화의 요인 네 가지와 각각의 사례를 말하고, 개선책을 토론해보자.

16 거대한 화산 분화구 지형을 가리킨다.

17 아스콘이나 콘크리트 포장도로는 물을 흡수하지 못하기 때문에 폭우가 쏟아지면 물이 역류한다. 도시계획가는 물을 흡수하는 재료를 적용하기 시작했다.

18 상수Potable Water는 마시는 물, 조리, 목욕 등에 쓰는 물, 중수Greywater는 한 번 사용했으나 오염도가 낮아 재활용 가능한 물(화장실, 세탁, 냉각수)이며, 하수Blackwater/Sewage는 생활, 산업 활동 후 발생해서 오염도가 높은 물이다.
[탐구 활동] 모래나 숯으로 여과장치를 만들고 구정물을 깨끗한 물로 바꿔보자. '나미브 사막 딱정벌레'를 검색해 신선한 공기에서 물을 얻는 모습을 보고 느낀 점을 말해보자.

19 텝TEP은 석유 1톤의 에너지와 같다는 뜻이다.

20 2025년 5월에 프랑스전기공사EDF는 2027년 3월 31일에 완전히 폐쇄하기로 결정했다.

21 아마존강 유역의 넓은 열대우림.

22 사하라 사막 남쪽의 동서로 이어지는 건조한 지대.

23 키센소Kisenso의 오기인 것 같다.

24 여러 지표를 종합할 때, 뉴욕, 런던, 싱가포르, 도쿄, 상하이, 파리가 현재 세계 주요 메트로폴리스로 인정받고 있다. 또한 서울, 베이징, 두바이 같은 도시들이 금융, 기술, 물류 분야에서 그 매력과 지위를 빠르게 발전시키며 치열하게 경쟁하고 있다. 참고로 레조넌스 컨설턴시가 살기 좋고, 사랑할 만하며, 번영하는 도시라는 기준을 중심으로 40가지 이상의 세부 항목을 평가해서 『2025 세계 최고의 도시 보고서』를 발표했다. 여기서 서울은 10위, 상하이는 20위다. 이 순위는 항상 바뀔 수 있다. 레조넌스 컨설턴시는 보통 매년 9월 또는 10월에 보고서를 발표할 때, 다음 해를 내다본다는 의미로 다음 해의 연도를 보고서 제목에 붙인다. 『2025 세계 최고의 도시 보고서』는 2024년 말의 순위를 나타낸다(2025 세계 최고의 도시 20개 순위: 영국 런던, 프랑스 파리, 미국 뉴욕, 일본 도쿄, 싱가포르, 아랍에미리트 두바이, 미국 샌프란시스코, 에스파냐 바르셀로나, 네덜란드 암스테르담, 대한민국 서울, 에스파냐

마드리드, 미국 로스앤젤레스, 이탈리아 로마, 독일 베를린, 미국 워싱턴 D.C., 미국 시카고, 캐나다 토론토, 중국 베이징, 오스트레일리아 시드니, 중국 상하이). 앞에 제시한 것은 현재 시점(2025년 11월)에서 가장 최근의 순위를 반영한 것이다.

 서울이 세계에 널리 알려진 이유를 말해보자.

25 국제 핵융합 실험로 건설 프로젝트 명칭.

26 알팔파는 콩과 식물이며 사료로 쓴다.

27 지중해 연안의 건조한 관목(작은 나무) 지대.

28 시드르는 사과로 만든 발효주이며, 프랑스에서는 브르타뉴와 노르망디가 주요 생산지다.

29 므니르Menhir는 선돌을 뜻하는데, 한국의 '입석리'처럼 마을 이름이 되었다. 이 마을에서 '프랑스의 공동농업경영체GAEC'가 경작하는 땅이라는 뜻이다.

30 화가 피사로와 피에트의 발길을 따라가는 답사 코스.

31 국내총생산GDP이 인간의 삶의 질을 제대로 반영하지 못하는 한계 때문에 새롭게 등장한 지표다. 1990년부터 유엔개발계획은 기대 수명, 교육 수준과 생활 수준으로 삶의 질을 측정한다.

32 자치권이 강한 특별한 지위를 갖는다.

33 낭트 북서쪽 노트르담 데 랑드에 신공항 건설을 구상한 지 40년이 지난 2000년대에 본격적으로 추진한 계획은 습지와 농경지의 지역 생태계를 파괴하기 때문에 2009년부터 시민 반대 운동에 부딪혔다. 마침내 정부는 2018년 1월 17일에 공식적으로 포기 선언을 했다.

34 세계은행World Bank은 2015년에 이 기준을 적용했는데, 2022년에는 하루 2.15달러(또는 1.90유로)로 조정했다. 2025년 10월 환율로 하루 3,061원이다.

35 [더 깊이 알아보기]

다음의 글을 읽고, 각자 또는 각 가정에서 실천할 수 있는 일이 무엇인지 말해보자.

생태 발자국과 글로벌헥타르

생태 발자국은 인간이 지구에 미치는 영향력을 면적으로 나타내는 환경 지표이며, 이 생태 발자국을 측정하는 단위가 바로 글로벌헥타르gha다. 물리적인 넓이(1헥타르=1만 제곱미터)와 달리, 1글로벌헥타르는 전 세계 땅의 평균적인 품질(생물학적 생산성)을 기준으로 삼아 가치를 매긴 표준 면적 단위다(즉, 땅의 생산 능력을 표준화해서 비교한 것). 간단히 말해 우리가 소비하는 식량, 옷, 에너지와 버리는 쓰레기를 지구의 땅 면적으로 환산한 것이다.

이 그래프에서 한국은 어디에 해당하는지 조사해보자.

발자국의 크기와 빈부 격차

하루 2.15달러 이하로 살아가는 극빈층이 많은 나라도 존재하는 현실에서, 부유한 나라들은 가난한 나라들보다 자원을 훨씬 많이 소비하고 쓰레기로 자연을 오염시킨다. 따라서 부자나 부유한 나라의 생태 발자국이 다른 사람들보다 훨씬 클 수밖에 없다.

그래서 지속 가능한 미래를 추구하는 사람들은 경제발전도 중요하지만, 자연환경을 지키는 것에 더 많은 관심을 기울여야 한다고 주장한다. 특히 부유한 나라들은 지구의 자원을 과도하게 쓰

는, '큰 생태 발자국'을 남기는 일을 시급히 줄여야 한다.

36 이 기준을 넘으면 지구의 자원을 빚지면서(생태 적자) 살아가고 있다는 의미다.

37 지속 가능한 목표(환경과 개발)를 동시에 달성한 나라들의 위치를 보여주는 구역.

38 젠트리피케이션gentrification은 좀 낡고 가난했던 동네에 예술가나 부자들이 들어가 매력을 만들면서 결국 원래 살던 사람들을 밀어내는 사회 현상을 뜻한다.

39 1985년 6월 14일, 벨기에, 서독, 프랑스, 룩셈부르크, 네덜란드 5개국 대표가 국경 통제를 점진적으로 철폐하는 셍겐 협정Schengen Agreement에 서명했다.

40 바다를 접한 나라가 200해리까지 자국에만 경제권이 있음을 선언하는 영역.

41 트아브르(프랑스)에서 시작해 안트베르펜(벨기에), 로테르담(네덜란드), 브레멘/함부르크(독일)까지 북해 연안을 따라 길게 이어진 주요 항구를 지칭한다. 이 항만들은 유럽 대륙의 주요 물류 관문 역할을 하며, 대규모 컨테이너 선박이 기항하는 핵심 지역이다.

42 녹색은 환경, 자연, 농촌 체험 등 생태 또는 농촌 관광을 뜻한다.

43 어시장, 굴 양식장 시식 코너 등 지역의 전통 산업과 연계된 관광 명소.

 우리나라에서 관광객과 음식 또는 명산품 구매를 연계한 곳이 어디인지 알아보자(굴, 대게, 전복, 멸치, 새우, 새우젓, 사과, 인삼 등).

44 유럽연합에서 생물 다양성 보존을 위해 지정한 보호구역 네트워크.

45 1,000년도 넘은 이 수도원과 마을은 섬이었다가 육지로 연결되어 더 많은 관광객이 쉽게 접근할 수 있게 되었다.

46 식품 연구.

47 원예와 식물 연구.

48 화장품과 향수 산업.

49 도레도레는 양말과 스타킹 제조 기업이며, 압소르바는 유아와 아동복 제조 기업이다.

50 물 관련 환경 기술 연구 단지.

51 철도와 에너지 관련 다국적 기업.

52 과거 푸조-시트로엥 그룹.

53 시멘트와 건축 자재 다국적 기업(현재 홀심Holcim)

54 자동차 타이어 회사이며 지도와 주요 지역, 유명 레스토랑 가이드로도 유명하다.

55 전자, 광학, 마이크로파 기술 연구.

56 특수 합금과 탄소 섬유 제품 기업.

57 플라스틱과 복합 재료 연구.

58 기계 가공과 정밀 공학 연구.

59 곡물과 농업 가치사슬 연구 단지.

60 지질·광물 연구 단지.

61 마이크로/나노 기술과 소프트웨어 연구 단지.

62 지하자원과 지하공간 활용 연구 단지.

63 기계, 항공, 자동차 부품 산업 단지.

64 농식품·환경 연구 단지.

65 항공우주 산업 연구 단지.

66 육가공, 식품 관련 기업.

67 패션, 오토바이 장갑 등 다양한 분야의 브랜드.

68 무선 주파수 식별 기술.

69 식품 관련 기업.

70 의료 장비/기술 관련 기업.

71 사료와 동물 영양 관련 기업.

72 프랑스 최대 규모의 유제품·치즈 다국적 기업.

73 [탐구 활동] 전통 산업이 사라진 도시가 과거 유산을 보존하고 교육과 문화 체험 장소로 활용하는 곳을 방문한 적이 있다면, 그때 경험한 내용과 느낌을 말해보자.

74 기계 산업 연구 단지의 중심 사무소.

75 중국의 진장 기업과 프랑스 삼 기업의 합작 제철회사.

76 '압연 공장'을 문화 공간으로 바꾼 사례.

77 발루렉 금속 기업의 홀, 문화 공간으로 재생.
    [탐구 활동] 서울의 문래동은 어떻게 바뀌었는지 알아보자.

78 산업 공학 또는 산업 기계 회사.

79 광부와 광물을 옮기는 장치, 일종의 엘리베이터.

80 국제 원자력 사고 등급INES은 레벨 0(등급 이하)부터 레벨 7(대형 사고)까지 총 8단계로 구성되어 있다. 사고와 사건은 INES 등급을 분류하는 큰 범주다.

81 2011년 3월 11일에 일어난 동일본 대지진과 그에 따른 쓰나미가 원인이 되어 발생했다.

82 [탐구 활동] 후쿠시마 제1원전 사고는 몇 등급에서 몇 등급으로 재분류되었을까? 사건이 일어난 날짜와 재분류 날짜를 비교해서 그 이유를 말해보자. 그리고 그 사고가 우리나라에 미치는 영향도 말해보자.

83 유조선 사고, 원유 유출.

84 가스 파이프라인 폭발 사고.

85 산업 환경 사고.

86 대형 원유 유출 사고.

87 화학 공장 화재와 수질 오염 사고.

88 화학 공장 유독 물질(다이옥신) 누출 사고.

89 화학 공장 화재, 유독 물질 유출.

90 액화가스 운송 차량 폭발 사고.

91 아치형 댐 붕괴 사고.

92 대형 가스 폭발 사고.

93 대형 기술 사고.

94 광산 폐기물 댐 붕괴.

95 광산 붕괴.

96 옛날에는 그리니치 표준시GMT라고 했다.

97 일본이 지배하던 만주국의 혼케이코는 현재 중국 랴오닝성 번시本溪湖의 일본식 발음이며, 1942년에 탄광 폭발 사고가 있었다.

98 라오스 앗타푸에서 일어난 댐 붕괴 사고.

99 2020년 일본의 벌크선 와카시오가 인도양 모리셔스 인근에서 일으킨 해난 사고로 막대한 기름을 유출한 환경 재난이었다.

100 환경 파괴 사고.

101 살충제를 생산하는 유니온 카바이드 회사에서 냄새가 없는 원료가 새어나가 시내에 퍼졌다.

102 해산물 요리.

103 리옹 요리 전문 레스토랑.

104 센강의 선상 레스토랑.

105 지구 밖에서 지구를 보듯이 그리는 방법이다. 지구 표면의 모든 지점에서 수직으로 선을 그어 평면에 생긴 점들을 이어서 그린다.

106 출처: IMF World Economic Outlook 등의 전망치 종합

2025년 전망	미국	중국	비고
명목 GDP	약 29.8조 ~30.6조 달러	약 19.1조 ~19.5조 달러	미국 우위 확고 (격차 약 10조 달러 유지)
구매력 평가 GDP(PPP)	약 29.8조 ~30.6조 달러	약 36.5조 ~37.0조 달러	중국 우위 (실질 생활 수준/생산력 반영)
경제 성장률	약 1.9~2.2%	약 4.5~4.8%	중국 성장세가 더 빠름 (미국은 성숙기, 중국은 성장기)

107 미래 인구 변화를 예측할 때 활용하는 통계적 모델 중 가장 가능성이 높다고 보는 기준 시나리오를 의미한다. 최고와 최저는 극단적 편향성을 드러내는 것으로 보고 중간을 택한다는 뜻이다.

108 브라질(B), 러시아(R), 인도(I), 중국(C), 남아프리카공화국(S)을 포함하는 신흥 경제 대국들의 협의체이며, 최근에는 회원국을 확장하면서 서방 중심의 국제 질서에 대항하는 목소리를 내고 있다.

109 [더 깊이 알아보기] 냉전 시대는 정치적으로 미국 중심의 서방(제1세계)과 소련 중심의 동방(제2세계)이 대립하는 시대였다. 이때 전후 새롭게 독립한 신생국들이 어느 쪽에도 속하지 않는 비동맹(제3세계) 세력을 형성하며 국제 사회에서 독자적인 목소리를 내기 시작했다.

하지만 전후 서방 선진국들(주로 북반구 위치)이 경제적으로 크게 성장한 반면, 새로 독립한 개발도상국들(주로 남반구 위치)은 가난에서 벗어나지 못했다. 이 때문에 부유한 북쪽과 가난한 남쪽 간의 경제적 격차, 즉 '남북 문제'가 국제 사회의 핵심 문제로 떠올랐다.

이처럼 과거 1950년대 반둥회의를 주도하며 제3세계를 하나로 모았던 중국과 인도는, 21세기에는 신흥 경제 대국들의 모임인 브릭스를 이끌면서 '글로벌 사우스'라는 새로운 이름으로 그 영향력을 확대하고 있다. 2025년 G20 회의에 참석하기 전에 이재명 대통령이 이집트에 들른 일은 글로벌 사우스 외교에서 한국의 능동적 역할을 강조하는 중요한 첫걸음이라 할 수 있다.

[탐구 활동] 이념을 앞세우는 독재정권과 실용적 외교를 추구하는 민주정권의 차이에 대해 생각해보자.

인포그래픽으로 보는 세계전쟁사
신석기 시대부터 현대 디지털 전쟁까지

뱅상 베르나르 지음 | **쥘리엥 펠티에** 데이터 디자인 | **로랑 투샤르** 편집 | **주명철** 옮김

태곳적부터 현재까지 끊이지 않는 전쟁의 양상과 흐름을 아름답고 집약적인 인포그래픽으로 한눈에 조망한다!

이야기와 인포그래픽으로 보는 프랑스 혁명

장 클레망 마르탱 지음 | **쥘리엥 펠티에** 데이터 디자인 | **주명철** 옮김

2022년 세종도서 교양부문 선정
아름답고 명료한 데이터 디자인을 통해 프랑스 혁명사의 핵심 줄기를 한눈에 꿰뚫는 특급 교양서